DIDEROT STUDIES

VOL. XXXIX

DIDEROT STUDIES

VOL. XXXIX

Edited by

Zeina Hakim and Fayçal Falaky

DROZ

www.droz.org

ISBN : 978-2-600-06508-5
ISSN : 0070-4806

TABLE OF CONTENTS / TABLE DES MATIÈRES

INTRODUCTION

Grâce aux études pionnières de Richard H. Popkin[1] le scepticisme a trouvé une nouvelle place au XVIIIe siècle. Des recherches ultérieures ont montré que ce siècle se configure au croisement de différents types de scepticismes, quand la question de la nature entretient une relation dialectique avec une réflexion sur l'homme. Dans l'article « Doute, scepticisme, pyrrhonisme » du *Dictionnaire européen des Lumières*[2] Barbara de Negroni a esquissé un cadre général décrivant le rôle du scepticisme et son utilisation par les philosophes des Lumières qui « retravaillent les arguments des sceptiques, prennent auprès d'eux des leçons de méthode, acquièrent ainsi des instruments intellectuels qui leur permettent d'analyser aussi bien la métaphysique ou l'ensemble des sciences que la morale ou la politique »[3]. Dans l'article « Skepticism »[4] de l'*Encyclopedia of Enlightenment* (2002), Gianni Paganini[5] a lui aussi étudié la manière dont on a pensé les limites de la raison au XVIIIe siècle

1. Voir Richard H. Popkin, « Scepticism in the Enlightenment », dans : R. H. Popkin, E. de Olaso, G. Tonelli (dir.), *Scepticism in the Enlightenment*, Dordrecht/Boston/London, Kluwer Academic Publishers, 1997, p. 1-16 ; Richard H. Popkin, « Scepticism and Anti-Scepticism in the Latter Part of the Eighteenth Century », dans *op. cit.* p. 18-21.
2. Gianni Paganini, article « Skepticism », dans A. C. Kors (dir.), *Encyclopedia of Enlightenment*, t. IV, Oxford, Oxford University Press, p. 78-85.
3. *Ibid.*, article « Doute, Scepticisme, Pyrrhonisme », p. 344.
4. Gianni Paganini, art. « Doute, Scepticisme, Pyrrhonisme », dans M. Delon (dir.), *Dictionnaire européen des Lumières*, Paris, PUF, 1997, p. 344.
5. Du même auteur voir aussi Gianni Paganini, « Du bon usage du scepticisme : les Doutes des pyrrhoniens », dans : A. McKenna et A. Mothu (dir.), *La philosophie clandestine à l'âge classique. Colloque du 29 septembre-2 octobre 1993*, Université Jean Monnet Saint-Etienne, Oxford, Voltaire Foundation, 1997, p. 291-306 ; Gianni Paganini, « L'apport des courants sceptiques à la naissance des lumières radicales », dans : L. Bove, T. Dagron, C. Secrétan (dir.), *Qu'est-ce que les lumières « radicales » ? Libertinage, athéisme et spinozisme dans le tournant philosophique de l'âge classique*, Paris, Éditions Amsterdam, 2007, p. 87-101.

et comment les nouvelles interprétations du scepticisme pendant cette époque ont ouvert de nouvelles perspectives[6].

Compte tenu de ces nouvelles recherches sur le rôle du scepticisme dans la philosophie du XVIIIe siècle[7], on se propose ici de réévaluer les rapports complexes de l'œuvre de Diderot avec la pensée sceptique.

La relation de Diderot au scepticisme des Anciens peut être éclairée grâce à une lecture attentive des articles de l'*Encyclopédie* « Scepticisme et Sceptiques » et « Philosophie Pyrrhonienne ou Sceptique ». Diderot utilise les termes « pyrrhonien » et « sceptique » de manière synonyme. Cependant, dans l'article « Platonisme ou Philosophie de Platon », il ne manque pas de parler des académiciens et souligne ainsi l'origine distincte des deux formes de scepticisme. La même fluctuation lexicale se trouve déjà dans les *Pensées philosophiques*, où la distinction que le philosophe établit entre le vrai sceptique qui cherche la vérité et le pyrrhonien, qui se contente de jouer avec les termes, n'est pas si nette qu'elle peut nous apparaître. Si par pyrrhonien on entend quelqu'un qui doute de tout et persiste dans cet état de suspension du jugement, il est possible d'affirmer que Diderot considère cette position philosophique comme une impossibilité, d'où l'affirmation de la pensée XXX : « Rendez sincère le pyrrhonien, et vous aurez le sceptique » (DPV, II : 35), et l'ironie piquante réservée au personnage de Zénoclès dans *La Promenade du sceptique*. Toutefois, à l'instar de Miguel Benìtez[8], on n'insistera pas trop sur cette distinction puisqu'à l'époque la différenciation entre les deux types de scepticisme n'était pas courante. De plus, Diderot lui-même n'appliquait pas ces définitions de manière rigoureuse. Ainsi et comme le souligne Jean-Pierre Cléro (p. 98), Diderot réduit parfois des aspects doc-

6. S. Charles, « Popkin à Rousseau : retour sur le scepticisme des Lumières », *Philosophiques* 35 (2008), p. 275-290.

7. Voir, entre autres, Sébastien Charles, Plínio J. Smith (dir.), *Skepticism in the Eighteenth Century : Enlightenment, Lumières, Aufklärung*, International Archives of the History of Ideas 210, Dordrecht, Springer, 2013 ; Francine Markovitz, *Le décalogue sceptique : l'universel en question au temps des Lumières*, Paris, Hermann, 2011 ; Sébastien Charles, « Popkin à Rousseau : retour sur le scepticisme des Lumières », *Philosophiques* 35, 2008, p. 275-290 ; M. A. Bernier, S. Charles, (dir.), *Scepticisme et Modernité*, Saint-Étienne, Publications de l'Université de Saint-Étienne, 2005 ; M. Benítez, *La face cachée des Lumières : recherches sur les manuscrits philosophiques clandestins de l'âge classique*, Paris-Oxford, Universitas – Voltaire Foundation, 1996, p. 318.

8. M. Benìtez, *op. cit.*, note 15, p. 317 : « Le fait est qu'à trop priser l'originalité que l'on suppose être celle de Diderot par l'établissement d'une distinction inusuelle dans son siècle entre scepticisme et pyrrhonisme on oublie sa véritable démarche. »

trinaux et théoriques du scepticisme à des positions prises par lui-même. De plus, comme dans l'article « Hobbisme », il montre une préférence en faveur de l'Académie, contre Pyrrhon, qui vient du fait que « la première permet une souplesse dans les degrés de fiabilité que l'on accorde aux propositions » (p. 102). Le rapport avec la philosophie des anciens sceptiques et pyrrhoniens n'est pas plus profond, car leur scepticisme, étant discursif et rationnel, ne vise plus à la remise en cause de la philosophie au profit d'une ascèse philosophique, et il s'agit bien là d'une des différences les plus saillantes avec le scepticisme moderne. Celui-ci s'attache plutôt, ainsi avec Montaigne, La Mothe Le Vayer et Fontenelle, à la redéfinition de l'usage de la raison qui devient « à la fois raisonnable et voluptueu[se] » et qui « redonne un nouveau souffle [verbal] »[9] à la philosophie.

Cette différence peut également s'expliquer par la nature des questions qui surgissent dans la modernité, des questions que les Anciens ne se posaient pas. Miles F. Burnyeat a très bien clarifié ce point : des questions telles que l'existence du monde extérieur, soulevée par les philosophes post-cartésiens, n'auraient pas pu faire l'objet de débats parmi les pyrrhoniens ou les sceptiques antiques[10]. Ainsi, même si les philosophes modernes, grâce à la traduction des œuvres de Sextus Empiricus, se sont appropriés les arguments et les conclusions des sceptiques antiques, le domaine d'application de ces derniers est très différent. Cela permet d'expliquer pourquoi Diderot voyait dans la philosophie de George Berkeley une forme extrême de scepticisme. L'idéalisme « extravagant » de l'évêque de Cloyne était perçu comme une forme exacerbée de scepticisme, d'une part, pour des raisons liées à l'instrumentalisation de ses idées, et d'autre part, à cause d'une lecture partielle de ses œuvres et une compréhension imparfaite de ses arguments. En tout état de cause, le positionnement de Berkeley[11] parmi les égoïstes, selon le schéma établi par Diderot dans la *Promenade du sceptique*, ne peut être compris qu'en tant

9. Sylvia Giocanti, *Penser l'irrésolution. Montaigne, Pascal, La Mothe le Vayer. Trois itinéraires sceptiques*, Paris, Honoré Champion, 2001, p. 36.

10. Myles Fredric Burnyeat, « Idealism and Greek Philosophy : What Descartes Saw and Berkeley Missed », *The Philosophical Review*, 91 (1982), p. 3-40 [en ligne] http://www.jstor.org/stable/2184667.

11. À propos de Berkeley et du scepticisme, on renvoi à l'étude fondamentale de Sébastien Charles, *Berkeley au siècle des Lumières. Immatérialisme et scepticisme au XVIIIe siècle*, Paris, VRIN, 2003. Sur ce sujet, voir aussi S. Charles, P. J. Smith, *op. cit.*

qu'opposition à une philosophie qu'il considère comme « *son* autre »[12]. Que ce soient les matérialistes ou Berkeley, tous prennent pour point de départ le rejet des idées innées et la démonstration que nos idées découlent toujours de l'expérience, théorie élaborée par John Locke dans l'*Essai sur l'entendement humain* (1689). Dès ses premières œuvres, Berkeley a remis en question la conception lockéenne des idées, démontrant que nous ne pouvons connaître que des idées ; par conséquent, il n'existe pas de matière hors de nous dont on pourrait déduire les qualités que nous percevons. Le concept de matière s'avère donc non seulement inutile, mais également contradictoire, et la philosophie de Berkeley, tout comme celle de Condillac, pose à Diderot un problème complexe, voire insoluble[13], à savoir que les mêmes arguments sur lesquels il fondait sa pensée pouvaient mener à deux conclusions inquiétantes : soit réduire le monde à une manifestation divine, soit arriver à l'impasse de ne pouvoir prouver l'existence de quoi que ce soit en dehors de l'individu lui-même. Diderot, qui ne se déclare « ni persuadé ni convaincu » (DPV, XXVI : 253) dans les *Observations sur la Lettre sur l'homme et ses rapports de Hemsterhuis*, est néanmoins conscient qu'il n'a pas d'arguments pour sortir de cette impasse de la raison. Pour le philosophe, l'aboutissement de l'idéalisme de Berkeley constitue une difficulté insurmontable et une forme exacerbée de scepticisme. En effet, ce type d'idéalisme pourrait pousser le doute jusqu'à remettre en question l'existence d'un monde extérieur à l'individu, menant à un solipsisme total.

On peut dire que dès ses premières œuvres, Diderot refuse toute forme de scepticisme extrême. Ainsi, le rapport entre la pensée de Diderot et le scepticisme peut être compris à la lumière de ce que Popkin souligne dans son *History of Scepticism* : dans la modernité, le scepticisme a également été utilisé comme un outil critique, voire une force polémique pour combattre les positions dogmatiques. Ce type de scepticisme, que Paolo Quintili qualifie de « non outré », est celui qui caractérise la pensée de Diderot. En effet, dans son œuvre, la remise en question des apparences trompeuses de l'expérience est un passage fondamental permettant d'asseoir « la philosophie naturelle

12. Jean Claude Bourdin, « Matérialisme et scepticisme chez Diderot », *Recherches sur Diderot et sur l'Encyclopédie* [en ligne] 26 (avril 1999), mis en ligne le 4 août 2007. URL : http://rde.revues.org/index971.html, p. 87.

13. Elle reparaîtra encore dans la deuxième édition de l'*Essai sur les règnes de Claude et Néron* dans laquelle le philosophe affirmait que « Berkeley attend encore une réponse », Diderot, DPV, XXV : 291.

sur des bases solides » (p. 5). Dans ce cas, on pourrait parler du scepticisme comme méthode ou comme instrument antidogmatique sans pour autant en faire « une méthode d'investigation rendue caduque une fois découverte la vérité de la recherche »[14]. Si Jean-Pierre Cléro s'interroge sur les possibles contradictions inhérentes à l'utilisation de l'adjectif « méthodique » appliqué à une philosophie tel que le scepticisme, il nous montre aussi la réponse proposée par Diderot : « Le scepticisme est l'art de comparer entre elles les choses qu'on voit et qu'on comprend, et de les mettre en opposition » (DPV, VIII : 141). Le scepticisme consisterait ainsi à produire des contrepoids aux arguments que le philosophe prend en considération (p. 96). Diderot, dans la *Promenade du sceptique* utilise l'image de la balance pour illustrer cette approche, image qu'il attribue à la secte des Pyrrhoniens et qui est tirée aussi des *Essais* de Montaigne. On pourrait également dire, avec Diderot, que le doute radical des sceptiques, qui se traduit dans le déploiement d'arguments contraires pour chaque conclusion de la raison est la « pierre de touche » (DPV, II : 35) du savoir. Cette attitude « enquêtante » de la philosophie diderotienne est manifeste dans ses premières œuvres, puisque le scepticisme y trouve une place et une mention explicite, comme on peut le lire dans les *Pensées philosophiques* :

> Ce qu'on n'a jamais mis en question n'a point été prouvé. Ce qu'on n'a point examiné sans prévention n'a jamais été bien examiné. Le scepticisme est donc le premier pas vers la vérité. Il doit être général, car il en est la pierre de touche. Si pour s'assurer de l'existence de Dieu, le philosophe commence par en douter, y a-t-il quelque proposition qui puisse se soustraire à cette épreuve ? (Pensée XXXI, DPV, II : 35).

Dans son étude fondamentale sur le scepticisme dans les œuvres de jeunesse de Diderot, Jacques Chouillet analyse les arguments sceptiques et souligne surtout que dans les premières œuvres du philosophe (des années 1745 à 1747) le doute fut un compagnon constant. Toutefois, le rapport entre les personnages d'Ariste et de Cléobule dans la *Promenade du sceptique* indique, selon Chouillet, un changement d'attitude de Diderot vis-à-vis du scepticisme. En effet, Diderot « après être entré dans le jeu de son personnage, le lâche à l'instant le plus critique, comme si Cléobule appartenait à un ordre révolu, comme s'il représentait l'homme que Diderot aurait voulu être *avant*

14. Sylvia Giocanti, *op. cit.*, p. 39.

l'époque où il écrit la *Promenade du sceptique* »[15]. Le fait que le scepticisme apparaisse comme un obstacle au philosophe engagé dans le travail encyclopédique signifie-t-il que Diderot se détache entièrement du doute sceptique à partir de cette œuvre de 1747 ? Contrairement à cette hypothèse, Maria Franca Spallanzani soutient que le personnage du sceptique ne disparaît pas, mais il évolue dans son identité. Dans les œuvres de jeunesse, selon elle, les arguments sceptiques qui sont présentés servent comme « un engagement moral à la recherche de la vérité » (p. 41) et les personnages incarnent cet engagement. Le philosophe montre la puissance d'une raison qui explore ses propres limites, qui met à l'épreuve ses capacités et met en avant sa rigueur (p. 42).

L'idée largement répandue que Diderot aurait abandonné tout argument pyrrhonien ou bien sceptique lorsqu'il était directeur de l'*Encyclopédie* mérite aussi d'être réexaminée. Certes, le *Dictionnaire raisonné* aspirait à être une compilation de tous les savoirs, un monument qui devait témoigner de l'état d'avancement de la science au XVIIIe siècle. Cependant, une analyse attentive des articles de Diderot révèle une réflexion constante sur les limites de la raison et les frontières de la connaissance face à l'infini des phénomènes et des causes. Cela se retrouve non seulement dans certains articles sur l'histoire de la philosophie (notamment les articles « Philosophie Pyrrhonienne ou Sceptique » et « Éclectisme »), mais aussi dans le *Prospectus* et d'autres articles qui exposent la structure de l'*Encyclopédie* (en particulier l'article « Encyclopédie »).

De plus, il y a dans ces articles une mise à l'épreuve constante des métaphores employées par les encyclopédistes pour représenter l'unité du savoir et un recours au doute en tant « qu'instrument herméneutique de la nouvelle science et d'une nouvelle philosophie fondée sur l'expérience et les observations » (p. 45). Pour autant, une mise au point s'impose concernant le fil conducteur sceptique qui traverse la jeunesse de Diderot jusqu'à sa période encyclopédique. En effet, dès les *Pensées philosophiques*, Diderot s'était exprimé de manière polémique envers le scepticisme radical des « fous sceptiques » ou bien de Berkeley. À l'inverse, le scepticisme modéré que l'on retrouve dans les écrits de Diderot est une véritable forme de « skepsis », au sens propre du terme, à savoir une recherche des « raisons des choses » et

15. Jacques Chouillet, « Le personnage du sceptique dans les premières œuvres de Diderot (1745-1747) », *Dix-huitième siècle* 1 (1969), Paris, La Découverte, p. 195.

une mise en doute de leurs apparences, suivant une nouvelle métaphysique expérimentale (p. 5). Le rôle du scepticisme dans l'œuvre de Diderot dépasse donc la simple remise en question de la raison. Il sert aussi à introduire son premier matérialisme, selon une méthode déjà mise en place dans la *Lettre sur les aveugles*. C'est là que le philosophe jette les bases du basculement définitif vers le matérialisme et l'athéisme des dernières œuvres, en particulier celles restées inédites, comme l'a souligné Paolo Quintili (p. 10-17). En effet, la *Lettre sur les aveugles* est le premier texte où l'on peut identifier une vision d'un univers naturel dépourvu de Dieu. Cette vision découle du matérialisme que Diderot a adopté après ses années de jeunesse, et que l'on retrouve plus tard, dans une forme plus mûrie dans les *Observations sur Hemsterhuis*. Les éléments principaux que nous retrouvons dans les œuvres ultérieures sont les mêmes que ceux décrits par le géomètre aveugle Saunderson dans la *Lettre*: un monde dont les limites nous échappent et dont nous ne pouvons saisir le sens. Or, le matérialisme diderotien ne renonce pas à la connaissance comme le font les sceptiques, mais propose plutôt une philosophie qui ne prétend pas nous révéler un sens ultime des choses. Ce point d'aboutissement, qui n'en est finalement pas un, implique une attention minutieuse à la présentation non dogmatique de toute thèse, une soigneuse démultiplication des points de vue, ainsi que des choix stylistiques précis. L'athéisme de Diderot découle de son matérialisme, mais il n'est pas comparable à celui du baron d'Holbach ni à d'autres matérialistes de l'époque. Sa pensée en matière de foi est abordée dans sa complexité dès les *Pensées philosophiques* et se fait de plus en plus nuancée au fil du temps. Selon Gianni Paganini, Diderot était l'un des rares avec Voltaire « à concevoir une palette des thèmes aussi large et variée que Hume » (p. 124). Cela comprend le rapport entre la cosmologie et la nature, le finalisme interne de la nature, l'aversion pour les causes finales traditionnelles, et la relation entre la pensée scientifique et la théologie naturelle.

En fait, Diderot partage ceci avec Hume: ils ont tous les deux traversé des phases déistiques et sceptiques, avant de s'orienter vers une philosophie athée, matérialiste et axée sur la nature. Cette philosophie est davantage caractérisée par son aspect interrogatif et ouvert, plutôt que par une approche dogmatique. Paganini, qui a étudié attentivement le personnage de Philon dans les *Dialogues Concerning Natural Religion*, a mis en lumière des éléments révélant une affinité et une influence réciproque plus profondes. Ils convergent tous deux dans leur conception d'un univers en constante évolution et d'un ordre naturel en équilibre temporaire et instable. Cela révèle la présence d'un scepticisme modéré dans les œuvres de Diderot, tout en nous mettant en garde contre une interprétation exclusivement sceptique de la pensée de Hume (p. 137-138).

Chez Diderot, le véritable scepticisme se manifeste comme un antidogmatisme profond. Cependant, cette enquête sceptique « suppose une confiance en la capacité de l'homme à acquérir des connaissances nées de la révolution scientifique » (p. 21). C'est cet aspect qui rapproche sa philosophie des sceptiques modérés tels que Hume, comme mentionné précédemment, mais la distingue du scepticisme radical à la manière de Montaigne. Bien que les *Essais* constituent une œuvre fondamentale pour le philosophe de Langres, qu'il a relue tout au long de sa vie, les nombreux éléments stylistiques et conceptuels propres au scepticisme de Montaigne, qui semblent être également employés par Diderot, revêtent en réalité une signification différente chez les deux philosophes. Sylvia Giocanti relève que la multiplication des points de vue chez Diderot, notamment dans son approche des sciences, génère une polyphonie « qui relance le jugement par un travail d'opinions » (p. 25). Montaigne, en revanche, dévalorise toute théorie scientifique, la considérant comme faisant partie d'une évolution non cumulative. C'est pour cette raison que l'anomalie diderotienne n'a pas la signification radicalement sceptique que lui confère Montaigne. Pour Diderot, l'anomalie, incarnée par des personnages originaux tels que le neveu de Rameau ou l'aveugle Saunderson, vise à nous sensibiliser à la portée limitée des lois naturelles que nous parvenons à comprendre lorsque nous examinons la nature dans son ensemble. Pour l'auteur des *Essais*, en revanche, elle est un élément essentiel montrant que la variabilité des perceptions sensibles et des pensées l'emporte toujours.

Le rapport à la langue de Diderot et de Montaigne est aussi fondamentalement différent. Diderot, considère l'expression verbale et son organisation séquentielle comme inadaptée pour exprimer nos pensées et sensations, qui sont toujours multiples. À l'opposé, Montaigne estime que le discours est « adapté à la peinture des pensées qui nous fuient » (p. 35). D'autre part, l'œuvre philosophique selon les deux a pour but de refléter « la même allure que la pensée, qui procède par tâtonnement, elle avance et elle recule, elle établit des principes, mais a besoin de les mettre à l'épreuve, de les interroger continuellement, d'admettre ses limites » (p. 88). Néanmoins, l'importance de ces questionnements constants n'est pas la même pour les deux philosophes. Si pour Montaigne elle est radicale, pour Diderot elle concerne certaines questions fondamentales auxquelles on ne peut pas répondre, d'où l'« incuriosité » du fataliste ou le scepticisme modéré à propos des causes finales du matérialiste. Nous pouvons faire le même constat à propos de nombreux éléments qui caractérisent l'écriture des sceptiques modernes, comme l'usage des digressions, le dilemme moral, la suite articulée de questions qui s'enchaînent et qui « visent à rendre la philosophie toujours en mouvement, une critique qui ne s'arrête ni ne se fige jamais, une pensée conjecturale qui ne cesse de mettre à l'épreuve toutes ses affirmations » (p. 73).

Une certaine limitation de nature sceptique touche à la conception du langage chez Diderot. Elle concerne le rapport entre la linéarité du discours et la simultanéité de nos sensations et de nos idées. Mais elle affecte également la dimension esthétique et les langages des arts. Comme le souligne Maddalena Mazzocut-Mis, dans les *Additions* à la *Lettre sur les aveugles*, lorsqu'il tente d'établir « une transmission du beau et de la vertu entre le monde visuel et le monde tactile », Diderot constate qu'une telle « communication ne serait possible que si on déplaçait la question sur des questions géométriques (le rapport d'égalité ou de différence) auxquelles on accède par l'abstraction » (p. 66). Cependant, cette réduction est souvent impossible à réaliser. Or, dans le domaine moral tout comme dans le domaine esthétique, la référence selon Diderot n'est pas une norme abstraite, mais la nature elle-même, qui « ne fait rien d'incorrect » (*Essais sur la peinture*, DPV, XIV : 343). Pourtant, ce qui est nécessaire dans la nature n'est en soi ni bon ni mauvais, ni beau ni laid : « la beauté ou la laideur d'un bloc de marbre ne peut être jugée si l'on reste attaché à sa nécessité au sein de la conception de l'univers. Un homme laid – ou mieux difforme puisqu'ici la laideur se confond souvent avec l'imperfection – sera jugé comme tel seulement s'il est comparé à un autre individu qui correspond de façon plus harmonieuse à l'ordre de la nature en général ; si ce même homme était le seul être vivant au monde, il ne pourrait être considéré comme beau, laid, parfait ou imparfait. » (p. 68) Les principes du beau et du bien n'existent donc pas en tant que tels dans l'ordre de la nature. C'est le regard de l'homme qui donne du sens à l'univers qu'il cherche à comprendre et à exploiter au mieux. Comme nous le dit Mazzocut-Mis, dans le domaine esthétique, c'est la « volonté expressive » de l'artiste qui établit le beau, indépendamment du principe d'utilité, alors que dans le domaine moral, c'est l'utile qui prédomine. Mais ces critères ne sont pas exhaustifs, car leur signification change en fonction des circonstances, ouvrant la possibilité de donner plusieurs interprétations, y compris antinomiques, de ces deux critères.

Ces différentes perspectives sont mises en scène dans les dialogues entre Jacques et son maître, lui et moi dans le *Neveu de Rameau*, A et B dans le

Supplément au voyage de Bougainville, mais aussi dans sa correspondance avec Falconet. Comme le montre Cléro, en refusant la rupture entre la théorie et la pratique qui caractérise le scepticisme, Diderot transforme les perspectives antinomiques en deux options possibles dans n'importe quelle situation donnée (p. 117). Il n'y a pas une seule question, dit-il dans le *Rêve de D'Alembert*, sur laquelle un homme « reste avec une égale et rigoureuse mesure de raison pour et contre » ; ce serait là l'équivalent de « l'âne de Buridan » (DPV, XVII : 111), situation envisageable uniquement pour des questions abstraites. Pour tous les autres problèmes, les raisons pour et contre ne sont jamais parfaitement équilibrés, rendant impossible que la balance « ne penche pas du côté où nous croyons le plus de vraisemblance » (DPV, XVII : 112). L'on pourrait avancer que la vérité, telle que Diderot la conçoit, suppose en soi une certaine dose de scepticisme, puisqu'elle tient compte de la possibilité d'hésitation. Ainsi, contre toute tentation dogmatique, Diderot réserve dans ses œuvres une place pour le doute. Il reconnaît sa fonction au sein de la philosophie, son rôle dans la formation de nos opinions et, surtout, il souligne que toute démonstration de vérité n'est pas définitive, mais toujours susceptible d'être contestée ou de subir une crise.

Les articles réunis dans ce dossier ont pour vocation de signaler l'importance de la pensée sceptique dans la philosophie de Diderot, en particulier dans ses textes de jeunesse, et de démontrer la persistance d'une influence sceptique dans ses œuvres plus tardives, tant dans le domaine gnoséologique et ontologique (Spallanzani, Quintili), qu'en matière d'éthique et d'esthétique (Mazzocut-Mis). D'autres articles dans ce numéro mettent en perspective la philosophie diderotienne à l'aune de la pensée de philosophes modernes tels que David Hume, sceptique modéré et contemporain de Diderot, ou un pyrrhonien comme Montaigne, figure essentielle à la constitution de sa pensée (Paganini, Giocanti). De surcroît, l'article de Cléro permet d'éclairer l'utilisation des arguments des sceptiques antiques dans la construction que fait Diderot de thèses contradictoires, afin de soumettre la pensée à l'épreuve d'un scepticisme douteux et de surmonter l'impasse par le recours à une forme de probabilisme. Enfin, l'article de Sperotto met en exergue l'impact sceptique des choix stylistiques de Diderot, en particulier dans l'illustration de son fatalisme dans *Jacques le fataliste et son maître*.

Valentina Sperotto
Università Vita-Salute San Raffaele di Milano
sperotto.valentina@hsr.it

I.
DIDEROT ET LE SCEPTICISME

SCEPTICISME, MATÉRIALISME ET ATHÉISME
UNE TRIADE PROBLÉMATIQUE, À PARTIR DE DIDEROT

LA QUESTION DU RAPPORT MATÉRIALISME-PYRRHONISME À L'ÉPOQUE DE DIDEROT

Dans son célèbre et important article intitulé « *Phyrrhonien* » et « Sceptique » synonymes de « Matérialiste » dans la littérature clandestine[1], John S. Spink, l'un des architectes de la redécouverte de la tradition philosophique hétérodoxe et libertine des XVIIe et XVIIIe siècles[2], pose rapidement la question du sens de ces concepts clés qui parcourent l'histoire de la pensée occidentale et la réflexion philosophique de notre modernité. Qu'est-ce qu'être « sceptique » ? Qu'est-ce qu'être « matérialiste » ? Qu'est-ce qu'être « athée » en philosophie, à l'époque moderne ? Spink a bien montré (et c'est son mérite majeur) que la question se posait avant tout, et de manière systématique, dans la galaxie de la littérature clandestine et hétérodoxe, dans des ouvrages manuscrits et anonymes qui circulaient sous le manteau pendant le siècle des Lumières et étaient en train d'imposer un nouveau « sens commun » philosophique, allant bientôt s'éloigner de la tradition métaphysique des écoles. Ce nouveau sens commun devait, tout au long du XVIIIe siècle, passer dans les réflexions des grands penseurs de l'époque et devenir ainsi la nouvelle *koiné* linguistique de la philosophie occidentale pour nous les contemporains.

1. Dans Olivier R. Bloch (dir.), *Le matérialisme du XVIIIe siècle et la littérature clandestine*, Actes de la Table Ronde des 6 et 7 juin 1980 (Paris 1 Panthéon-Sorbonne), Paris, Vrin, p. 143-148.
2. Voir John S. Spink, *French Free Thought from Gassendi to Voltaire*, University of London, The Athlone Press, 1960.

Le cas de Diderot, qui appartient à plein titre à cette galaxie des hétérodoxes et clandestins, est exemplaire. Nous assistons, dans le jeune Diderot, dès les *Pensées philosophiques* (1746), jusqu'à la *Lettre sur les aveugles* (1749) à ce qu'on appelle le « passage du déisme au matérialisme », à travers une position sceptique « de méthode »[3]. Et, comme moteur conceptuel de ce travail à la fois théorique et moral, se situe précisément la prise de position sceptique ou « pyrrhonienne » de Diderot, avec trois ouvrages principaux : les *Promenades de Cléobule* (ou *La Promenade du sceptique*) (1747), *Les Bijoux indiscrets* (1747) et *La suffisance de la religion naturelle* (1748). Dans ces trois textes, le philosophe a accompli, selon nous, non pas un seul, mais *trois* « passages » ; en gros, d'abord : 1/ du déisme au scepticisme ; puis 2/

3. Un sujet, celui du « passage », sur lequel on a longtemps débattu, en affirmant ou niant le « scepticisme » de Diderot (jeune ou pas). Les études sont très nombreuses : Jacques Chouillet, « Le personnage du sceptique dans les premières œuvres de Diderot (1745-1747) », dans *Dix-Huitième Siècle*, n° 1 (Paris, Garnier) 1969, p. 195-211 : « C'est que le personnage du Sceptique l'a occupé et troublé pendant plusieurs années, c'est que le scepticisme a représenté pour lui beaucoup plus qu'une simple tentation. C'est que Diderot, s'il a fini par s'éloigner du Sceptique, l'a tout d'abord adopté comme partenaire, et même comme porte-parole » ; G. Tonelli, « The "Weakness" of Reason in the Age of the Elightenment », dans *Diderot Studies*, XIV, 1971, p. 217-244, après dans Richard H. Popkin, Ezequiel de Olaso, Giorgio Tonelli (dir.), *Scepticism in the Enlightenment*, Archives Internationales d'Histoire des Idées, Dordrecht-Boston-Londres, Kluwer Academic Publisher, 1997 ; R. H. Popkin, *The High Road to Pyrrhonisme*, Indianapolis, Hackett, 1993, surtout le chap. « Scepticism in the Enlightenment » (SVEC, 26, 1963) ; Richard H. Popkin (dir.), *Scepticism in the History of Philosophy. A Pan-American Dialogue*, Dordrecht, Kluwer, 1996 ; Paolo Quintili, *La pensée critique de Diderot. Matérialisme, science et poésie à l'âge de l'Encyclopédie. 1742-1782*, Paris, Honoré Champion, 2001, chap. 2.1.7, p. 103-110 : « Pyrrhonisme et matérialisme, bases de la compréhension critique du vrai » ; Miguel Benítez, James Dybikowski, Gianni Paganini (dir.), *Scepticisme, clandestinité et libre pensée*, Paris, Honoré Champion, 2003 ; G. Paganini, *Skepsis. Le débat des modernes sur le scepticisme*, Paris, Vrin, 2008 ; G. Stengers, *Diderot, le combattant de la liberté*, Paris, Perrin, 2013 ; S. Charles-P. J. Smith (éds.), *Scepticisme in the Eighteenth Century. Enlightenment, Lumières, Aufklärung*, Dordrecht-Heidelberg-New York-London, Springer, 2013, où cependant on ne parle pas de Diderot ; John Ch. Laursen, Gianni Paganini (dir.), *Skepticism and Political Thought in the Seventeenth and Eighteenth Centuries*, University of Toronto Press, 2015 ; James Hanrahan, Síofra Pierse, *The Dark Side of Diderot / Le Diderot des ombres*, Oxford-Bern-Berlin-Bruxelles-Frankfurt-New York-Wien, Peter Lang, 2016 ; plus récemment, voir l'importante thèse de Valentina Sperotto, *Le Scepticisme comme méthode dans l'œuvre de Denis Diderot,* soutenue le 10/12/2015 à l'Université de Trente, en co-tutelle avec l'Université de Picardie « Jules Verne », maintenant publié chez L'Harmattan (2023) avec le titre *Diderot et le scepticisme : les promenades de la raison*, qui a mis en évidence de manière précise les implications profondes entre la « méthode » sceptique de recherche (et le style sceptique d'écriture) de Diderot et son matérialisme.

du (ou grâce au) scepticisme au matérialisme et ensuite, avec ce dernier, 3/ à l'*athéisme déclaré* des derniers ouvrages posthumes (*Observations sur Hemsterhuis*, *Réfutation d'Helvétius*, *Éléments de physiologie*).

Le scepticisme, ou plutôt, comme l'appelle Diderot lui-même, « le pyrrhonisme sincère »[4], c'est-à-dire la position d'une *skepsis* non « outrée » – par exemple celle que le philosophe condamnait chez l'idéaliste Berkeley, qui niait l'existence de la matière –, permet de fonder la philosophie naturelle sur des bases solides. La *skepsis* impose de *douter* des apparences trompeuses de l'expérience, d'un doute argumenté, sans sortir de ses bornes, et ainsi de rechercher (du verbe grec *sképtomai*) les « raisons des choses » suivant une nouvelle, *bonne* métaphysique expérimentale[5].

Le mot « pyrrhonien »[6], à l'époque de Diderot, avait une acception négative qui effleurait l'insulte ; il était pris parfois comme l'équivalent d'athée ou d'incroyant, comme l'attestent bien les dictionnaires de l'époque. Le *Dictionnaire de l'Académie française*, dans la 4e édition (1762), affirme :

> PYRRHONIEN, IENNE. adj. On ne met point ce mot ici comme le nom d'une Secte de Philosophes dont Pyrrhon étoit le chef, & qui faisoit profession de douter des choses les plus certaines ; mais parce que l'on s'en sert pour signifier, Celui qui affecte de douter des choses que les autres regardent comme les plus certaines. Il se prend quelquefois substantivement. *C'est un pyrrhonien.*

Un quart de siècle plus tard, l'entrée du *Dictionnaire critique de la langue française* (Paris, 1787) est plus explicite et témoigne que le pyrrhonien serait

4. Voir Diderot, *Pensées philosophiques*, XXX, dans *Œuvres philosophiques*, éd. M. Delon, Paris, Gallimard, 2011, p. 16 : « Qu'est-ce qu'un sceptique ? c'est un philosophe qui a douté de tout ce qu'il croit, et qui croit ce qu'un usage légitime de sa raison et de ses sens lui a démontré vrai : voulez-vous quelque chose de plus précis ? rendez sincère le pyrrhonien, et vous aurez le sceptique. »

5. Voir l'article MÉTAPHYSIQUE de Diderot, dans *Encyclopédie*, X, p. 440b : « C'est la science des raisons des choses. Tout a sa *métaphysique* & sa pratique : la pratique, sans la raison de la pratique, & la raison sans l'exercice, ne forment qu'une science imparfaite. Interrogez un peintre, un poète, un musicien, un géomètre, & vous le forcerez à rendre compte de ses opérations, c'est-à-dire à en venir à la *métaphysique* de son art. »

6. Voir mon livre : *La pensée critique de Diderot. Matérialisme, science et poésie à l'âge de l'Encyclopédie. 1742-1782*, Paris, Honoré Champion, 2001, chap. 2.4.1, p. 140-141 : « *Ego skeptomai*, Je "regarde de côté, autour de moi, dans la direction de quelque chose". Au jardin du Palais Royal, l'allée des marronniers me présente, en file, ses deux rangées d'arbres. Elles sont bien taillées ; je me promène dans l'espace au milieu, les observe. Le vers d'Horace retentit à nouveau : *Huc propius ne, dum doceo insanire omnes, vos ordine adite*, "Venez, venez ici, plus près de moi en file, pendant que je démontre que tous les hommes sont insensés". »

celui qui *ne croit en rien – la croyance*, non seulement religieuse, est bien mise en jeu – et que sa position effleure la *folie* :

> PYRRHONIEN, IENNE, adj. et subst. PYRRHONISME, s. m. [*Piro-nien, niène, nisme, r* forte.] Qui doute, ou qui affecte de douter de tout. Affectation de ne rien croire et de douter de tout. « *Le Pyrrhonisme est aujourd'hui fort répandu.* » « *Le monde est plein de Pyrrhoniens.* » « *Le Pyrrhonisme*, est un système insensé. « Un vrai *Pyrrhonien est un fou* »[7].

Diderot lui-même, dans les *Promenades de Cléobule*, avait considéré comme des fous les « Égoïstes » ou « Égothéistes », qui ne croient à l'existence des choses (matérielles) *qu'en eux-mêmes*, c'est-à-dire qu'à travers leur perception intérieure, ou *en Dieu*. Voilà donc que prennent corps et figure, dans la *Promenade*, les fantômes de l'idéaliste évêque de Cloyne George Berkeley. Il s'agit des Égoïstes ou idéalistes, comme étant des sceptiques absolus, des pyrrhoniens outrés et sans remède, dont les propos se rapprochent dangereusement du *sensualisme* de l'abbé Condillac. Affirme en fait Diderot :

> Ce sont gens dont chacun soutient qu'il est seul au monde. Ils admettent l'existence d'un seul être, mais cet être pensant, c'est eux-mêmes. Comme tout ce qui se passe en nous, n'est qu'impressions, ils nient qu'il y ait autre chose qu'eux et ces impressions. [...] j'en rencontrais ces jours derniers un qui m'assura qu'il était Virgile. « Que vous êtes heureux, lui répondis-je, de vous être immortalisé par la divine *Énéide* ! » [...] À tout ce galimatias, j'ouvrais de grands yeux, et cherchais à concilier des idées si disparates. Mon Virgile remarqua que son discours m'embarrassait. « Vous avez peine à m'entendre, continua-t-il ; eh bien, j'étais en même temps Virgile et Auguste ; Auguste et Cinna. Mais ce n'est pas tout, je suis aujourd'hui qui je veux être ; et je vais vous démontrer que peut-être je suis vous-même et que vous n'êtes rien. *Soit que je m'élève jusque dans les nues, soit que je descende dans les abîmes, je ne sors point de moi-même, et ce n'est jamais que ma propre pensée que j'aperçois* », me disait-il avec emphase[8].

La critique indirecte que fait Diderot ici de l'*Essai* de Condillac – paraphrasé dans le passage en italiques[9] – laisse entendre que sont visés non

7. Ces textes sont disponibles en ligne, sur le site de l'ARTFL (« Dictionnaires d'autrefois ») : https://artfl-project.uchicago.edu/content/dictionnaires-dautrefois.
8. Voir Denis Diderot, *Promenades de Cléobules*, dans *Œuvres philosophiques*, éd. cit., p. 88, à rapprocher de Condillac, *infra*, note 9.
9. Étienne Bonnot de Condillac, *Essai sur l'origine des connaissances humaines*, Partie I, chap. 1, § 1 : « Soit que nous nous élevions, pour parler métaphoriquement, jusque dans

seulement les « pyrrhoniens » idéalistes, mais avant tout les philosophes *dualistes*, comme Condillac, qui séparent corps et âme, et même ces empiristes/sensualistes lesquels, au nom de cette séparation de l'âme et du corps, risquent de tomber dans le *solipsisme* gnoséologique ou autrement dit l'« égotisme » de *l'Allée des Marronniers*. Ce dualisme paradoxal, en effet, poussé jusqu'au bout, se renverse finalement dans un monisme de la seule pensée : il n'existe que de l'*esprit* ; la matière et les corps ne sont qu'un « monde imaginaire », des produits de la perception. C'est la position de l'*esse est percipi* de Berkeley[10].

Grâce à cette critique, Diderot est désormais prêt pour la seconde étape : celle qui le mène vers le matérialisme. Il affirme un monisme matérialiste du corps-esprit, qui s'oppose à celui de Berkeley. Cette notion prendra bientôt pied dans la *Lettre sur les aveugles*. Dans les *Promenades de Cléobule* déjà, la philosophie spinoziste du personnage d'Oribaze n'est pas non plus épargnée. L'idée du « seul être au monde », évoquée à propos des égothéistes comme étant la cause de leur folie, est en fait rapprochée, un peu plus loin, de l'idée de la substance unique, traduite dans l'image du « seul prince » (dieu) qui est en lui-même l'univers et dont le « grand œil » est l'orbe lumineux du soleil[11]. L'interprétation « égothéiste » que Diderot offre de la philosophie de Spinoza est manifestement passée par la lecture de l'article SPINOZA du *Dictionnaire* de Bayle, repris à la lettre aussi à l'article homonyme de l'*Encyclopédie*[12].

Après ces longs débats, la cinquième édition du *Dictionnaire de l'Académie française* (1798), à la fin du siècle, enregistrera bien l'entrée PYRRHONISME. Ce terme était déjà mentionné dans le *Dictionnaire critique de la langue française*, mais il était absent de l'*Encyclopédie*. Cette nouvelle entrée

les cieux ; soit que nous descendions dans les abîmes, nous ne sortons point de nous-mêmes ; et ce n'est jamais que notre propre pensée que nous apercevons » (Amsterdam, chez P. Mortier, 1746), cité dans *Promenades de Cléobule*, p. 1091.

10. À propos de cette lecture (et critique) diderotienne de l'idéalisme de Berkeley, ainsi que de l'histoire de la « secte des Égoïstes », voir Jean Deprun, « Diderot devant l'idéalisme », dans *Revue Internationale de Philosophie*, n° 148-149, fasc. 1-2, 1984, p. 67-78 ; Jean-Robert Armogathe, *Une secte fantôme au XVIIIe siècle : les Égoïstes*, Paris – Sorbonne, 1970 (Mémoire de D.E.A.) ; notre livre : *La pensée critique de Diderot*, *op. cit.*, chap. 2.5.2, p. 150-166 : « Égotistes, idéalistes, sensualistes, une seule famille d'erreurs métaphysiques ».

11. *Ibid.*, p. 98-99.

12. Voir Pierre Bayle, *Dictionnaire historique et critique*, Rotterdam, Leers, 1697, vol. IV, p. 253-271 ; art. SPINOSA (Philosophie de), *Encyclopédie*, vol. XV, 463a-474a.

comporte deux spécifications importantes : « PYRRHONISME. sub. mas. Habitude ou affectation de douter de tout. *Pyrrhonisme historique. Pyrrhonisme en matière de Religion.* »

Les pyrrhoniens, qualifiés d'« égoïstes » et, en fin de compte, de *fous* en matière de gnoséologie[13] dans les *Promenades de Cléobule*, finiront par exercer leur scepticisme (« outré ») sur deux terrains vers la fin du siècle : en matière d'*histoire* – ils douteront des témoignages des prétendus faits de l'histoire sacrée, de la fiabilité des sources, des documents, etc. – et en matière de *dogmes religieux*. Ils deviendront donc aussi des francs *athées*, des athées sincères. Pour en arriver là, les sceptiques « de méthode », tels que Diderot, ceux qui s'insurgeaient contre la folie du pyrrhonisme des idéalistes, qui nient l'existence de la matière et ne reconnaissent que Dieu comme existant, devront passer par la deuxième étape, après celle du passage du déisme au scepticisme : l'étape essentielle du *matérialisme*.

LE SCEPTICISME « SINCÈRE » DE DIDEROT ET SON MATÉRIALISME

Comme l'a montré la thèse de V. Sperotto sur *Le scepticisme comme méthode dans l'œuvre de Denis Diderot*[14], confirmant les lectures de J. Chouillet, l'affaire du scepticisme chez Diderot n'a donc pas été « une simple tentation ». La *skepsis* se lie en profondeur à la même structure d'intention de sa philosophie, qui procède à travers la critique des idéalistes/égoïstes vers le matérialisme, déjà dans les *Pensées philosophiques*. Il s'agit de rendre le pyrrhoniste « sincère », pour avoir le « vrai » sceptique, c'est-à-dire pour atteindre une forme de réflexion philosophique qui se fonde sur la mise en question *critique* des données des sens et des résultats de la perception, à la lumière d'une raison dont la mesure est déjà devenue ce qui sera bientôt le « bon sens » holbachien. L'*expérimentation* en philosophie naturelle – qui a affaire avec des machines et des outils, dans la *Lettre sur les aveugles* et les *Pensées sur l'Interprétation de la nature* (1753) – et l'*expérience technique* de la *Description des Arts* dans l'*En-*

13. Comme l'avait laissé entendre le même Bayle, dans son « Éclaircissement. Que ce qui a été dit sur le pyrrhonisme, dans ce Dictionnaire, ne peut point préjudicier à la Religion » (*Dictionnaire*, *op. cit.*, vol. IV, p. 641-647) qu'il tient aussi pour des sceptiques « outrées ».

14. *Supra*, note 3.

cyclopédie (1751-1765), fourniront à Diderot les instruments les plus efficaces pour forger son matérialisme vitaliste, à travers un usage « sceptique sincère » des concepts clé des différentes disciplines. Pourquoi « sincère » ?

On a vu plus haut que Diderot utilisait l'arme de l'ironie, dans les *Promenades de Cléobule*, contre l'idéaliste/égothéiste qui « se croyait Virgile » et qui allait jusqu'à « démontrer peut-être que je suis vous-même et que vous n'êtes rien ». La *violence* de l'ego, qui anéantit l'autre et s'approprie jusqu'à son identité, cache toujours de la mauvaise foi, de l'*imposture*. L'histoire donne et a donné témoignage de cette violence meurtrière liée à une idéologie de l'*ego*, individuel et/ou collectif, qui revendique son « identité » absolue, c.-à-d. déliée de tout rapport, ontologique et moral, avec autrui et avec le monde des choses dites « matérielles ». Cette mauvaise foi, qui est la marque d'un *mensonge* originaire à l'égard de soi-même et des autres, se renversera, chez Diderot, dans la critique des religions révélées et de la foi dans l'immortalité de l'âme, foi qui grossit les dimensions temporelles de l'ego – comme le font les égothéistes, justement – à une échelle *impossible* (et faussée) pour l'homme. Alors, ce « pyrrhonisme outré », insincère, des idéalistes doit se rétorquer contre eux-mêmes ; il change de signe et devient non pas le scepticisme du mensonge (la vie éternelle, la non-existence de la matière et des autres ego, etc.), mais le scepticisme de la vérité, le pyrrhonisme sincère de la voix qui parle déjà dans les *Pensées philosophiques* et qui laisse le sceptique « gagner » le pari de la connaissance, parmi les différents personnages d'une écriture déjà, en grande partie, *dialogique*.

La *Lettre sur les aveugles à l'usage de ceux qui voient* marque ce renversement définitif du scepticisme de Diderot vers le matérialisme, grâce à la parole de l'aveugle Saunderson, qui se montre lui aussi tout à fait sincère sur son lit de mort, devant les argumentations déistes de son confesseur. M. Holmes étale son discours apologétique sur le « grand dessein », sur « les merveilles de l'univers », le « grand spectacle du monde », qui attesterait l'existence d'un Créateur sage et bienveillant. L'aveugle-philosophe s'exclame :

> Eh ! Monsieur, lui disait le philosophe aveugle, laissez là tout ce beau spectacle qui n'a jamais été fait pour moi ! J'ai été condamné à passer ma vie dans les ténèbres, et vous me citez des prodiges que je n'entends point, et qui ne prouvent que pour vous et que pour ceux qui voient comme vous. Si vous voulez que je croie en Dieu, il faut que vous me le fassiez toucher...[15]

15. Denis Diderot, *Lettre sur les aveugles*, dans *Œuvres philosophiques*, éd. cit., p. 159.

La suite, célèbre, de l'argumentation de Saunderson sur le manque d'ordre et de « perfection » dans l'univers, sur le caractère transitoire et contingent de tous les êtres, sur la contingence même de l'existence physique et morale de l'homme, etc. est à la fois la première affirmation explicite du matérialisme contenu *in nuce* dans les *Pensées philosophiques* (qui valurent à Diderot, avec la *Lettre* et *Les Bijoux*, trois mois de prison à Vincennes) et l'effet du renversement sceptique anti-égothéiste rencontré dans les *Promenades de Cléobule*. L'on voit bien que ce matérialisme biologique de la *Lettre sur les aveugles*, qui s'appuie encore sur des arguments classiques lucrétiens, est l'issue d'une *suite de prises de position sceptiques*, mises dans la bouche de l'aveugle Saunderson, sujet « spécial » et paradigmatique, tels que les seront les sourds et muets de la *Lettre* suivante de 1751. Sceptique Diderot l'est à l'égard, avant tout, de la thèse de l'« ordre » de l'univers et de la centralité de l'ego humain ; à l'égard, encore une fois, de l'« égothéisme ». Et cette position critique aura d'importantes retombées dans le domaine de la politique aussi, comme fondement d'une philosophie de la tolérance, des limites de l'autorité politique et de la liberté de pensée[16].

LE SENS DE L'ATHÉISME DIDEROTIEN ET LE PROBLÈME DE L'« ATHÉE » AUJOURD'HUI

L'athéisme qui s'en suit, comme une conséquence logique de la position sceptique *et* matérialiste, n'est pas seulement la *négation* (pyrrhonienne) typique de celui qui « ne croit en rien », y compris Dieu ; mais c'est plutôt l'*affirmation* d'une certaine nouvelle *image vraie* de l'univers qui va à l'encontre de la mauvaise foi, de l'imposture idéaliste de l'*esse est percipi*. Celle-ci, la vision du monde « en Dieu », est la vraie négation, la maladie mortelle de la raison qu'il faut soigner par la cure du matérialisme. L'athéisme alors, antonyme conceptuel de l'égothéisme, en 1749 dans la *Lettre sur les aveugles* et après, dans les *Pensées sur l'Interprétation de la nature* (1753), n'est pas encore avoué, ni manifeste. Il n'a pas besoin de l'être d'ailleurs. Jusqu'au

16. Voir W. Mannies, « Denis Diderot and the Politics of Materialist Skepticism », dans J.-Ch. Laursen-G. Paganini (dir.), *Skepticism and Political Thought*, *op. cit.*, p. 177-202 et l'importante *Introduction*, par Laursen-Paganini (p. 3-16) ; voir aussi Anthony Strugnell, *Diderot's Politics*, M. Nijhoff, The Hague, 1973 ; et la thèse déjà mentionnée de Valentina Sperotto, *Le scepticisme comme méthode dans l'œuvre de Diderot, op. cit.*

Rêve de d'Alembert (1769) et les ouvrages posthumes postérieurs, Diderot se penche sur la littérature, sur le théâtre et soigne l'achèvement de son chef-d'œuvre, l'*Encyclopédie* (qui termine ses publications en 1765-1772). Ce qui l'intéresse, durant cette période, est d'éviter de se retrouver de nouveau en prison à cause de ses idées, et de s'occuper de la « nature de l'homme » et de ses passions, de sa nature politique, morale et esthétique. L'homme en tant qu'être sensible, sociable et fini, contingent, c'est bien le sujet de toute l'œuvre littéraire, esthétique et politique de Diderot.

Ce dont on ne pouvait pas discuter ouvertement, en termes théoriques et philosophiques, pour des raisons de censure – par exemple, le « fatalisme », à savoir le manque de « providence » dans la nature et dans la vie des hommes – Diderot l'aborde indirectement, et il en fait matière de représentation littéraire, théâtrale et artistique, visible sur la scène de la vie culturelle parisienne entre 1754 et 1770. En ce sens, il existe un *athéisme indirect* de Diderot qui ne s'exprime pas de face, mais par le biais de l'écriture littéraire. C'est l'athéisme le plus efficace. La thèse de fond qui parcourt les trois pièces de théâtre – *Le père de famille* (1758) et *Le fils naturel* (1757), comme plus tard *Est-il bon ? Est-il méchant ?* (1781) – est encore celle de l'athée vertueux de Bayle. La morale et l'éthique ne se fondent pas sur la religion, mais sur la nature de l'homme et sur les *rapports sociaux* qu'il entretient avec ses semblables.

La première reformulation explicite de cette thèse semble se trouver au tout début du *Rêve de d'Alembert*, là où on fait débuter le dialogue avec la parole coupée du philosophe-géomètre d'Alembert concluant un raisonnement déjà entamé :

> J'avoue qu'un être qui existe quelque part et qui ne correspond à aucun point de l'espace ; un être qui est inétendu et qui occupe de l'étendue ; qui est tout entier sous chaque partie de cette étendue ; qui diffère essentiellement de la matière et qui lui est uni ; qui la suit et qui la meut sans se mouvoir ; qui agit sur elle et qui en subit toutes les vicissitudes ; un être dont je n'ai pas la moindre idée ; un être d'une nature aussi contradictoire est difficile à admettre[17].

On pourrait même supposer, vu l'ambiguïté du sujet, que l'« être » dont il est question ici soit l'âme humaine, matérielle et étroitement liée au corps,

17. Denis Diderot, *Le Rêve de d'Alembert*, dans *Œuvres philosophiques*, éd. cit., p. 345.

comme il semble émerger dans la suite de l'entretien. Cependant, l'argument de l'athée se fait jour indirectement dans *Le Rêve* dans ces lieux où il est question de ces fondements de la morale qui, dans la troisième partie, sont recherchés dans les sciences de la vie plutôt que dans la théologie ou dans quelque type de « croyance » que ce soit.

Plus explicitement, la vertu de l'athée, notamment son courage de la vérité, émerge dans la *Réfutation du livre d'Helvétius intitulé « L'Homme »*, là où Diderot reproche à son « collègue matérialiste » d'avoir été pusillanime, à propos de son attaque à la religion chrétienne. Diderot accuse Helvétius d'avoir parlé ainsi de « papisme » et non pas de « christianisme », comme il fallait, en attaquant les préjugés religieux, et d'être ainsi tombé dans l'ambiguïté. Critiquant la pratique de la « double doctrine » des libertins, comme étant encore celle d'Helvétius, Diderot exprime son admiration pour une philosophie *ouvertement* athée, sans détour, sans « biaiser », celle de son ami le baron d'Holbach :

> C'est ainsi que la frayeur qu'on a des prêtres a gâtée, gâte et gâtera tous les ouvrages philosophiques ; a rendu Aristote alternativement agresseur et défenseur des causes finales ; fit autrefois inventer la double doctrine ; et a introduit dans les ouvrages modernes un mélange d'incrédulité et de superstition qui dégoûte. J'aime une philosophie claire, nette et franche, telle qu'elle est dans le *Système de la nature* et plus encore dans le *Bon Sens*. J'aurais dit à Épicure : Si tu ne crois pas aux Dieux, pourquoi les reléguer dans les intervalles des mondes ? L'auteur du *Système de la nature* n'est pas athée dans une page, déiste dans une autre : sa philosophie est tout d'une pièce. On ne lui dira pas : Tâchez de vous entendre ; nos neveux ne le citeront pas pour et contre, comme les sectateurs de tous les cultes s'attaquent et défendent par des passages également précis de leurs livres prétendus révélés[18].

La liberté de s'exprimer dans des ouvrages qui n'étaient pas destinés à la publication, permet ainsi à Diderot de parler avec franchise, en dialogue avec un autre adversaire, au même sujet de la « nature humaine », le platonicien hollandais Franciscus Hemsterhuis (1721-1790), qui venait de publier un livre intitulé *Lettre sur l'Homme et ses rapports* (Paris, 1772). Diderot fait la connaissance de cet homme aimable et gentil en Hollande, grâce au prince Galitzine, pendant son voyage en Russie à la cour de l'impératrice Catherine II. Hemsterhuis offre son livre à Diderot en signe d'admiration

18. Denis Diderot, *Réfutation d'Helvétius*, dans *Œuvres philosophiques*, éd. cit., p. 578-579.

et d'estime pour le maître d'œuvre de l'*Encyclopédie*. Dans ses *Observations* écrites en marge du livre – que Diderot lui renvoya et qui ont été retrouvées seulement en 1964 – le philosophe conteste à son interlocuteur platonicien le prétendu immoralisme des « matérialistes » (Hemsterhuis dans son texte parle d'« athées »), qui sont, au contraire, d'après lui, tous des « hommes de bien » – à partir de Spinoza, mais avec la remarquable exception de l'auteur de *L'Homme-machine* :

> ** Jamais aucun auteur, matérialiste ou non, ne s'est proposé de rendre ridicules les notions de vice et de vertu, et d'attaquer la réalité des mœurs. Les matérialistes, rejetant l'existence de Dieu, fondent les idées du juste et de l'injuste, sur les rapports éternels de l'homme à l'homme. Voy. le Syst. de la nature. Si un auteur, tel que la *Métrie*, a eu l'impudence de se faire l'apologiste du vice ; il a été méprisé et des savants et des ignorants ; j'oserais presque dire et des gens de bien et des méchants. (DPV, XXIV : 249)

Plus loin, ces « matérialistes » sont longuement décrits par leurs mérites et leurs vertus, qu'ils asseyent sur un double socle : la nature (« l'organisation ») et l'éducation. Et là c'est une véritable « apologie » ou « prière » du matérialiste que Diderot oppose à Hemsterhuis, qui se faisait un devoir de dénoncer la responsabilité des athées et des philosophes – qui auraient « fait taire leur organe moral » – comme cause de la décadence des mœurs[19]. C'est l'un des passages les plus vibrants et passionnés de ces *Observations*, la prière du matérialiste :

> *320.* *Je n'en connais qu'un seul qui ait eu cette impudence [La Mettrie, n. d. r.], et il est en exécration à tous les autres. (F) *321.* XX Je connais un peu les gens dont vous parlez. Soyez sûr qu'ils disent franchement leur sentiment sans aucun esprit de prosélytisme. Qu'ils sont aussi sincères dans leur opinion que vous dans la vôtre. Qu'ils ont autant de mœurs que les plus honnêtes croyants. Qu'on est aussi facilement athée et homme de bien, qu'homme croyant et méchant. Qu'ils sont bien éloignés de croire que leur opinion conduise à l'immoralité. Qu'ils ne diffèrent de vous que dans la base qu'ils donnent à la vertu, qu'ils asseyent sur les seuls rapports des hommes

19. Denis Diderot, *Observations* : « ... Et d'un autre côté, ces essaims de soi-disant philosophes, aussi vains et aussi peu éclairés que ces orthodoxes, qui, à force de dérèglements, de vices, ou de sophismes, ** ont fait taire leur organe moral[320] pour un temps, qui prêchent l'irréligion et [202] l'athéisme avec plus de zèle encore que les autres leur prétendue orthodoxie, qui voudraient convertir tous les hommes, afin que personne ne leur fît entrevoir un Dieu tout-présent qu'ils redoutent[321] ». (DPV, XXIV, p. 386)

> entre eux. Que les uns sont vertueux, parce qu'ils sont naturellement portés à la vertu, par leur caractère fortifié d'une bonne éducation. D'autres, par l'expérience qui leur a appris qu'à tout prendre, il vaut encore mieux être homme de bien en ce monde, pour son propre bonheur que méchant. Que, quand leur système porterait à la dépravation, ils ne seraient pas dépravés pour cela, parce que rien n'est plus commun que d'être inconséquent ; ils seraient athées et bons, comme on est croyant en Dieu et méchant. En un mot que la plupart ont tout à perdre et rien à gagner, à nier un Dieu rémunérateur et vengeur. (DPV, XXIV : 386-387)

Diderot va réitérer cet argument du Dieu rémunérateur et vengeur dans un autre petit ouvrage posthume, contemporain des *Observations* : l'*Entretien d'un philosophe avec Mme la Maréchale de****. Il le fait presque mot pour mot (DPV, XIII : 432-436). La figure de l'athée dans les *Observations* est ainsi bien présente et devient l'objet d'une apologie constante et cohérente, face aux affirmations prétendument « évidentes » d'Hemsterhuis, qui arrive jusqu'à nier l'existence des athées, comme le Virgile égothéiste niait, dans les *Promenades de Cléobule*, l'existence de son interlocuteur :

> Tous les hommes sains, et bien conformés, ont une sensation, plus ou moins distincte, de l'existence réelle et nécessaire de la divinité, sans même que l'intelligence y entre pour rien ; <u>et il n'y a pas</u>[307] [186] d'homme athée. Dans l'homme individu, cette sensation est extrêmement faible ; dans * l'homme en société, l'organe moral s'ouvre, et la sensation de la divinité devient plus forte[308].
> *307.** Voilà un étrange abus des mots ; ou une assertion bien fausse. (F) *308.** Je crois que vous avez dit le contraire de l'organe moral en société ; dans un autre endroit. (DPV, XXIV : 379)

La « maladie » mortelle de l'idéaliste, qui se croit le seul au monde dépositaire de tout ordre et vérité, et de l'existence même des autres (incroyants), est stigmatisée encore une fois dans le dernier ouvrage posthume de Diderot, les *Éléments de physiologie*. Dans la *Conclusion*, l'argument du désordre du monde et de la maladie des individus qui le composent, le thème de l'imperfection de tout homme, qui exclut l'intervention d'une providence dans le tissu ontologique de notre univers tel qu'il est en réalité, prend consistance à partir d'observations physiologiques et médicales. Diderot, pendant la période postérieure à son retour de Russie (1774-1784), avait manifesté l'intention d'écrire une « *Histoire naturelle et expérimentale de l'homme* », à partir des nombreuses lectures de textes scientifiques et médicaux dont il nous fournit la liste dans un *Autographe sur la physiologie* de ces mêmes années et il en entame une partie dans les notes manuscrites annexes du « *Manuscrit de Pétersbourg* »[20]. Ce projet n'a jamais abouti et ne nous restent que des « *Éléments de physiologie* », dans les différents manuscrits que le philosophe a consignés à la postérité. La *Conclusion* de la troisième partie de l'ouvrage – qui achève le manuscrit de Saint-Pétersbourg – semble donc ouvrir le discours sur ce grand projet de l'« *Histoire expérimentale de l'homme* ».

La figure de l'athée y fait à nouveau son apparition dans le nouvel habit du philosophe *vraiment* sage et honnête homme, qui se heurte à la foule des prétendus sages qui n'ont produit, dans l'histoire, que de nombreux « songes extravagants » pour expliquer la nature de l'âme, en accusant d'immoralisme, par surcroit, les athées :

> L'organisation et la vie, voilà l'âme. Ils accusent les athées de mauvaises mœurs, les athées à qui ils n'ont jamais vu faire d'action malhonnête au milieu de dévots souillés de toutes sortes de crimes. Ils assurent que l'existence de Dieu est évidente et Pascal dit expressément de Dieu : *on ne sait ni ce qu'il est, ni s'il est*. L'existence de Dieu évidente ! Et l'homme de génie est arrêté par la difficulté d'un enfant ; et Leibniz est obligé, pour la résoudre, de produire avec des efforts de tête incroyables, un système qui ne résout pas la difficulté et qui en fait naître mille autres ![21]

Cette fin de partie est pour Diderot une véritable heure des comptes qui a sonné. La science de la nature, tout entière, donne témoignage, d'abord, de l'inefficacité, voire de la fausseté des prétendues « causes finales »[22]. Puis, c'est le tour de l'« homme réel », en tant qu'espèce, qui est l'être imparfait dont s'occupe la médecine et qu'il faut *compatir*, plutôt que l'exalter comme le font les apologistes :

> L'espèce humaine n'est qu'un amas d'individus plus ou moins contrefaits, plus ou moins malades : or quel éloge peut-on tirer de là, en faveur du prétendu créateur ? Ce n'est pas à un éloge, c'est à une apologie qu'il faut penser. Ce

20. Voir Diderot, *Éléments de physiologie*. Suivi d'un autographe sur la physiologie et du Manuscrit de Pétersbourg, Texte établi, présenté et commenté par Paolo Quintili, Paris, Honoré Champion, 2004, *Appendices A* et *B*, p. 365-450.

21. *Ibid.*, p. 358-359.

22. *Ibid.*, p. 359 : « Les causes finales, disent les défenseurs de ces causes, ne démontrent-elles pas l'existence de Dieu ? Mais Bacon dit que la cause finale est une vierge qu'il faut rejeter. »

> que je dis de l'homme, il n'y a pas un seul animal, une seule plante, un seul minéral dont je n'en puisse dire autant[23].

La nature du tout et l'univers naturel offrent ensuite la vision d'un monde dont non seulement on ne saisit pas les limites, ni le *sens*, mais qui échappe à toute logique morale de bien et de mal, semblable à la substance spinozienne dont la signification pour l'homme n'a rien à voir avec le « vice » et la « vertu », le bon et le mauvais, ceux-là n'étant que les produits des jugements (et des passions) humaines :

> Si le tout actuel est une conséquence de son état antérieur, il n'y a rien à dire. Si l'on veut en faire le chef-d'œuvre d'un être infiniment sage et tout-puissant, cela n'a pas le sens commun. Que font donc ces préconiseurs ? Ils félicitent la providence de ce qu'elle n'a pas fait : ils supposent que tout est bien, tandis que relativement à nos idées de perfection tout est mal. Pour qu'une machine prouve un ouvrier, faut-il qu'elle soit parfaite ? Assurément, si l'ouvrier est parfait[24].

Les *Éléments* sont le dernier mot de Diderot. Le même mot qu'il prononça, en fin juillet 1784, avant de mourir (le 31 juillet), devant sa fille Angélique qui assista à la dernière discussion que le philosophe eut avec ses amis, le soir du 30 juillet 1784. « La conversation s'engagea sur la philosophie et les différentes routes pour arriver à cette science : "*Le premier pas*, dit-il, *vers la philosophie, c'est l'incrédulité*". Ce mot est le dernier qu'il ait proféré devant moi : il était tard, je le quittai ; j'espérais le revoir encore... »[25]. Cette « incrédulité », on le voit bien, c'est la même incroyance et le même doute argumenté du philosophe sceptique, sur lequel Diderot avait mis à l'épreuve sa première philosophie de jeunesse. Le modèle de ce *philosopher* matérialiste et athée s'avère bien avoir eu une origine et des fondements de marque *sceptique.*

Encore aujourd'hui, au XXIe siècle, l'on peut dire assurément qu'« être athée » signifie non seulement « ne croire en rien », qui ne soit pas attesté « clairement et distinctement » par la raison et par l'expérience, mais aussi croire *positivement* dans une *image du monde* fondée sur le primat physique

23. *Ibid.*, p. 359-360.

24. *Ibid.*, p. 360.

25. Angélique Diderot, *Mémoires pour servir à l'histoire de la vie et des ouvrages de M. Diderot, par Madame de Vandeul, sa fille*, DPV, I, p. 34.

du soi-disant « monde matériel », (tel que défini par la science) : le postulat du matérialisme. Ces deux socles de l'athéisme ont trouvé chez Diderot – et trouvent encore pour nous, athées contemporains aussi[26] – dans le scepticisme des *Promenades de Cléobule* et des *Pensées philosophiques* leur source et leur point de repère théorique le plus solide[27].

Paolo Quintili
Università di Roma « Tor Vergata »
quintili@uniroma2.it

26. G. Hyman, « Atheism in Modern History », dans M. Martin (dir.), *The Cambridge Companion to Atheism*, Cambridge University Press, 2007, p. 30 : « Diderot made "the initial but definitive statement" of atheism : "the principle of everything is creative nature, matter in its self-activity eternally productive of all change and all design". The significance of Diderot also lay in the fact that he could not be dismissed as a malevolent of frivolous mind. On the contrary, Diderot's atheism was a consequence of his intellectual integrity and a disinterested quest for truth. Furthermore, Diderot reached his atheistic conclusions by furthering and intensifying the insights of Descartes and Newton – the very thinkers upon whom Christians depended as modern defenders of the faith. »

27. Le grand débat autour de l'« athéisme des modernes » est encore une autre histoire, dont il faudrait approfondir ici les tenants et aboutissants, mais l'espace nous fait défaut. Je renvoie à quelque titre essentiel : Friedrich Albert Lange, *Geschichte des Materialismus und Kritik seiner Bedeutung in der Gegenwart*, 2 vol., Iserlohn, J. Baedeker, 1866 ; Fritz Mauthner, *Der Atheismus und seine Geschichte im Abendlande*, 4 vol., Stuttgart-Berlin, Deutsche Verlagsanstalt, 1920-1923 ; Cornelio Fabro, *Introduzione all'ateismo moderno*, Roma, Studium, 1964 ; Georges Minois, *Histoire de l'athéisme. Les incroyants dans le monde occidental des origines à nos jours*, Paris, Fayard, 1998 ; Anne Staquet (dir.), *Athéisme (dé)voilé aux temps modernes. Actes du colloque de Bruxelles, Palais des Académies, 1er et 2 juin 2012, et Mons, Université de Mons, 26 et 27 octobre 2012*, Bruxelles, Académie Royale de Belgique, 2013 ; Gianluca Mori, Alain Mothu (dir.), *Philosophes sans Dieu. Textes athées clandestins du XVIIIe siècle*, Paris, Honoré Champion, 2005 ; Gianluca. Mori, *L'ateismo dei moderni. Filosofia e negazione di Dio da Spinoza a d'Holbach*, Roma, Carocci, 2016.

DIDEROT PHILOSOPHE ANTIDOGMATIQUE ET SCEPTIQUE ?

Les spécialistes de Diderot ont à juste titre fait remarquer la proximité que la philosophie de Diderot entretient avec le scepticisme[1]. Elle se situe dans un voisinage conscient avec le pyrrhonisme qu'atteste la rédaction de l'article de l'*Encyclopédie* « philosophie pyrrhonienne ou sceptique » qui lui rend hommage et la référence récurrente de Diderot à Montaigne comme auteur sceptique.

Les rapports de Diderot au scepticisme demeurent néanmoins à clarifier : premièrement, parce que Diderot intègre parmi les sens de « scepticisme » la référence à une philosophie outrée qui ne correspond à aucun des courants sceptiques historiquement constitués ; deuxièmement, parce que l'anti-dogmatisme que Diderot partage avec les philosophes sceptiques, et qui le conduit à défendre la conception sceptique de l'enquête philosophique, n'implique pas qu'il souscrive à ce qui caractérise le scepticisme depuis l'Antiquité dans son rapport à la nature, ni à ce qui caractérise la pensée humaine dans le scepticisme moderne de Montaigne.

L'ANTI-DOGMATISME DE DIDEROT

La réception de la philosophie sceptique de l'Académie par saint Augustin, puis la réception du doute cartésien par Berkeley[2], ont contribué à conforter

1. La caractérisation de la philosophie de Diderot comme sceptique est fréquente, que l'on parle de « scepticisme latent », ou de « tentation du scepticisme ». Voir, par exemple, Colas Duflo, *Diderot philosophe*, Paris, Honoré Champion, 2013, p. 73. Cet ouvrage a guidé ma lecture des textes de Diderot, dans la perspective d'une confrontation avec le scepticisme. Je remercie son auteur de m'avoir incitée naguère à entreprendre cette recherche, ainsi que Thierry Belleguic, de m'en avoir donné récemment l'occasion.
2. Sur le détournement dogmatique de l'académie sceptique par saint Augustin, voir Stéphane Marchand « Les *Academica* dans le *Contra Academicos* : détournement et

dans les esprits des philosophes non sceptiques une représentation dogmatique du scepticisme que l'on rencontre aussi chez Diderot. L'influence persistante de l'interprétation augustinienne du scepticisme de l'Académie est attestée par la déclaration selon laquelle « les sceptiques nient qu'il soit possible d'avoir la science sur rien »[3]. Quant à Berkeley, l'article « Philosophie pyrrhonienne ou sceptique » conclut en affirmant la mauvaise foi de ce philosophe dit « pyrrhonien » qui, doutant de l'existence du monde extérieur, adopte une position outrancière nécessairement dépourvue de sincérité.

Il est important de souligner ce point, non seulement parce que cette lecture dogmatique du scepticisme fait partie de l'histoire de la réception de cette philosophie – alors même qu'aucun texte sceptique n'autorise à attribuer à ces philosophes l'affirmation de l'incapacité de l'homme à parvenir au vrai – mais encore, pour ce qui nous intéresse ici, parce qu'elle peut conduire à des méprises sur le sens même du vocable « scepticisme » sous la plume de Diderot. Lorsque ce dernier critique le scepticisme pour s'en démarquer très fermement, c'est pour récuser le dogmatisme qui a été intégré à la représentation de la philosophie sceptique au cours de son histoire, dogmatisme qu'il combat aussi et surtout en dehors de la tradition sceptique aux côtés des sceptiques authentiques – que Diderot qualifie par rapport aux premiers de « modérés » – qui se caractérisent par leur *anti-dogmatisme radical* dans la manière de mener l'enquête philosophique. C'est de ces sceptiques, révoltés comme lui par la « suffisance dogmatique » qui nous fait « trancher si vite », que Diderot fait l'éloge au § 24 de ses *Pensées philosophiques*, en citant des passages des *Essais* où Montaigne déclare premièrement qu'« on [lui] fait haïr les choses vraisemblables quand on les [lui] plante pour infaillibles », deuxièmement qu'il s'emploie à modérer les témérités de ses propositions en faisant usage d'un style enquêteur, non résolutif. Alors que les sceptiques outrés font un usage stérile de la raison qui « réduit tout en poussière »[4], les « vrais sceptiques » en font un usage à la fois sobre, circonspect et tenace qui les porte à examiner toute chose d'une manière profonde et désintéressée. Cette méthode est exigeante car, pour la mettre en pratique, il faut au

usage du scepticisme académicien par saint Augustin », in *Astérion* [en ligne], 11 (2013), mis en ligne le 24 juillet 2013. Sur l'assimilation fréquente de Berkeley au philosophe sceptique au XVIIIe siècle, voir Colas Duflo, *Diderot philosophe, op. cit.*, p. 175 et les références données dans l'*Introduction* à ce *Dossier*.

3. Voir l'art. SCIENCE, *Encyclopédie*, Vol. XIV, p. 788.

4. Voir l'article ÉCLECTISME, *Encyclopédie*, Vol. V, p. 270.

préalable être déterminé à douter de tout ce que l'on croit, pour « ne croire que ce qu'un usage légitime de [notre] raison et de [notre] sens a démontré vrai ». Cela implique de peser et compter les raisons sans relâche, sans reculer devant une tâche qui conduit parfois à constater qu'il y a « cent preuves de la même vérité »[5].

Par cet éloge, Diderot partage l'approbation enthousiaste qui sera celle de Nietzche à l'égard des sceptiques qui ont développé « le courage d'errer, d'essayer, d'accepter provisoirement »[6]. Le sceptique est le seul parmi les philosophes à connaître les exigences de la probité intellectuelle[7], parce qu'ayant fait l'expérience que les convictions (ou préjugés) sont des prisons, il a eu la vigueur d'esprit suffisante pour s'affranchir de toute « optique stricte et contraignante ». Le sceptique sait « regarder librement »[8] les choses, admettre qu'elles lui paraissent obscures, ou d'une diversité qui n'est pas immédiatement réductible à l'unité.

Certes, Diderot, à la différence du sceptique, entend bien conjuguer cette liberté du regard porté à une progression sur le chemin du savoir. L'enquête sceptique de Diderot se distingue de celle de ses prédécesseurs antiques ou modernes, dans la mesure où elle suppose une confiance en la capacité de l'homme à acquérir des connaissances nées de la révolution scientifique et de ses résultats. Et il en a pleinement conscience, lorsqu'il écrit que « le progrès de la connaissance humaine est une route tracée d'où il est presque impossible à l'esprit humain de s'écarter »[9]. Au XVIIIe siècle, douter de la possibilité du progrès scientifique serait faire preuve de dogmatisme, d'une attitude qui témoigne d'un refus obstiné d'admettre la constitution des sciences et leur validation par des applications pratiques et techniques.

Mais il ne faut pas s'y méprendre : le projet d'exposition de la science, auquel Diderot participe activement par la rédaction de nombreux articles de l'*Encyclopédie*, loin d'entrer en contradiction avec l'estime que Diderot accorde au scepticisme, aurait plutôt tendance à en renforcer l'intérêt, dans

5. Je paraphrase ici les § 24 et § 30 des *Pensées philosophiques*, dans *Œuvres philosophiques*, éd. L. Versini, Paris, Éditions Robert Laffont, Vol. I, 1994, p. 26 et p. 28.
6. Friedrich W. Nietzsche, *Aurore,* Livre V, § 501, Paris, Gallimard, éd. G. Colli et M. Montinari, traduction Julien Hervier.
7. Friedrich W. Nietzsche, *Antéchrist*, §12, Paris, Gallimard, éd. G. Colli et M. Montinari, traduction Jean-Claude Hémery.
8. Friedrich W. Nietzsche, *Antéchrist*, *op. cit.*, § 54.
9. Denis Diderot, ÉCLECTISME, *art. cit.*, p. 283.

la mesure où le projet encyclopédique suppose le désir de prendre acte de la multiplicité des savoirs, et invite à une réflexion sur leur unité et leur statut. Le scepticisme philosophique, né du constat de la diversité doctrinale et scientifique, s'est d'ailleurs historiquement moins développé sur la base d'un rejet des théories scientifiques, que sur celle de leur examen attentif, conjoint à un goût certain pour l'érudition, jugé compatible avec le libre exercice du jugement[10]. En témoignent à la Renaissance et à l'âge classique non seulement Montaigne et La Mothe Le Vayer, mais avant eux au Moyen Âge Jean de Salisbury, et dans l'Antiquité gréco-latine Sextus Empiricus et Cicéron, tous sceptiques et grands lecteurs.

C'est à cette enquête sceptique, caractérisée par une manière toujours révisable d'examiner les connaissances disponibles d'une époque, que Diderot participe. Contre les sceptiques qui mettraient en échec la connaissance et voueraient au désespoir les chercheurs en décrétant d'emblée qu'on ne peut rien savoir – selon une réception augustinienne du scepticisme de la nouvelle Académie que Diderot reprend aussi à son compte pour discréditer certaines formes de scepticisme –, Diderot défend un scepticisme conquérant qui, engagé sur les chemins de la science, fait état des difficultés, c'est-à-dire prend sans cesse la mesure de ce qui lui reste à apprendre, et avoue qu'il n'a aucune assurance que les vérités acquises le seront définitivement. Ainsi, sans être assimilable à ce « scrutateur sans connaissance » face au spectacle de la nature évoqué à la fin du chapitre « De la vanité », Diderot pourrait accorder à Montaigne[11] que les théories scientifiques s'inscrivent dans une évolution non cumulative, où les suivantes invalident les précédentes, si bien qu'elles sont toutes susceptibles un jour d'être relativisées, et même réfutées dans leur prétention à l'absolu. Si l'on prend la liberté de considérer les théories scientifiques sous cet aspect (leur prétention à la Vérité), il faut s'engager à réviser à la baisse leur prétention.

10. Dans les *Pensées philosophiques*, § XXVII, Diderot vante les mérites d'une « tête bien faite » (opposée à une « tête bien pleine »), comme est celle de Montaigne (auteur de la métaphore, voir *Essais*, I, 26, PUF, Quadrige, 1965, p. 150), c'est-à-dire, selon la métaphore diderotienne de la *Lettre sur les sourds et les muets à l'usage de ceux qui entendent et qui parlent*, d'une tête non soumise « aux compilations germaniques », et ainsi capable d'effectuer les comparaisons qui permettent de raisonner et de discourir (Paris, GF-Flammarion, 2000, p. 112).

11. Voir respectivement, Michel de Montaigne, *Essais*, *op. cit.*, III, 9, p. 1001 et II, 12, p. 570.

Tout dépend donc de la manière de les regarder. Et cette méthode même, qui consiste à multiplier les points de vue pour juger des sciences, et les juger différemment selon le biais par lequel on les considère, est empruntée au scepticisme. Mais cela signifie-t-il pour autant que Diderot mène son enquête d'une manière identique au sceptique ?

Le sceptique est un observateur (*skeptikos*) : le verbe *skeptesthai*, désigne une certaine manière de voir, qui dans le scepticisme n'est pas spontanée, mais requiert une éducation. Diderot est sensible à ce « régime scopique » du scepticisme, puisqu'il écrit dans l'article « Scepticisme, sceptiques » de l'*Encyclopédie*, que le « sceptique » est un « contemplatif », ce qui est à comprendre en un sens particulier, qui renvoie à la capacité qu'a chacun d'entre nous de ne pas s'en tenir au seul « télescope de son esprit » pour juger[12]. Car le sceptique moderne, loin de suspendre son jugement (comme ses prédécesseurs antiques), en fait l'essai, et ne cesse par conséquent de le reconduire, en estimant que s'en tenir à une seule vue (la sienne), ne suffit pas, qu'il convient paradoxalement pour observer l'objet, de ne pas s'en rapprocher, mais de prendre du recul par rapport à lui, afin de le voir « avec d'autres yeux », de la place ou de l'époque des autres[13]. Si l'on ne procède pas suivant cette prudence sceptique, les choses paraissent toujours très simples, trop simples, parce que, selon l'expression de Montaigne, nous avons alors « la vue raccourcie à la longueur de notre nez »[14], c'est-à-dire que nous nous trouvons dans l'incapacité de juger de la même manière ce qui nous est étranger – et de ce fait suscite un étonnement dogmatique – et ce qui, nous étant familier, est estimé à tort « bien connu ».

Suivant ce perspectivisme sceptique[15], également pratiqué par Diderot, nous sommes *a fortiori* incapables de nous connaître nous-mêmes au moyen

12. Denis Diderot, voir respectivement l'article « Scepticisme et sceptique », in *Œuvres*, Vol. I, éd. cit., p. 481 et *Pensées philosophiques*, § XXIV, *ibid.*, p. 26 : « Chaque esprit a son télescope. »

13. Voir Denis Diderot, ÉCLECTISME, *Encyclopédie,* p. 280 : « Ce n'est point avec les yeux de notre siècle qu'il faut considérer ces objets, mais il faut se transporter au temps de cet empereur [Julien l'apostat], et au milieu d'une foule de grands hommes, tous entêtés de ces doctrines superstitieuses (...). »

14. Michel de Montaigne, *Essais, op. cit.*, I, 26, p. 157 : « Il se tire une merveilleuse clarté pour le jugement humain de la fréquentation du monde. Nous sommes tous contraints et amoncelés en nous, et avons la vue raccourcie la longueur de notre nez. »

15. Le perspectivisme sceptique se trouve chez Montaigne (*Essais*, I, 38, p. 235 : « Notre âme regarde la chose d'un autre œil, et se la représente par un autre visage »), mais aussi au XIIe siècle chez Jean de Salisbury. Voir à ce sujet de Christophe Grellard, *Jean de Salisbury ou la Renaissance médiévale du scepticisme*, Paris, Les Belles Lettres, 2013, p. 113.

d'une simple vue, ou d'une saisie directe de soi par soi. Même le monstre dicéphale évoqué par Diderot dans le *Rêve de d'Alembert*[16] ne permettrait pas de lever la difficulté que rencontre un œil lorsqu'il tente de se voir lui-même. Et s'il convient de « rentrer en soi et en sortir sans cesse »[17], c'est que le moi n'a pas suffisamment de consistance pour faire l'économie d'une interaction avec l'extériorité par laquelle il se constitue et se connaît. La personnalité de chacun procède d'un détour par le dehors, d'une identification de sa ou ses positions à partir du point de vue des autres, dans la distance.

Or, sans cette distance prise par rapport au centre que nous constitutions chacun pour nous-mêmes, nous sommes voués à la partialité non seulement dans la connaissance de nous-mêmes, mais dans la connaissance de toutes les autres choses. C'est pourquoi, pour bien voir, pour ne pas être dupe des fausses évidences liées à la familiarité fallacieuse que nous entretenons avec nos « vues » de l'esprit, il faut avoir recours aux yeux des autres, « s'estranger à soi »[18]. Ainsi, Montaigne fait un détour par le point de vue des Cannibales pour comprendre les caractéristiques des sociétés européennes. De même, Diderot prend un détour par l'aveugle Saunderson pour comprendre la formation des idées de ceux qui voient. Et c'est – suivant une expression empruntée au chapitre II, 12 des *Essais* de Montaigne – juché sur « l'épicyle de Mercure » que le « moi » du *Neveu de Rameau* examine « le grand branle de la terre », cette gesticulation sociale de « la pantomime des gueux » qui, de près, passe inaperçue[19].

Les textes philosophiques de Diderot sont composés de telle sorte que cette pluralité de points de vue – qui chez les anciens sceptiques s'appelait *diaphonia* ou discordance et préludait à la suspension du jugement –

16. Voir Denis Diderot, *Le Rêve de d'Alembert*, Paris, GF-Flammarion, 2002, p. 131 et suiv.

17. Denis Diderot, *Pensées sur l'interprétation de la nature*, § IX, Paris, GF-Flammarion, 2005, p. 66.

18. Sur le décentrement, et la nécessité de se placer en idée dans la distance, voir Colas Duflo, *Diderot, philosophe*, *op. cit.*, p. 119. Cf. Sylvia Giocanti, « L'art sceptique de l'estrangement dans les *Essais* de Montaigne », in *L'estrangement, Retour sur un thème de Carlo Ginzburg*, S. Landi (dir.), *Essais*, Revue interdisciplinaire d'Humanités, Bordeaux, Numéro Hors-série 2013 (octobre 2013), p. 19-35.

19. Diderot, *Le Neveu de Rameau*, dans Denis Diderot, *Œuvres*, Paris, Gallimard, Bibliothèque de la Pléiade, 1951, p. 470. Cette métaphore montanienne est détournée, puisque dans le texte des *Essais* (II, 17, p. 634), l'auteur y critiquait l'incurie des savants à l'égard de notre monde. Mais le procédé qui consiste à adopter un autre point de vue qui permette de mieux juger dans la distance est bien sceptique.

apparaisse telle une « polyphonie » qui relance le jugement par un travail d'opinions prises dans le feuilletage d'essais (Montaigne), exprimées par les différentes voix des dialogues ou les différents chemins de la *Promenade du sceptique* (Diderot). Inscrites dans le dispositif textuel, la pratique diderotienne de la recherche philosophique (*zétésis*) et la conception plurielle de l'examen qui y est associée peuvent être considérées à bon droit comme sceptiques. D'ailleurs, Diderot ne fait-il pas profession de scepticisme, lorsque dans la *Lettre sur les sourds et les muets* il déclare s'occuper « plutôt à former des nuages qu'à les dissiper, et à suspendre les jugements qu'à juger »[20], c'est-à-dire à instruire des difficultés, au lieu de les minimiser ou esquiver ?

Mais au sein de cette démarche active et volontaire, où Diderot se montre toujours prêt à reconnaître les limites de la connaissance au-delà desquelles tout paraît obscur[21], les représentations sont sous le contrôle de la méthode expérimentale, si bien que la confiance en notre aptitude à faire surgir au moins des facettes (ou visages) de la vérité n'est pas perturbée[22].

Tel n'est pas le cas dans le scepticisme de Montaigne, où chaque chose se présente comme ayant « plusieurs biais et plusieurs lustres »[23], parce qu'elle se manifeste diversement, c'est-à-dire confusément à celui qui l'observe, en raison des différentes manières par lesquelles le sujet, caractérisé par son inconstance et irrésolution, la considère tour à tour. L'atteste l'usage différent que Montaigne fait de la même métaphore des nuages – fréquente au sujet du doute – pour décrire sa position sur les chemins de la connaissance. Les nuages ne sont pas formés de manière volontaire par le sceptique, mais se forment d'eux-mêmes, et lui bouchent la vue, à chaque fois qu'il s'arrête pour regarder un peu plus loin, et que ce qui est au-delà lui apparaît nébuleux, nappé de brouillard :

> Mes conceptions et mon jugement ne marchent qu'à tâtons, chancelant, bronchant et chopant ; et quand je suis allé le plus avant que je puis, si [pour-

20. Denis Diderot, *Lettre sur les sourds et les muets*, éd. cit., p. 112.

21. Voir Denis Diderot, SOCRATIQUE (PHILOSOPHIE, OU HISTOIRE DE LA PHILOSOPHIE DE SOCRATE), *Encyclopédie*, Vol. XV, p. 263 : « La vérité est comme un fil qui part d'une extrémité des ténèbres et se perd dans l'autre dans les ténèbres ; dans toute question, la lumière s'accroît par degrés jusqu'à un certain terme placé sur la longueur du fil délié, au-delà duquel elle s'affaiblit peu à peu et s'éteint. »

22. « Le vrai brille toujours de multiples facettes, qui changent selon les points de vue ». Diderot, *Est-il bon ? est-il méchant ?*, cité par Colas Duflo, *op. cit.*, p. 41.

23. Michel de Montaigne, *Essais*, *op. cit.*, I, 38, p. 235.

> tant] ne suis-je aucunement satisfait : je vois encore du pays au-delà, mais d'une vue trouble et en nuage, que je ne puis démêler[24].

Montaigne ne fait pas ici état d'une expérience d'une maîtrise de la pensée par la philosophie sceptique, assimilable à un atelier de confection des doutes. Il subit ce « scepticisme trouble comme une nuée chargée d'interrogations » dont Nietzsche se moquait[25], qui renvoie à l'incapacité de la pensée humaine à s'affermir face au surgissement inopiné de perceptions (accompagnées de représentations) perturbatrices qui font douter (et non décréter que c'est impossible) de notre capacité à parvenir à une quelconque vérité, sous quelque aspect ou figure que ce soit.

Certes, Diderot demeure proche du scepticisme, ou si l'on préfère, adepte d'un scepticisme plus modéré que celui de Montaigne, en ce qu'il n'estime pas que l'homme pourrait effectivement totaliser ces facettes de la vérité, mais seulement en donner des approximations, à partir de la mise à l'épreuve d'hypothèses. Diderot ne croit pas en l'unicité du vrai[26], mais à la différence du sceptique il croit néanmoins au vrai. À la différence de Montaigne, premièrement, il croit en notre capacité à reconnaître la vérité sous certains aspects, et donc à notre capacité à la distinguer de l'erreur sans risque de confusion[27]. Deuxièmement, il a besoin pour envisager la quête du savoir comme n'étant pas une vaine démarche, de postuler l'unité de la nature, de se donner pour principe qu'en son sein tout est lié, y compris les variations.

Or, cette conviction, qui a pour fonction de rendre la science possible, est incompatible avec l'*anomalia* – l'irrégularité foncière fondatrice de l'expérience néo-pyrrhonienne et sceptique – et la pensée de la déliaison qui lui est associée dans les *Essais* de Montaigne.

24. *Ibid.*, I, 26, p. 146.
25. Friedrich W. Nietzsche, *Par-delà le bien et le mal*, § 208, Paris, Gallimard, éd. G. Colli et M. Montinari, traduction Cornélius Heim.
26. Voir Colas Duflo, *Diderot philosophe, op. cit.*, p. 49 : « Diderot, profondément ne croit pas à l'unicité du vrai. »
27. Pour Montaigne, qui hérite en cela de la tradition sceptique néo-académicienne, la vérité pose autant un problème de connaissance que de reconnaissance. Même en présence du vrai, encore faut-il pouvoir le distinguer du faux, sans risque d'erreur. Voir *Essais,* II, 12, p. 561.

PEUT-ON ÊTRE SCEPTIQUE ET POSER QUE TOUT EST LIÉ DANS LA NATURE ?

Comme la plupart des intellectuels et savants de son temps, et tout particulièrement ceux qui participent au projet encyclopédique, Diderot adopte un postulat métaphysique sans lequel la science de la nature semble condamnée : l'unité de la nature, ou plus exactement l'existence d'un principe d'unification des variations observables grâce auquel tout peut être mis en relation dans une totalité[28]. Certes, selon Diderot, les hommes ne font nullement l'expérience de cette liaison globale des phénomènes de la nature. Ils ne connaissent même que « quelques pièces rompues et séparées dans la grande chaîne qui lie toutes choses »[29]. Les hommes font l'expérience du multiple, et non de la règle qui l'organise. Mais la tâche du scientifique, soucieux de ne pas œuvrer en vain à la connaissance de la nature, consiste précisément à combler les vides[30], à rétablir cette continuité par la détermination des liens qui permettent de former un tout solide.

En ce sens, Diderot se distingue de la tradition néo-pyrrhonienne dont hérite Montaigne, fondée sur l'expérience décisive de l'*anomalia*[31], de l'impossibilité de rapporter les données disparates de l'expérience à l'unité d'une règle. Ce n'est pas qu'il n'y ait aucune similitude dans la nature pour le sceptique, puisque selon lui « tout chose se tient par quelque similitude ». Mais la dissimilitude des impressions sensibles et des pensées l'emporte toujours : on a beau joindre les comparaisons par « quelque coin », il n'en reste pas

28. Denis Diderot, ANIMAL, *Encyclopédie* : « S'il est vrai, comme on n'en peut guère douter, que l'univers est une seule et unique machine où tout est lié [...] » (dans *Œuvres*, Tome I, éd. L. Versini, Robert Laffont, p. 250). Voir *Pensées sur l'interprétation de la nature*, § XI : « L'indépendance absolue d'un seul fait est incompatible avec l'idée de tout ; et sans idée de tout, plus de philosophie. » Voir aussi § LVIII, Questions, 1 : « Si les phénomènes ne sont pas enchaînés les uns aux autres, il n'y a point de philosophie » (*ibid.*, p. 113).

29. Diderot, *Pensées sur l'interprétation de la nature*, § 6, *op. cit.*, p. 65.

30. Denis Diderot, ENCYCLOPÉDIE, *Encyclopédie* : « Nous nous occupons maintenant à remplir ces vides en contemplant la nature » (dans *Œuvres*, Vol. I, Paris, Robert Laffont, 1994, p. 394).

31. Terme privatif d'un terme grec (*homalos*) qui signifie « uni », égal ». Voyant l'*anomalia* ou « irrégularité dans les choses qui apparaissent et qui sont pensées », le sceptique ne peut trancher et est contraint de suspendre son jugement à leur sujet. Voir Sextus Empiricus, *Esquisses pyrrhoniennes*, livre I, 12, [29], livre III, 24, [235].

moins que « tout exemple cloche », si bien qu'au bout du compte, « la ressemblance ne fait pas tant un comme la différence fait autre »[32].

On pourrait objecter que pour Diderot la science est seulement un point de vue pris sur un état transitoire du monde qui, rapporté au tout, ne contredit en rien la vision héraclitéenne de la labilité de toutes choses, reformulée par Montaigne en termes de « branloire pérenne ». Selon l'aveugle Saunderson, en effet, les choses du monde changent sans cesse d'état, si bien que si la science est possible, elle sera limitée et non absolue, car tributaire d'une perspective constituant l'ordre des choses connues[33]. Ce sera une science locale, relative à un point de vue nécessairement restreint, qui ne dressera le tableau que d'une séquence extrêmement brève : « ce que nous prenons pour l'histoire de la Nature n'est que l'histoire très incomplète d'un instant. »[34] Et il faut reconnaître que cette vision est en effet très proche de la présentation montanienne d'un monde, au flux plus ou moins languissant, qui nous donne l'illusion d'une stabilité et conservation des choses, alors qu'elles évoluent seulement plus lentement par rapport à nous, sans cesser de se transformer insensiblement[35]. Pour Diderot comme pour Montaigne, les hommes qui pensent connaître la nature à partir des lois qui la gouvernent, et ainsi pouvoir embrasser d'une seule vue le monde dans sa totalité, sont telles les roses de Fontenelle, qui se sentent éternelles, parce que « de mémoire de roses », elles n'ont jamais vu mourir un jardinier. Au fond, nous ne concevons que ce qui est observable au moment où nous vivons, et se trouve dans une commune mesure avec nous.

Cependant, lorsque Montaigne fait remarquer que les rochers du Caucase et les pyramides d'Égypte sont pris également dans la branloire pérenne du monde, il ne cherche pas à souligner la continuité graduelle des transformations dans la nature dont on pourrait prendre connaissance. Cela supposerait

32. Michel de Montaigne, *Essais*, *ouvr. cité*, III, 13, voir respectivement p. 1070 et p. 1065.

33. Voir Denis Diderot, *Lettre sur les aveugles à l'usage de ceux qui voient*, Paris, GF-Flammarion, 2000, p. 62-63.

34. Denis Diderot, *Pensées sur l'interprétation de la nature*, éd. cit., § LVIII, Questions, 1, p. 114.

35. Outre le célèbre de texte de Montaigne, *Essais*, *ouvr. cité*, III, 2, p. 804-805 sur la branloire pérenne, voir dans *ibidem*, III, 6, p. 908 : « Et de cette même image du monde qui coule pendant que nous y sommes, combien chétive et raccourcie est la connaissance des plus curieux ! (...) Si nous voyions autant du monde comme nous n'en voyons pas, nous apercevrions, comme il est à croire, une perpétuelle multiplication et vicissitudes de formes. »

une thèse sur la nature des choses, ou au moins une hypothèse selon laquelle la nature ne fait pas de sauts, absente des *Essais* de Montaigne, que l'on trouve effectivement chez Diderot[36]. Montaigne fait surtout état d'une vicissitude perpétuelle propre à un devenir sans règles – que le sceptique cherche à peindre ou représenter plus qu'à connaître – et de l'incapacité où se trouve l'esprit d'assigner des limites à la nature. Comme les sceptiques Arcésilas et Carnéade, qui usent de l'argument du « sorite » pour montrer que nous ne savons pas où s'arrête et où commence dans la nature ce que nous distinguons par les termes du langage, Montaigne veut faire remarquer que notre capacité à nous prononcer sur la nature des choses est sans cesse dépassée par le devenir, qui fait et défait. Autrement dit, il pense la nature dans des conditions qui, selon Diderot, rendent la science impossible : « Si l'état des êtres est dans une vicissitude perpétuelle, si la nature est encore à l'ouvrage ; malgré la chaîne qui lie les phénomènes, il n'y a point de philosophie. »[37] L'*anomalia* ruine la confiance que nous pourrions avoir en la fécondité d'un principe qui permettrait d'unifier les variations.

Sur le plan éthique, il est vrai que Montaigne développe des considérations relativistes qui trouvent un écho dans les textes de Diderot. Ainsi, selon le sceptique, on peut tempérer la peur de la mort en regardant les transformations successives que nous subissons depuis la naissance en tant que vivant, comme des changements successifs de formes qui nous font traverser mille morts avant de succomber pour de bon, encore que ce ne soit pas même de manière assurée, puisque « la défaillance d'une vie » peut inversement être vue comme « le passage à mille autres vies »[38]. De la même manière, dans l'article « naître » de l'encyclopédie, Diderot écrit que « les termes de la vie et de la mort n'ont rien d'absolu ; ils ne désignent que les états successifs d'un même être »[39]. Cette relativité de la vie et de la mort est confirmée par le *Rêve d'Alembert*, lorsque le personnage de d'Alembert, dans un demi-sommeil, s'interroge :

> Je ne meurs donc point ? ... Non, sans doute, je ne meurs point en ce sens, ni moi, ni qui que ce soit... Naître, vivre et passer, c'est changer de formes... Et

36. Voir Denis Diderot, ANIMAL, *Encyclopédie*, *art. cit.*, p. 250.

37. Denis Diderot, *Pensées sur l'interprétation de la nature*, éd. cit., § LVIII, Questions, 1, p. 113-114.

38. Michel de Montaigne, *Essais*, voir respectivement II, 12, p. 602 et III, 13, p. 1102 (pour la vie comme traversée de la mort) et III, 12, p. 1055 (pour la mort comme passage à une autre vie).

39. Denis Diderot, NAÎTRE, *Encyclopédie*, dans *Œuvres*, éd. cit., p. 480.

> qu'importe une forme ou une autre ? Chaque forme a le bonheur et le malheur qui lui est propre[40].

Mais alors même qu'ils se proposent tous deux de « penser le passage », Montaigne et Diderot, ne le pensent pas à partir des mêmes prémisses. À partir du postulat de l'unité de la nature et de sa transformation continuelle, et après avoir pris la précaution de situer la physique au sein de l'histoire de l'humanité, comme un point de vue local au-delà duquel, puisqu'il n'y aura plus d'hommes, il n'y aura plus de science ni de nature, il s'agit essentiellement pour Diderot de se demander comment la vie émerge de la matière[41]. Rien de tel chez Montaigne, pour qui premièrement ce serait cantonner le monde à la petitesse de nos vues que de prétendre que la nature a besoin de l'homme pour exister ; pour qui deuxièmement, même si on ne peut imaginer autre chose que le néant de part et d'autre de nos vies[42], cette sombre vision, sans aucun fondement scientifique – puisque le point de vue de la vie sur la mort et le point de vue de la mort sur la vie sont deux regards possibles et équipollents – doit être combattue pour des raisons éthiques. Si la foi ne suffit pas à diminuer la peur de notre anéantissement, parce qu'en effet, lorsque nous examinons de manière rationnelle l'avenir de notre âme après la dissolution du corps, on n'y voit « aucune faculté qui sente autre que la mort et la terre »[43], il faut se réconforter autrement : au lieu de considérer qu'on ne cesse jamais de mourir, comme si la vie n'était qu'une longue agonie, on peut faire état du mélange (le sixième mode de Sextus Empiricus) des choses, et de manière plus générale de la confusion des états (mode 4), afin de douter positivement (et non négativement comme chez le tragique Euripide)[44] si la

40. Denis Diderot, *Le Rêve de d'Alembert*, G. F-Flammarion, p. 104.

41. Voir les analyses de Colas Duflo dans *Diderot philosophe*, *op. cit.*, p. 166.

42. Michel de Montaigne, *Essais*, *op. cit.*, II, 12, p. 526 : « Pourquoi prenons-nous titre d'être, de cet instant qui n'est qu'une éloise [éclair] dans le cours infini d'une nuit éternelle, et une interruption si brève de notre perpétuelle et naturelle condition ? La mort occupant tout le devant et tout le derrière de ce moment, et une bonne partie encore de ce moment. » Voir Denis Diderot, *Le Rêve de d'Alembert*, éd. cit., p. 93-94 : « Mais qu'est-ce que notre durée en comparaison de l'éternité du temps ? moins que la goutte que j'ai prise avec la pointe d'une aiguille en comparaison de l'espace illimité qui l'environne. »

43. Michel de Montaigne, *Essais*, *op. cit.*, II, 12, p. 554.

44. Euripide (Diogène Laërce, *Vies et doctrines des philosophes illustres*, Livre IX, 73, Paris, Librairie générale française, « La pochothèque », 1999, p. 1110), cité par Sextus Empiricus (*Esquisses pyrrhoniennes*, Livre III, 24 [229]), puis par Montaigne (*Essais* II, 12,

vie n'est pas la mort, si la veille n'est pas un sommeil un peu moins inconstant, dans le but de nous rassurer sur les états de notre existence qui semblent participer de ce néant qui nous affole, de les réhabiliter sur « le mol oreiller du doute ».

Cette recherche sceptique d'un regain de vitalité éthique n'a pas grand-chose à voir avec le vitalisme matérialiste de Diderot, selon lequel vivre signifie « agir et réagir en masse », et mourir, « agir et réagir en molécules »[45]. Chez Montaigne, la consolation ne provient pas d'une douce rêverie dans laquelle je peux me réjouir de ne pas mourir complètement, mais de me transformer, au sens où les molécules éparses de mon cadavre pourraient se réorganiser dans un autre assemblage, se mêler au corps de l'être aimé pour renaître à une nouvelle vie, en vertu de l'organisation de la matière, comme Diderot se plaît à l'écrire à Sophie Volland, dans sa célèbre lettre du 15 octobre 1759. La réévaluation à la fois vitaliste et sceptique de Montaigne procède d'une acceptation tranquille de la condition humaine, peinte comme un état flottant, où « on nous emporte, comme les choses qui flottent, ores doucement, ores avec violence, selon que l'eau est ireuse ou bonasse »[46].

Ainsi, loin de la consolation diderotienne, fondée sur les rêveries matérialistes que suscite un état des sciences de la nature, Montaigne s'en remet au « mol chevet de l'ignorance et incuriosité »[47]. Diderot admire cette capacité des sceptiques en général, et de Montaigne en particulier, à demeurer sereins dans le doute, c'est-à-dire à s'abandonner à l'indécision, à la confusion entre le sommeil et le rêve, et à toutes les expériences mentales qui mêlent l'impression de vivre et de mourir, pour y trouver de l'apaisement. Cette indolence sceptique, en ce qu'elle allie la tranquillité d'esprit et l'indécision, a sans doute quelque chose de paradoxal, voire d'incompréhensible, non seulement aux yeux du vulgaire[48], mais encore aux yeux de Diderot lui-même : « Il faut

p. 526) qui se demande « si vivre n'est pas être mort, et être mort, ce que les mortels croient vivre ».

45. *Le Rêve de d'Alembert*, *op. cit.*, p. 104.

46. Michel de Montaigne, *Essais*, *op. cit.* II, 1, p. 333.

47. *Ibid.*, III, 13, p. 1073 : « Ô que c'est un doux et mol chevet, et sain, que l'ignorance et l'incuriosité, à reposer une tête bien faite. »

48. Denis Diderot, *Pensées philosophiques*, § XXVIII : « J'ai vu des individus de cette espèce inquiète qui ne concevaient pas comment on pouvait allier la tranquillité d'esprit avec l'indécision. "Le moyen d'être heureux sans savoir qui l'on est, d'où l'on vient, pourquoi on est venu !" ». Sur cette question, je me permets de renvoyer à mon ouvrage *Scepticisme et inquiétude*, Paris, Hermann, 2019.

avoir la tête aussi bien faite que Montaigne » pour trouver de la douceur à l'ignorance et à l'incuriosité[49], c'est-à-dire dans le renoncement même à trouver de la tranquillité sur le base d'un savoir qui suppose l'enchaînement des connaissances, fût-il seulement hypothétique.

Sur ce point, sans adopter la position du sceptique, Diderot ne la condamne pas, car le risque (intellectuel et moral) de ne pas voir les liens, ou – comme c'est le cas de Montaigne selon Diderot – de feindre de ne pas les voir[50], n'est pas si grand que celui qui consiste à pécher par excès dans la mise en relation. Les propos de Diderot et de Montaigne convergent dans la condamnation de l'enthousiasme intellectuel – dont le pendant spirituel est le fanatisme religieux – et dans la critique d'une mise en relation frénétique des pensées qui dévaste la santé mentale.

Ce en quoi, après avoir montré que le traitement du lien naturel dans le scepticisme de Montaigne, hérité du néo-pyrrhonisme, ne permettait pas d'y ranger Diderot, il convient d'examiner les parentés et les disparités entre ces deux auteurs concernant le lien entre les pensées.

LIAISON ET DÉLIAISON DANS LA PENSÉE ET L'ÉCRITURE

Montaigne et Diderot s'accordent dans une même méfiance à l'égard de ceux qui opèrent des associations à partir de pièces décousues, et y perçoivent des liaisons presque nécessaires[51].

Selon Diderot, l'enthousiaste syncrétiste – qui s'appuie dogmatiquement sur un système préexistant – produit à partir de spéculations métaphysiques des « systèmes de déraison »[52], sans reconnaître leur caractère délirant. Celui-ci tient au fait que des idées très éloignées sont rapprochées indûment, comme cela se produit naturellement dans le rêve. À l'inverse, Diderot estime que Descartes est un « grand éclectique parmi les modernes »,

49. *Ibid.*, § XXVII.

50. Selon l'analyse diderotienne de l'écriture décousue de Montaigne suggérée à la fin de l'art. PHILOSOPHIE PYRRHONIENNE OU SCEPTIQUE, l'essayiste dissimulerait des liens existants.

51. De ce fait, ils analysent avec une certaine méfiance les « démoneries » de Socrate. Voir Montaigne, *Essais*, *ouvr. cité*, III, 13, p. 115 ; Denis Diderot, *Pensées sur l'interprétation de la nature*, *op. cit.*, § XXX-XXXI, et l'art. THÉOSOPHE de l'*Encyclopédie*.

52. Denis Diderot, ÉCLECTISME, *Encyclopédie*, éd. cit., p. 273.

parce qu'il ne rassemble pas les propositions de manière fortuite, ni ne s'opiniâtre à les faire entrer dans un ordre : il pratique un scepticisme constructif ou modéré, qui consiste à assembler avec prudence et circonspection les pièces qui peuvent l'être, et lorsqu'elles ne le peuvent pas – parce que les liens n'apparaissent pas – à suspendre son jugement[53]. Ainsi, lorsque Diderot s'emploie à « former des nuages », c'est-à-dire à faire état des difficultés, c'est précisément pour ne pas se réfugier dans le rêve et devenir amateur de « nuées », de ces spéculations qu'en tant qu'Aristophane moderne, il ramène dans le rêve de Mangogul (apparenté à un « voyage dans la région des hypothèses ») à l'occupation qui consiste à « faire des bulles » et à « les porter jusqu'aux nues »[54]. Et lorsqu'il s'autorise à mettre à l'essai des conjectures extravagantes, comme dans Le *Rêve de d'Alembert*, la multiplicité propre au dialogue, comme la mise en scène d'une confrontation humoristique des personnages qui incarnent ces points de vue, permettent une autorégulation dialectique qui le préserve du délire interprétatif. De la même manière, dans la texture sceptique des *Essais* de Montaigne, la recherche d'une consonance avec soi à partir de la multiplicité des voix caractérise un sujet en quête d'une unification programmatique, mais toujours provisoire qui – comme le théorise le chapitre « De l'art de conférer » – passe par la confrontation avec l'altérité en soi comme en-dehors de soi.

Pourtant, en dépit de cette reconnaissance commune aux deux auteurs de la multiplicité interne du sujet, l'anthropologie sceptique de Montaigne se distingue de l'anthropologie de Diderot. Montaigne peine davantage que Diderot à se démarquer de « ces hommes qui s'imaginent raisonner et qui ne font que rêver les yeux ouverts »[55], parce qu'il soupçonne toujours ses pensées de ne pas être aussi éveillées qu'il ne l'imagine – puisque « nous veillons dormant et veillant dormons »[56]. Et il ne saurait présenter ses « fantaisies » autrement que comme une « marqueterie mal jointe »[57]. Parce que l'anthro-

53. Voir art. ÉCLECTISME, *Encyclopédie*, éd. cit., p. 271.

54. Denis Diderot, *Les Bijoux indiscrets*, chap. 32 (« Rêve de Mangogul, ou voyage dans la région des hypothèses »), *ibid.*, Paris, Actes Sud, 1995, p. 197.

55. « Et pour Bloculocus, il n'y a rien de plus commun ! » Voir *ibid.*, chap. 42 (« Les songes »), p. 271.

56. Michel de Montaigne, *Essais*, *op. cit.*, II, 12, p. 596.

57. La métaphore montanienne de la marqueterie mal jointe (III, 9, p. 954) est reprise par Mirzoza (*Les Bijoux indiscrets*, éd. cit., p. 271) pour exprimer la composition des rêves. Montaigne ne se leurre pas sur l'organisation fortuite de sa pensée et critique les agencements artificiels des liens (*Essais*, *op. cit.*, II, 1, p. 332).

pologie de Diderot est tributaire d'une conception de l'organisme vivant comme harmonieusement agencé, il n'est pas sûr qu'il pourrait dire avec Montaigne qu'enfoncer l'une des touches de son clavecin ne signifie pas tout toucher[58]. Les idées elles-mêmes et les jugements dépendent chez Diderot de l'organisation biologique qui, si elle n'est pas toujours totalement accordée et sans perturbations, n'est pas comprise comme chez Montaigne à travers le prisme de la maladie[59], mais à travers celui d'un tout qui, tels un faisceau de fibres ou l'ensemble des cordes d'un clavecin[60], exprime la mise en relation simultanée des idées que produit l'intelligence réflexive.

Diderot conçoit en effet l'émission de nos idées à partir de la métaphore d'une table d'harmonie ou celle d'un timbre (cloche), situé dans la tête, garni de petits marteaux d'où partent plusieurs fils[61], à partir d'un tout unifié où les pensées se produisent simultanément, et peuvent ainsi être l'objet d'une confrontation, par comparaison. En revanche, Montaigne appréhende ses pensées dans la succession, et même dans l'échappement perpétuel, à partir de la métaphore d'un cheval en cavale[62]. Et s'il se propose de dompter la sauvagerie, voire la monstruosité des pensées qui surgissent, c'est seulement pour les examiner, en se gardant de les dévitaliser[63], dans le cadre d'une philosophie et écriture de la déliaison « à sauts et à gambades » caractéristique de la conception sceptique de la rationalité. En effet, alors que d'ordinaire les philosophes conçoivent la force de raisonnement de l'esprit humain comme une aptitude à relier les pensées entre elles selon des règles reconnues valides par tous, le scepticisme philosophique présente cette particularité de

58. Michel de Montaigne, *Essais*, *op. cit.*, II, 1, p. 334.

59. Voir *Essais*, II, 12, p. 569 « Nous ne sommes jamais sans maladie », et p. 565 : « À peine se peut-il rencontrer une seule heure en la vie où notre jugement se trouve en sa due assiette, notre corps étant sujet à tant de continuelles mutations, et étoffé de tant de sortes de ressorts, que (j'en crois les médecins) combien il est malaisé qu'il n'y en ait toujours quelqu'un qui tire de travers. »

60. Voir par exemple *Entretien entre Diderot et d'Alembert*, dans Denis Diderot, *Le Rêve de d'Alembert*, éd. cit., p. 65.

61. Denis Diderot, *Lettre sur les sourds et les muets*, éd. cit., p. 109.

62. Voir Michel de Montaigne, *Essais*, *op. cit.*, I, 8, p. 33, la métaphore de l'esprit « faisant le cheval échappé ».

63. À cet égard, Montaigne pourrait souscrire à la remarque de Nietzsche selon laquelle, il ne sert à rien de se dépiter d'avoir laissé s'échapper une pensée, car si l'on s'opiniâtre à la fixer sous un mot, elle peut y succomber, « flasque et branlante sous ce haillon ». Voir *Gai savoir*, *op. cit.*, § 298.

considérer que l'esprit humain, loin d'organiser le réel suivant des fonctions de synthèse opérées par un entendement législateur, se caractérise par son indiscipline, une puissance de dérèglement qui soustrait aux liaisons[64]. Les pensées surgissent de manière impromptue et dispersée, sans « ordre, suite ni proportion que fortuite »[65], et s'évanouissent avant qu'on ait eu le temps de s'en saisir. Faire retour sur elles constitue alors une « épineuse entreprise » qui revient à « suivre l'allure vagabonde de son esprit », c'est-à-dire au sens étymologique de *discore*, à courir ça et là, afin de recueillir ce qui s'échappe de notre esprit « de manière impréméditée et fortuite »[66].

Il en résulte que Diderot n'a pas la même conception que Montaigne du rapport entre pensée et discursivité. Alors que pour Montaigne, notre discours est tout à fait adapté à la peinture de pensées qui nous fuient, et qu'il faut donc ressaisir « par petites touches » et réagencement successifs, pour Diderot, l'expression verbale, parce qu'elle se déploie dans la succession, est mal adaptée à nos pensées, qu'il faudrait pouvoir peindre tel « un tableau mouvant [...] qui existe en entier et tout à la fois »[67], c'est-à-dire en en préservant l'apparition simultanée. Ainsi, alors que Montaigne cherche à « aller de la plume comme des pieds »[68], Diderot estime que « l'esprit ne va pas à pas comptés comme l'expression », et éprouve ce « langage pédestre »[69] que nous sommes contraints d'utiliser pour formuler nos pensées, comme impropre à en traduire adéquatement les liaisons[70].

Ainsi, on peut supposer que, lorsque dans son article « Philosophie pyrrhonienne ou sceptique », Diderot estime que les pensées de Montaigne sont plus liées qu'elles n'en ont l'air, qu'elles « se touchent toutes d'une ou d'autre manière », alors que leur lien n'apparaît pas de manière évidente, il

64. Michel de Montaigne, *Essais*, *ouvr. cité*, II, 12, p. 559 : « Notre esprit est un outil vagabond, dangereux et téméraire ; il est malaisé d'y joindre l'ordre et la mesure. (...) Par sa volubilité et dissolution, il échappe à toutes ces liaisons. »

65. *Ibid.*, III, 5, p. 876 : « Mon âme (...) produit ordinairement ses plus profondes rêveries, plus folles et qui me plaisent le mieux, à l'improviste, et lorsque je les cherche moins ; lesquelles s'évanouissent soudain, n'ayant sur le champ où les attacher. »

66. *Ibid.*, II, 6, p. 378 ; II, 12, p. 546 ; III, 9, p. 946 et p. 963.

67. Denis Diderot, *Lettre sur les sourds et les muets*, éd. cit., p. 111.

68. Michel de Montaigne, *Essais*, III, 9, p. 991 : « Il faut que j'aille de la plume comme des pieds. »

69. Expression extraite de Denis Diderot, *Lettre sur les sourds et les muets*, éd. cit., p. 114.

70. Denis Diderot, *Lettre sur les sourds et les muets* : « Ah, Monsieur ! Combien notre entendement est modifié par les signes ! » (éd. cit., p. 111).

met cette apparence trompeuse au compte de ces excroissances caractéristiques de la discursivité sceptique (les « longs détours ») qui, en accentuant la discontinuité propre à tout discours, contribuent à distendre les liens entre les idées[71]. Certes, cette remarque est fidèle à un texte de Montaigne, où l'essayiste fait remarquer que « ses fantaisies se suivent, mais parfois de loin, et se regardent, mais d'une vue oblique »[72]. Toutefois, Diderot veut plutôt dire que les pensées du sceptique, aussi disparates soient-elles, coexistent dans l'entendement, et de ce fait sont nécessairement liées, ce qui n'est pas du tout conforme au sens sceptique des « regards obliques », qui ne renvoie en rien à un ordre de coexistence de pensées reliées entre elles. Pour Montaigne, en effet, comme dans un rêve un peu moins inconstant, les pensées de la veille surgissent de telle sorte que leur mise en relation ne peut être que construite après coup, au moyen du discours, à partir de suggestions portées fortuitement par notre imagination qui s'appuie sur le langage, suggestions sans lesquelles la réflexion – comprise donc dans la succession et non dans la simultanéité, à partir de la déliaison des idées et non d'une liaison initiale – ne pourrait ni commencer, ni se déployer.

Il résulte de cette différence de conception du rapport entre pensée et langage que Diderot a beau être comme Montaigne un faiseur de métaphores, il ne considère pas pour autant que « la philosophie n'est qu'une poésie sophistiquée »[73]. Diderot n'estime pas comme Montaigne que notre rapport aux objets de la pensée est essentiellement métaphorique, que la mise en relation entre la pensée et son objet s'effectue toujours par « le biais » d'une chose qui nous transporte ailleurs[74], au hasard des rencontres, et peut avoir la vertu d'amortir notre rapport au réel au moyen d'une bonne dose de fantasmagories.

En conséquence, il n'a pas la même évaluation que Montaigne de la dangerosité des délires. Alors que Diderot analyse l'excès dans la mise en relation d'idées – propre à une imagination enthousiaste qui confond ses fantasmes avec des objets réels – comme un débordement de l'esprit de synthèse dans l'immanence, Montaigne analyse l'usage délirant de l'imagination comme

71. Denis Diderot, PHILOSOPHIE PYRRHONIENNE OU SCEPTIQUE, *Encyclopédie*, éd. cit., p. 612.

72. Michel de Montaigne, *Essais*, *op. cit.*, III, 9, p. 994.

73. *Ibid.*, II, 12, p. 537.

74. *Ibid.*, III, 4, p. 834 : « Nous pensons toujours ailleurs. »

un excès de transcendance, qui se traduit par une élévation enthousiaste de l'esprit, exalté par ses spéculations rationnelles, et finalement abattu, par sa propre vivacité (comme c'est le cas du Tasse). Quant au délire qui consiste, comme chez Lycas et Thrasilaus, à confondre le principe de plaisir avec le principe de réalité, par la confusion entre les représentations imaginaires et les représentations vraies, il est absorbé par l'essayiste dans une réflexion sur les rapports entre la science et la jouissance de l'âme, qui conduit à privilégier l'illusion au détriment du savoir[75]. Montaigne associe donc les plus grandes divagations de l'esprit à la quête du savoir – encore synonyme à son époque de quête métaphysique – et non à ce qui pourrait faire obstacle à la réalisation des sciences de la nature, par exemple l'absence de recours à la méthode expérimentale. Essentiellement préoccupé par l'équilibre à maintenir entre satisfaction de la curiosité intellectuelle et santé mentale (plus que par les conditions d'une réalisation effective de savoirs), il estime qu'il n'y a qu'une différence de degré entre le métaphysicien enthousiaste, les génies poétiques[76], et l'homme ordinaire : l'homme du commun est quotidiennement transporté par l'imagination au milieu des objets qu'il se représente ; il introduit également de l'imaginaire dans le lien causal, trouvant toujours des biais pour mettre en relation des choses éloignées. Dans le cadre du scepticisme de Montaigne, ce que la philosophie doit au langage poétique provient donc de notre rapport fantasmatique au réel.

Cela contribue à expliquer pourquoi, malgré le grand cas qu'il fait de la poésie, et l'hommage qu'il rend à l'entreprise audacieuse de Montaigne qui consiste à revivifier la langue en transplantant dans le langage philosophique des expressions plus énergiques[77], Diderot ne partage pas la conception montanienne des rapports entre philosophie et poésie. Pour Diderot, l'énergie de la poésie vient de son caractère « emblématique », du fait qu'elle se présente comme un « tissu d'hiéroglyphes [de signes polysémiques] entassés les uns sur les autres », c'est-à-dire de sa capacité à enchaîner les termes de telle sorte que l'intervalle entre eux en devienne insensible[78]. Alors que pour Diderot la poésie doit sa puissance à sa capacité à exprimer ce qui est simultané, pour

75. Voir *Ibid.*, II, 12, p. 492 (pour Le Tasse), et p. 495 (pour Lycas et Thrasilaus).

76. Sur la définition de l'esprit enthousiaste par Diderot, voir l'article ÉCLECTISME, *Encyclopédie*, éd. cit., p. 276 et p. 271.

77. *Lettre sur les sourds et les muets*, p. 131, et Montaigne, *Essais*, III, 5, p. 874.

78. Denis Diderot, *Lettre sur les sourds et les muets*, éd. cit., p. 116-117.

Montaigne, l'énergie de la poésie vient au contraire de sa labilité, de la discontinuité spontanée et incontrôlée de son langage : « Le poète, dit Platon, verse de furie tout ce qui lui vient en la bouche, comme la gargouille d'une fontaine, sans la ruminer et peser, et lui échappe des choses de diverse couleur, de contraire substance, et d'un cours rompu. »[79]

De ce fait, si Diderot et Montaigne mettent l'imagination et le langage poétique au service de leur philosophie respective, toutes deux fantaisistes dans leurs modalités d'expression, ce n'est pas de la même manière, dans la mesure où ces deux philosophes, quoi qu'ils pensent tous deux la multiplicité comme première, ne proposent pas d'y opérer un travail de même nature. Pour Diderot, il s'agit de soutenir une philosophie de la mise en relation selon des règles, suivant un modèle organiciste, au sein duquel la réflexion se déploie dans la simultanéité, à partir de la conception d'un sujet humain, compris comme un tout sentant et pensant, au bénéfice du progrès des sciences et d'une réflexion sur les mœurs. Chez Montaigne, il s'agit à des fins essentiellement éthiques, de se donner les moyens d'exprimer une réflexion philosophique qui repose sur l'expérience de la déliaison des pensées, de leur surgissement inopiné, et de leur agencement successif et toujours provisoire au fil du temps, expérience qui invalide la conception de la rationalité comme pouvoir de tout relier selon des règles.

De ce fait, si on peut incontestablement soutenir que Diderot n'est jamais dogmatique, parce que ses énoncés philosophiques ne sont jamais présentés comme absolument définitifs, il est plus difficile de soutenir qu'il est véritablement sceptique, du moins d'une manière aussi radicale que Montaigne. Ce dernier, en effet, ne considère pas la raison comme une puissance d'organisation du réel, mais comme une puissance qui dispose à aller voir au-delà de ce qui se présente à nous pour défaire les liens par lesquels nous nous rapportons au monde, et en imaginer d'autres. Ce scepticisme qui remet en cause la régularité des phénomènes naturels, c'est-à-dire la pertinence d'une nature (en nous et en dehors de nous) qui serait organisée par des lois, et de manière corollaire la capacité de l'homme à mettre en relation ses idées pour constituer la science, est étranger à la philosophie de Diderot.

Sylvia Giocanti
CRISES/Université Paul Valéry (Montpellier 3)
s.giocanti@wanadoo.fr

79. Michel de Montaigne, *Essais*, *op. cit.*, III, 9, p. 995.

DIDEROT : SCEPTICISME ET ENCYCLOPÉDIE. « QU'EST-CE QU'UN SCEPTIQUE ? »

« On doit exiger de moi que je cherche la vérité, mais non que je la trouve », écrit Diderot dans les *Pensées philosophiques* (XXIX)[1], enclin avec Montaigne à l'attitude « enquêtant » de la pensée (XXV) et révolté avec lui par la « suffisance dogmatique » des théologiens et des philosophes (XXIV).

Une abdication explicite de la vérité, mais aussi un engagement personnel dans sa recherche ; plusieurs rappels à la diversité des opinions et aux conflits des idées ; plusieurs attaques aux « idées sombres » et à la violence de la superstition (XI), aux excès de la dévotion (LVIII) et aux abus de l'imposture (XLIX) ; des critiques répétées aux subtilités métaphysiques de l'école (X) et aux contraintes de l'autorité ; une reprise des thèmes classiques de la littérature clandestine et des arguments du scepticisme empruntés à Sextus Empiricus, Cicéron, Montaigne, La Mothe Le Vayer et Bayle ; une pratique savante, parfois même ironique, de l'écriture fragmentaire et du dialogue à plusieurs voix ; des images prégnantes du relativisme des opinions et de l'isosthénie des arguments, comme le télescope des esprits (XXIV) et la balance « des combattants » (LXI) : cet ouvrage de 1746, brossé rapidement[2] par Diderot dans

1. Denis Diderot, *Pensées Philosophiques*, DPV, II : 36. Les *Pensées* sont citées dans le texte par le numéro romain. Je propose ici avec des intégrations de relief les résultats de mes recherches sur l'*Encyclopédie* présentées dans mes articles « Les chaînes et les arbres. Les renvois des ordres dans l'*Encyclopédie* », *Corpus*, 51 (2006), p. 43-83 ; « Diderot et les ordres des connaissances humaines », in Jean-Christophe Bardout, Vincent Carraud (dir.), *Diderot et la philosophie*, Paris, Société Diderot, 2020, p. 219-246 et dans mon livre *L'arbre et le labyrinthe. Descartes selon l'ordre des Lumières*, Paris, Champion, 2009.

2. Selon le récit de sa fille, le texte des *Pensées philosophiques* fut rédigé par Diderot entre le vendredi saint et le jour de Pâques de 1746. Diderot vendit son manuscrit à un libraire qui le publia immédiatement à Paris avec le faux lieu de La Haye, sans nom d'auteur ni d'éditeur (*Mémoires pour servir à l'histoire de la vie et des ouvrages de Diderot par Mme de Vandeul, sa fille*, DPV, I : 20). Le Parlement de Paris condamna les *Pensées* au feu

les marges de son étude de la philosophie morale de Shaftesbury, dont il venait de traduire l'*Inquiry concerning Virtue or Merit*, écrirait-il à la première personne la profession de foi d'un sceptique ? Quel sceptique, d'ailleurs, dans ce livre que, en philosophe déboutant inspiré de Shaftesbury, mais « en pleine mutation »[3], il compose sous la forme d'aphorismes riches de citations érudites pour « parler de Dieu » condamnant autant l'athéisme que l'intolérance de la religion et le fanatisme des dévots et se proclamant en « honnête homme » fidèle au catholicisme (LVIII), donnant toutefois le dernier mot au déiste qui triomphe du sceptique comme de l'athée (XIII, XVIII, XX) ? Certes, un sceptique bien particulier qui, tenté par une forme aurorale d'éclectisme, néglige tout l'arsenal doxographique des tropes classiques, abandonnant l'épochè de l'assentiment comme l'impassibilité de l'âme, mais qui, « plus sincère que le pyrrhonien », s'appelle aux forces de la raison contre l'accidentalité des faits[4] et les témoignages incertains des sens[5], et « cherche des preuves » pratiquant constamment l'exercice du doute méthodique sans en craindre les difficultés (LX). D'ailleurs, « qu'est-ce qu'un sceptique ? », se demande Diderot. « C'est un philosophe qui a douté de tout ce qu'il croit, et qui croit ce qu'un usage légitime de sa raison et de ses sens lui a démontré vrai » (XXX) : enfin, un philosophe qui cherche la vérité. Philosophe solitaire – « Le scepticisme ne convient pas à tout le monde. Il suppose un examen profond et désintéressé » (XXIV) –, philosophe froid et lucide à la différence des « esprits bouillants » et des hommes aux « imaginations ardentes » (XXVIII), « le vrai sceptique a compté et pesé les raisons. Mais ce n'est pas une petite affaire de peser des raisonnements » (XXIV).

Diderot l'affirme, mettant à l'épreuve dans le corps de son ouvrage les interrogations et les doutes de ce scepticisme méthodique comme des stratégies d'analyse, d'attaque et de défense, de position et de recul, les jouant toujours dans leur charge subversive de la superstition et des religions révélées et leur rôle critique de la tradition philosophique.

en juillet 1746, mais le texte, brûlé qu'en effigie, obtint un ample succès comme il suscita de nombreuses réfutations et l'âpres critiques.

3. Roland Mortier, *Introduction* aux *Pensées philosophiques*, Arles, Actes Sud, 1998, p. 69. Voir aussi le récent livre de Valentina Sperotto, *Diderot et le scepticisme. Les promenades de la raison*, Paris, Éditions L'Harmattan, 2023.

4. « Une seule démonstration me frappe plus que cinquante faits » (L).

5. « Je suis plus sûr de mon jugement que de mes yeux » (L). Et aussi : « lors donc que le témoignage des sens contredit ou ne contrebalance point l'autorité de la raison, il n'y a pas à opter : en bonne logique, c'est à la raison qu'il faut s'en tenir » (LII).

À l'école de Montaigne, de Descartes, de Bayle et de Voltaire, Diderot n'hésite plus alors à définir le scepticisme comme « le premier pas vers la vérité » (XXXI)[6], qu'il verra en action dans les stratégies sceptiques de Cléobule, le philosophe « retiré du monde » qui conduit Ariste dans la *Promenade du Sceptique.* Véritable sceptique par sa conduite à l'égard de la multitude des autres hommes, « il a vu le monde et s'en est dégouté ; il s'est réfugié de bonne heure dans une petite terre qui lui reste des débris d'une fortune assez considérable ; c'est là qu'il est sage et qu'il vit heureux ». Sceptique aimable, poli et sincère, « enjoué avec ses amis », il est paisiblement sceptique et respectueux de toute opinion : « c'est là que j'ai vu le pyrrhonien embrasser le sceptique, le sceptique se réjouir des succès de l'athée, l'athée ouvrir sa bourse au déiste, le déiste faire des offres de service au spinosiste ; en un mot toutes les sectes de philosophes rapprochées et unies par les liens de l'amitié ». Sceptique indulgent, conscient comme il est de la faiblesse et de l'humilité de la condition humaine, « il est passé de l'allée des épines dans celle des fleurs jusqu'à gagner l'ombre des marronniers ». Sceptique authentique enfin dans ses attitudes critiques, « il a épuis[é] l'extravagance des religions, l'incertitude des systèmes de la philosophie et la vanité des plaisirs du monde ». Et, à la fin, il reste le seul juge possible de tous les philosophes – « On y pèse actuellement nos raisons ; et si l'on y prononce jamais un jugement définitif, je t'en instruirai » –, mais il ne s'abstient pas d'une raisonnable profession de foi déiste[7].

Ce scepticisme ouvert et antidogmatique est alors pour le jeune Diderot la véritable méthode de la philosophie : ce n'est pas telle ou telle négation, ce n'est ni isosthénie ni épochè ni ataraxie, mais c'est plutôt un engagement moral à la recherche de la vérité, une enquête libre sur les limites de la rai-

6. Dans l'édition in 12° de 1746 des *Pensées philosophiques*, le volume porte un joli frontispice non signé : il représente la Vérité nue et éclairée par la lumière du ciel dans l'acte d'enlever le masque à la Superstition qui, défigurée et renversée sur un sphinx et un dragon dans un sombre paysage de grottes, tient d'une main son sceptre rompu, sa couronne roulée à terre.

7. La *Promenade du Sceptique* offre d'autres personnages de sceptiques : les pyrrhoniens de l'allée des marronniers, que Diderot présente sous la forme de la caricature comme des sophistes acharnés et des champions redoutables de l'argumentation, réunis sous la devise de Montaigne *Que sais-je ?* ; les ternes figures de Diphile et Néréstor qu'il décrit comme des philosophes « apportant raisons sur raisons » sur tout sujet, finissant toutefois par répondre « d'un air pensif : *Vedremo* ». S'y ajoute le jeune Alcyphron, arbitre de la discussion entre Cléobule et Ariste à faveur de la publication du manuscrit de l'ouvrage sous la protection de Frédéric de Prusse, « le prince philosophe » (DPV, II : 150).

son, une mise à l'épreuve de ses pouvoirs et une mise en valeur de sa rigueur qui « ne nous permet pas de supposer dans les choses que ce qu'on perçoit distinctement » : la ciguë ou le persil, comme Diderot écrivait à Voltaire le 11 juin 1746.

Alimenté par la littérature clandestine et libertine, ce scepticisme si proche d'un rationalisme avisé offre en effet à Diderot philosophe débutant des *topoi* comme celui de la promenade, des méthodes comme celle du doute heuristique, des solutions stylistiques qui sont aussi des choix théoriques : la pensée décousue, la fiction d'un récit, la dissimulation, l'ironie, l'allégorie, le dialogue qui débouche sur l'inachèvement et sur l'ouverture indéfinie. Soutenu par les textes des Anciens et des Modernes, il consigne à Diderot philosophe sorbonnier des arguments traditionnels qu'il réinterprète comme des dispositifs critiques pour traiter avec Cléobule « de la religion, de la philosophie et du monde » : l'infinitude des possibles et les formes transitoires de la nature, la faiblesse de la condition humaine – les limites de la raison, les incertitudes des sens, les lueurs de l'imagination –, l'extravagance des religions, la frivolité des systèmes, les droits de la conscience errante, la pluralité des mœurs et des doctrines. Un scepticisme enfin qui se performe dans le personnage du sceptique comme acteur d'un usage critique de la raison, et arrive même à introduire des éléments forts du matérialisme futur de Diderot.

Mais avec le temps ce personnage change d'identité, comme Jacques Chouillet l'a très bien souligné[8] lisant en même temps dans les premiers écrits de Diderot l'évolution parallèle de son attitude critique par rapport au scepticisme : d'une adhésion vive à ses instances critiques dans les *Pensées* à une attention plus complexe dans la *Promenade* qui signale déjà la possible dérive du scepticisme vers une forme inquiétante d'idéalisme subjectif annihilant toute signification de la pensée et de la pratique humaine[9], et charge la philosophie solitaire de Cléobule – « éclairer et perfectionner la raison » –

8. Jacques Chouillet, « Le sceptique dans les premières œuvres de Diderot », *Diderot Studies*, 1 (1969), p. 195-211.

9. Dans la *Promenade du sceptique*, Diderot avait mis en scène « les champions singuliers » de ce « système extravagant » – *La Clef* les appelle les Égoïstes – qui réduisent tout à l'impression. Ils arrivent ainsi à une sorte d'égotisme métaphysique, chacun prétendant être tout et son contraire. Cléobule présente d'un ton moqueur un de ces champions, un « visionnaire » qui prend congé de lui citant ce célèbre passage de l'*Essai* de Condillac : « soit que je m'élève jusque dans les nues, soit que je descende dans les abîmes, je ne sors point de moi-même » (p. 115-116). Diderot rappellera cette phrase dans la *Lettre sur les aveugles*, priant Condillac de clarifier ces passages suspects de l'idéalisme de Berkeley.

de la nouvelle responsabilité de « travailler à éclairer les hommes ». Ariste, le militaire philosophe, la revendique pour soi[10], et Diderot, appelé à l'immense travail de l'*Encyclopédie*, vient de l'assumer courageusement « pour l'intérêt général du genre humain »[11].

« IL Y A UNE SORTE DE SOBRIÉTÉ DANS L'USAGE DE LA RAISON »

C'est en effet dans l'*Encyclopédie* que Diderot prend encore une fois la parole sur le scepticisme dans deux articles d'histoire de la philosophie qu'il écrit dans le volume XIV sous les titres *PHILOSOPHIE PYRRHONIENNE OU SCEPTIQUE* et *SCEPTICISME ET SCEPTIQUES*. Très important le premier, moins significatif ce dernier avec les distinctions classiques reprises d'après Pierre Huet entre Pyrrhoniens – Aporétiques ou Zététiques selon les noms donnés par Diogène Laërce – et Sceptiques, et avec l'exposé des différences – des différences « légères et imperceptibles », selon l'ajout ironique de Diderot[12] – entre Sceptiques et Académiciens qu'il reprend explicitement de Sextus Empiricus. Mais l'intérêt de Diderot encyclopédiste n'est pas là, et le long article *PHILOSOPHIE PYRRHONIENNE OU SCEPTIQUE* le montre clairement. Si en effet la *Historia critica philosophiæ* de Jacob Brucker lui offre une longue doxographie du scepticisme avec « ses principaux axiomes » – l'ataraxie, l'antithèse, l'époché, les tropes, le relativisme, etc. –, c'est le scepticisme

10. Cléobule n'écrit pas : il préfère le silence et le repos à l'action aussi dangereuse que vaine d'Ariste. « Les ennemis de tout ce qui est bon ou utile sont innombrables dans tous les temps », lui dit-il, et les soldats aveugles de l'allée des épines abhorrent les philosophes. Mais Ariste insiste. Lui aussi est philosophe, mais il est aussi militaire, et veut agir pour éclairer les hommes et dissiper leurs préjugés sur les matières les plus délicates, coûte que coûte. « Imposez moi silence sur la religion et le gouvernement, et je n'aurai plus rien à dire. » La vérité est innocente, elle mérite voix, courage et ardeur. Et sacrifice (p. 96, 81, *passim*).

11. Denis Diderot, art. **ENCYCLOPÉDIE*, *Encyclopédie*, V, p. 636.

12. Denis Diderot, art. *SCEPTICISME*, *Encyclopédie*, XIV, p. 757. Mais l'anonyme auteur de l'article *DOUTE* – Diderot lui-même dont on y retrouve plusieurs passages repris des *Pensées philosophiques* ? – affirme au contraire avec Montaigne : « après avoir dit que les Académiciens étaient différents des Pyrrhoniens, en ce que les Académiciens avouaient qu'il y avait des choses plus vraisemblables les unes que les autres, ce que les Pyrrhoniens ne voulaient pas reconnaître [Montaigne] se déclare pour les Pyrrhoniens en ces termes : *or l'avis*, dit-il, *des Pyrrhoniens est plus hardi, et quant et quant plus vraisemblable* » (V, p. 89).

moderne qui passionne Diderot, ce scepticisme qui, à différence des théories extravagantes, « pusillanimes et douteuses » du pyrrhonisme, a « rendu un service très important à la philosophie en découvrant les sources réelles de nos erreurs, et en marquant les limites de notre entendement » : le noble et austère pyrrhonisme de La Mothe Le Vayer, « libre dans ses écrits et sévère dans ses mœurs » ; le scepticisme érudit de Pierre Huet, vécu à la première personne par cet auteur et généralisé dans son ouvrage sur la faiblesse de l'entendement. Et, surtout, le scepticisme sincère de Montaigne, auteur instructif et passionnant qui restitue dans « les contradictions de son ouvrage l'image fidèle des contradictions de l'entendement humain » suivant « sans art l'enchaînement de ses idées » ; enfin, le redoutable scepticisme de cette victime de la persécution et de l'intolérance qu'était Bayle, homme à « l'esprit droit et au cœur honnête », à la culture démesurée et l'intelligence sans égaux, qu'il mit au service d'une critique impitoyable de tous les systèmes « marchant toujours avec ordre ».

Mais Diderot ne se soustrait non plus à la plus vive actualité : dans ce même article, il revient encore sur les dérives contemporaines du scepticisme et affiche à nouveau d'une grande force son opposition à ces modernes « sophistes » que sont les « idéalistes ou égoïstes », égarés par des opinions et des doutes théoriques qu'ils oublient nécessairement dans la pratique. Et pour Diderot encyclopédiste et philosophe, *le philosophe* selon ses contemporains, la pratique compte : elle est la pierre de touche de la pensée. Contre ces « sophistes » il décrit alors « l'homme un et vrai [qui] n'aura point deux philosophies, l'une de cabinet et l'autre de société » – à côté d'une évidente référence à Berkeley une allusion à Hume ? Et contre « les absurdités et l'énormité » de leurs paradoxes, il signale l'impuissance radicale de la raison sur certains sujets et exhorte les philosophes à s'occuper de choses plus importantes. Puisque, enfin, il « y a une sorte de sobriété dans l'usage de la raison – commente-t-il – à laquelle il faut s'assujettir ou se résoudre à flotter dans l'incertitude ; un moment où sa lumière, qui avait toujours été en croissant, commence à s'affaiblir, et où il faut s'arrêter dans toutes discussions »[13].

L'article **ECLECTISME* rédige le protocole de cet usage « sobre de la raison » pour laquelle le doute n'est pas « une des ruses du scepticisme », mais l'instrument heuristique d'une nouvelle science et d'une nouvelle phi-

13. Denis Diderot, art. *PHILOSOPHIE PYRRHONIENNE OU SCEPTIQUE*, *Encyclopédie*, XIII, p. 614.

losophie fondées sur l'expérience et l'observation, mais aussi sur l'hypothèse, la conjecture et l'interprétation. Plus sincère, moins difficile, moins sévère et moins méfiant que le pyrrhonien, moins pusillanime que le dogmatique, le philosophe éclectique « ose penser de lui-même, remonter aux principes généraux les plus clairs, les examiner, les discuter, n'admettre rien que sur le témoignage de son expérience et de sa raison ». Il ne reconnaît point de maître – *nullius addictus jurare in verba magistri* –, mais, sans sacrifier la liberté de penser dont il est si jaloux, il se fait une philosophie avec « les matériaux les meilleurs de tant de places ruinées ». Sans prétendre être le précepteur du genre humain, mais bien plutôt son disciple, sans vouloir enseigner la vérité, mais, plutôt, s'engager dans sa recherche, « ce n'est point un homme qui plante ou qui sème, c'est un homme qui recueille et qui crible »[14]. Diderot le décrit avec Brucker comme le théoricien d'une raison éclairée, mais, bien au-delà de Brucker, il va le présenter aussi comme l'interprète d'une philosophie de l'action éclairée.

Enfin, la question du rapport de Diderot au scepticisme est délicate et complexe. L'exégèse de ses sources et ses arguments est délicate ; l'herméneutique de ses formes et de ses transformations est complexe : plutôt une réflexion assidue, une méditation prolongée, un dialogue incessant de Diderot philosophe sur les conditions de la vérité qu'un refus ou une adhésion doctrinale à ses arguments par Diderot auteur et encyclopédiste. Si en effet avec les sceptiques il repousse le vain orgueil de la science en nom de « la portée des esprits », en même temps, sans aucune répugnance condillacienne, il exalte les philosophes systématiques tels qu'Épicure, Lucrèce, Aristote et Platon doués d'une imagination forte et d'un instinct génial, et ne s'arrête pas devant l'idée orgueilleuse d'une interprétation de la nature qui en développe les ressorts secrets dans leur profonde unité et dans leur continuité cachée. S'il partage avec Montaigne l'aveu de l'insuffisance de notre raison, *je n'en sais rien*[15], il est aussi l'architecte de ce corps entier et immense de la connaissance que seulement un siècle philosophique pouvait mettre à l'œuvre avec toute l'audace d'un grand projet : un ouvrage qui se voulait à la fois développement et discipline de tous les savoirs humains, dictionnaire et encyclopédie.

14. Denis Diderot, art. **Eclectisme*, *Encyclopédie*, V, p. 37, 80, 36.

15. Denis Diderot, *Pensées sur l'interprétation de la nature*, § X, DPV, IX : 35.

« LE MOT ENCYCLOPÉDIE SIGNIFIE ENCHAÎNEMENT DES SCIENCES »

D'ailleurs, comme Yvon Belaval écrivait en 1984[16], « Diderot n'est pas sans l'*Encyclopédie* ». Il rappelait avec Jacques Proust les « mille liaisons insensibles »[17] qui soudent son travail en théoricien, éditeur et auteur de l'*Encyclopédie* à son œuvre entière en philosophe, depuis ses essais de jeunesse jusqu'aux grands ouvrages de maturité et de vieillesse. Revendiquant la qualité philosophique de ses contributions à l'entreprise encyclopédique, Belaval n'hésitait pas en effet à les interpréter dans cette relation essentielle, profonde et « insensible » à la fois, et, malgré le divers et le fragmentaire des textes, à les situer sous l'égide de cet exercice critique de la raison et cette recherche théorique et méthodique constante « d'unité dans la multiplicité » qui caractérisent plus en général toute la pensée philosophique de Diderot : un exercice critique de la raison qui refuse les systèmes en nom d'un sobre scepticisme lié à la disproportion entre les limites de la condition humaine et l'infini des phénomènes naturels[18], mais qui sent toutefois l'insuffisance d'une philosophie des limites ; une ambition à l'unité proche des formules anciennes de l'unité du beau, du vrai et du bien, mais interprétée par Diderot en « écrivain encyclopédiste » d'un esprit nouveau dans le cadre d'une esthétique de l'épars et du décousu comme la recherche de l'unité vivante et articulée d'un savoir en mouvement toujours ouvert au progrès, comme un système complexe et multiforme de connaissances utiles et vraies, marquées toutefois par la conscience lucide de leur inévitable vieillissement au cours du temps. Une recherche d'unité, enfin, qui risque toujours la contradiction entre l'idée théorique d'une unité nécessaire « par principe » imposée par la nature même d'une encyclopédie – le mot *encyclopédie* ne signifie-t-il pas « enchaînement des connaissances »[19] ? –, et le « fait » d'une unité irréalisable, les

16. Yvon Belaval, « Diderot et l'encyclopédie », dans *Revue internationale de philosophie*, 148-149 (1984). Aussi dans *Id.*, *Études sur Diderot*, Paris, PUF, 2003, p. 101.

17. Jacques Proust, *Diderot et l'Encyclopédie*, Paris, Librairie Armand Colin, 1962, p. 162.

18. Denis Diderot, *Pensées sur l'interprétation de la nature*, § XXII, DPV IX : 60, « Les phénomènes sont infinis ; les causes cachées ; les formes, peut-être transitoires ».

19. Diderot l'affirme dans le *Prospectus* de l'*Encyclopédie* et le répète dans l'article **Encyclopédie*. Il y propose une étymologie bien puissante et révélatrice : « le mot encyclopédie, écrit-il, signifie enchaînement des connaissances ; il est composé de la préposition grecque ἐν, en, & des substantifs κύκλος, cercle, & παιδεία, connaissance » (Vol. V, p. 633). Cette étymologie est déjà attestée dans la *Cyclopædia* d'Ephraim Chambers.

matières d'encyclopédie étant hétéroclites, les connexions souvent lacunaires, les nomenclatures incomplètes, les vides trop nombreux.

D'ailleurs, pour Diderot philosophe, la philosophie est en elle-même un savoir « aux paradoxes », tiraillée entre « la pénible recherche de la vérité » et le courage de « descendre au fond de son puits »[20], partagée entre un sobre usage de la raison – la balance de Montaigne[21], le *vedremo* des sceptiques[22], l'*attendez* d'Épicure[23] – et l'ambition passionnée de renouer la secrète liaison des idées[24] et de retrouver la profonde unité de la nature dans sa continuité cachée : puisque « l'indépendance absolue d'un seul fait est incompatible avec l'idée de tout ; et sans l'idée de tout – écrivait-il –, plus de philosophie »[25].

Diderot encyclopédiste confirme cet engagement du philosophe. Malgré la variété essentielle de la nature et la variété conceptuelle des sciences, que les encyclopédistes doivent présenter dans les nombreux articles du *Dictionnaire raisonné des sciences, des arts et des métiers* disposés par ordre alphabétique, l'*Encyclopédie* doit être une, dérivant son unité et sa cohérence de cet « enchaînement des connaissances » qui la définit comme telle et qui se traduit dans les réseaux d'un « ordre encyclopédique » qui permet de rassembler les connaissances selon l'ordre de la « bonne logique », c'est-à-dire selon les principes naturels de cet « art de raisonner » qui est commun à tous les hommes. Par sa nature, selon Diderot l'*Encyclopédie* doit être donc un ouvrage d'ordre, mais aussi de métamorphose de l'ordre, qui assume la responsabilité d'une nouvelle configuration du savoir à partir d'un système de rapports institués sur les ressources « de l'esprit humain dans tous les genres et tous les siècles ». L'unité de l'*Encyclopédie* ne sera pas alors l'unité abstraite d'un système clos, impossible en soi et irréalisable dans la temporalité concrète du travail éditorial : elle sera, plutôt, l'unité vivante d'un système ouvert, complexe et multiforme de connaissances utiles, marquées toutefois par la conscience lucide de leur inévitable vieillissement au cours du temps[26].

20. Denis Diderot, art. *PHILOSOPHIE MOSAÏQUE ET CHRÉTIENNE*, *Encyclopédie*, X, p. 741.
21. Denis Diderot, *Pensées sur l'interprétation de la nature*, § X, DPV IX : 35.
22. Denis Diderot, *La promenade du sceptique*, DPV, II : 163.
23. Denis Diderot, art. **EPICURÉISME OU EPICURISME*, *Encyclopédie*, V, p. 779.
24. Denis Diderot à Sophie Volland, 20 octobre 1760, *Corr.*, Vol. IV, p. 920-921.
25. Denis Diderot, *Pensées sur l'interprétation de la nature*, § XI, DPV, IX : 35.
26. Voir : Michel Malherbe, *L'Encyclopédie : histoire, système et tableau*, dans Martine Groult (dir.), *L'Encyclopédie ou la création des disciplines*, Paris, CNRS Éditions, 2003,

« Ce n'était pas une chose facile », écrivait Diderot en 1750 dans le *Prospectus*, annonçant le projet de cet ouvrage. « Il s'agissait de renfermer en une page le canevas d'un ouvrage qui ne peut s'exécuter qu'en plusieurs volumes *in-folio*, et qui doit contenir un jour toutes les connaissances des hommes ».

LA CHAÎNE ET L'ARBRE

> Nous avons senti [...] que le premier pas que nous avions à faire vers l'exécution raisonnée et bien entendue d'une encyclopédie c'était de former un arbre généalogique de toutes les sciences et de tous les arts, qui marquât l'origine de chaque branche de nos connaissances, les liaisons qu'elles ont entre elles et avec la tige commune, et qui nous servît à rappeler les différents articles à leurs chefs[27].

La chaîne et l'arbre : les figures de l'ordre encyclopédique sont déjà toutes présentées dans le *Prospectus* et y sont déjà évoquées par Diderot dans leur sémantique complexe et leurs combinaisons problématiques. Il les évoque en chiasme par la subordination de l'une à l'autre. Utilisant déjà la métaphore de « l'arbre généalogique », il lui consacre une nouvelle théorie de la lisibilité par la figure de l'unité de la raison et définit l'encyclopédie comme « l'entrelacement des racines et des branches » sous la forme des dépendances réciproques des différentes chaînes des connaissances liées entre elles par proximité ou par éloignement en fonction des critères de dérivation – les genres et les espèces, par exemple – ou des instances de complexité – les principes et les conséquences, par exemple –, selon un système de « découlements » instauré par la raison.

L'*Encyclopédie* s'offre ainsi comme une organisation essentiellement pratique des savoirs. Diderot, théoricien et acteur de ce tournant décisif

p. 45-58 ; Philippe Blom, *Encyclopédie. The triumph of reason in an unresonable age*, London, New York, Fourth Estate, 2004 et *Enlightening the world,* New York, Macmillan, 2005 ; Maria Leca-Tsomis, Irène Passeron (dir.), *Les branches du savoir dans l'Encyclopédie*, dans *Recherches sur Diderot et sur l'Encyclopédie*, 40-41 (2006) ; Florent Guénard, Francine Markovits, Mariafranca Spallanzani (dir.), *L'ordre des renvois dans l'Encyclopédie*, dans *Corpus*, 51 (2007). Voir aussi le catalogue de l'exposition organisée par la BNF *Lumières ! Un héritage pour demain*, sous la direction de Yann Fauchois, Thierry Grillet et Tzvetan Todorov, Paris, BNF, 2006.

27. Denis Diderot, *Prospectus,* dans *Encyclopédie,* I, p. 2.

de l'idéation de l'ouvrage, dès les premières pages inscrit résolument les images traditionnelles de l'ordre dans « le cadre général des efforts de l'esprit humain dans tous les genres et dans tous les siècles », définissant l'ordre plutôt comme une mise en ordre relative à un point de vue, l'unité du système comme un arrangement de coexistences envisagé à partir d'une perspective, le système comme un réseau de relations qui se complique, se corrige et se modifie suivant les intégrations ultérieures ou les résistances possibles à la cohérence. Si alors « l'arbre des connaissances pouvait être formé de plusieurs manières », comme il l'admet, « c'est de nos facultés que nous les avons déduites », affirme-t-il, c'est-à-dire des modalités indépassables et incontournables du savoir humain. Dans le *Prospectus* Diderot est formel et avec Bacon décrit la morphologie tripartite de « l'arbre généalogique de toutes les sciences et de tous les arts » : « l'histoire qui nous est venue de la mémoire ; la philosophie de la raison, et la poésie de l'imagination », « le tronc commun » étant la méta-science « des axiomes ou des propositions évidentes par elles-mêmes ».

Ce n'était pas un plagiat, affirmera Diderot répondant aux accusations malveillantes que le Père Berthier avait lancées contre le *Prospectus* en janvier 1751 sur les *Mémoires de Trévoux*, donnant origine à l'antagonisme profond entre les jésuites et Diderot et, plus en général, entre les jésuites et les encyclopédistes. Mais la réponse philosophique des encyclopédistes à Berthier ne se limite certes pas aux deux lettres ironiques de Diderot : cette réponse sera fournie par le corps tout entier de l'*Encyclopédie* à travers le réseau des articles publiés cette année-là. Et d'ailleurs, dès le *Prospectus* de 1750, Diderot avait reconnu sa dette envers Bacon quand il avait exposé les raisons philosophiques qui avaient inspiré aux éditeurs de l'*Encyclopédie* d'adopter un arbre généalogique proche de celui qui avait été planté en Angleterre par le Lord Chancelier[28]. Si alors, pour mettre fin à la polémique, il consacre plusieurs pages du premier tome de l'*Encyclopédie* à exposer des **Observations sur la division des Sciences du Chancelier Bacon*, il y défend l'originalité des écarts

28. *Ibidem* : « Cet arbre de la connaissance humaine pouvait être formé de plusieurs manières, soit en rapportant aux diverses facultés de notre âme nos différentes connaissances, soit en les rapportant aux êtres qu'elles ont comme objet. Mais l'embarras était d'autant plus grand, qu'il y avait plus d'arbitraire. Et combien ne devait-il pas y en avoir ? [...]. Si nous en sommes sortis avec succès, nous en aurons principalement obligation au Chancelier Bacon, qui jetait le plan d'un dictionnaire universel des sciences et des arts, en un temps où il n'y avait, pour ainsi dire, ni sciences ni arts ».

« surtout dans la branche philosophique, que nous ne devons nullement à Bacon ». Et ces écarts sont bien importants : l'abandon de la partition baconienne de « la Science en Théologie sacrée et Philosophie » avec la soumission de la première à la seconde ; le remplacement de « la science de l'âme » par « l'histoire de l'âme » inspirée de Locke ; la définition nouvelle de la métaphysique dans le cadre d'une théorie de la connaissance et le refus de la philosophie des formes ; l'élimination des distinctions baconiennes de la science de la nature en spéculative et pratique et l'exclusion de la théorie des causes qui articulait les subdivisions de l'arbre du Lord Chancelier.

Mais il y a davantage. Diderot explique le sens philosophique de la décision, qui consiste à inverser les schémas baconiens et à opérer une « transposition métaphysique » de l'imagination. Par là même, il soustrait au censeur la réflexion théorique sur les différents systèmes d'ordre qui n'est qu'affaire de philosophie et nullement de littérature ou d'érudition. C'est aux philosophes en effet qu'il est demandé de dépasser la proximité des deux systèmes de connaissances pour apprécier les différences profondes qui séparent l'humanisme radical de l'arbre encyclopédique, fondé sur le seul système des connaissances humaines, et le naturalisme de Bacon qui trouve sa garantie dans une théorie de l'adéquation et du perfectionnement des livres divins.

Formes, modèles et programmes de cet « enchaînement des sciences » qu'était l'*encyclopédie*, les images de la chaîne et de l'arbre, destinées par Diderot et d'Alembert à corriger les extravagances de la disposition alphabétique des articles du *dictionnaire*, ouvrent en effet les représentations de la configuration actuelle des connaissances dans leurs relations qu'elles offrent sous la forme limite d'une continuité à retrouver et d'une dépendance à renouer. Opérateurs de la cohérence du *dictionnaire* fragmenté par la disposition fortuite des mots, ces images surdéterminent même la philosophie de l'ouvrage entier : énonciation de la possibilité de l'encyclopédie et représentation de l'intelligibilité des différentes sciences, critique et déstabilisation de la tradition et enchevêtrement de perspectives multiples, institution catégoriale de l'acquis et nouvelle configuration du progrès, synonymes, enfin, de l'encyclopédie même.

Mais la multiplication et la complication de ces images de l'ordre, et les intégrations géographiques qu'elles demandent – la mappemonde, « le vaste Océan » – avec leur polysémie accentuée et leur herméneutique différente, voire opposée, leurs fonctions complémentaires, leurs corrections réciproques et leurs ajustements mutuels trahissent aussi l'inquiétude de

Diderot et d'Alembert, auteurs des préfaces et architectes de tout l'ouvrage, devant l'instabilité et la fragilité des schémas d'agrégation et de connexion, et témoignent en même temps de leur réflexion méthodique et de leurs essais philosophiques pour réaliser une entreprise de spécification détaillée des savoirs qui préserve toutefois les liaisons rationnelles par un *esprit systématique* équilibré. Spécialisation des disciplines, divergence des régimes conceptuels, non homogénéité des méthodes, disproportion des matières, multiplication des objets ; et, de plus, une philosophie de l'expérience ancrée aux systèmes des choses qui se prétend fondée sur une théorie empiriste de la connaissance ondoyante entre naturalisme et matérialisme, réalisme rationnel, empirisme nominaliste et scepticisme : aucune philosophie première ne pourrait jamais ni soutenir ni protéger l'arborescence encyclopédique des savoirs ; aucune chaîne des raisons ne pourrait jamais souder la désagrégation des notions dans une continuité essentielle sans blessures et sans coupures, forme cartésienne de leur nécessité analytique ; aucun arbre de la philosophie ne pourrait jamais dominer la multiplicité de connaissances dans l'unité supérieure des principes et dans la contraction linéaire du savoir, selon la logique cartésienne de la vérité. Alors, plutôt une mappemonde, avec sa logique modeste « du point de vue » ; ou bien la surface illimitée et inexplorée du « vaste Océan » avec quelques îles émergentes, selon la logique régionale de l'archipel.

Les figures d'ordre de l'arbre et de la chaîne et les images de balisage de la mappemonde et de l'archipel, qui reviennent comme des représentations stables bien que polysémiques dans le corps entier de l'ouvrage, par leurs fréquences, leurs variations et leurs modulations scandent aussi la syntaxe de l'ordre, soutenant virtuellement toute l'architectonique de l'*Encyclopédie* par une sémantique qui, si complexe qu'elle soit, n'est ni nullement univoque dans les différentes pages des différents auteurs, ni identique dans la chronologie des différents tomes. Leur dialectique interne, leurs métamorphoses, leurs absences et leurs intégrations à d'autres images – le tableau, le labyrinthe, la machine – peuvent alors offrir des instruments conceptuels utiles pour lire et interpréter le débat épistémologique des éditeurs de l'*Encyclopédie* comme une méditation continuelle et alertée sur les possibilités et les limites de l'encyclopédie en tant que système d'organisation du savoir. Par l'exégèse de ces images de l'ordre, on voit en effet se dessiner une histoire pour ainsi dire « encyclopédique » de l'*Encyclopédie* en fonction d'une histoire des modes de penser l'ordre encyclopédique et ses configurations. Cette histoire « encyclopédique » soustrait l'*Encyclopédie* à l'atemporalité du simple écoulement éditorial des volumes. L'*Encyclopédie* devient ainsi vraiment un « grand livre » vivant une histoire inscrite dans les raisons solides des projets réalisés comme dans les discontinuités et les incomplétudes des résultats manquées : bref, dans les temporalités plurielles scandées par le travail et la méditation de ses éditeurs et de ses auteurs.

LES TABLEAUX DE D'ALEMBERT ET LES PAYSAGES DE DIDEROT

Dans le *Prospectus* et le *Discours Préliminaire* du premier volume la foi baconienne de Diderot et le rationalisme sensualiste de d'Alembert avaient creusé pour l'*Encyclopédie* les fondements victorieux de la taxonomie des sciences et du système des arts, et la volonté tenace et déterminée de l'ordre encourageait les éditeurs à en multiplier les images et en tracer le plan général dans le *Système figuré des connaissances humaines* du premier volume. Mais ensuite, lorsque les maîtres sont disparus, lorsque la lutte philosophique s'est faite plus âpre et les critiques plus nombreuses, lorsque le corps de l'ouvrage est devenu plus vaste et l'action éditoriale plus compliquée, l'arborescence des connaissances apparaissait alors trop étroite et rigide pour la philosophie et l'interprétation de la nature de Diderot, trop luxuriante et dispersée pour le sobre scepticisme et la gnoséologie naturaliste de d'Alembert.

Le cinquième volume de 1755 enregistre ce malaise conceptuel : par un heureux hasard de l'alphabet, la lettre *E* se trouve au centre de la discussion des éditeurs sur cette crise de la conscience encyclopédique. Les pages de ce volume mesurent en effet la distance des années héroïques et en proposent un bilan lucide dans la *Préface* désolée, mais toujours fière qui tisse l'éloge de Montesquieu composé par d'Alembert à l'occasion de la mort du philosophe. Toutefois, avec le recul de l'expérience, les articles dépassent le moment présent et hasardent un nouveau programme d'encyclopédie. S'ils permettent de juger l'œuvre et son idéation originaire, ils proposent aussi des révisions théoriques radicales de la nature même de l'ouvrage entier dans les pièces philosophiques consacrées par d'Alembert aux éléments des sciences et à la philosophie de l'expérience et dans celles dédiées par Diderot à la philosophie de l'éclectisme et à la réflexion sur la composition de l'encyclopédie : des pièces rédigées comme de nouvelles pièces préliminaires, avec de nouvelles figures de l'ordre et de nouvelles variations des systèmes de l'ordre.

L'article *ÉLÉMENTS DES SCIENCES* de d'Alembert est une institution d'encyclopédie, à la fois énonciation des conditions de la possibilité et normative de la canonique. L'article **ENCYCLOPÉDIE* est une action d'encyclopédie, à la fois une pièce littéraire et un essai théorique, une confession passionnée et une réflexion désenchantée, un témoignage philosophique et un discours programmatique fait en première personne. Par cette pièce à la pagination anomale, trace éditoriale d'une publication peut-être hâtive à composition terminée, par cette action d'encyclopédie qui prend la forme d'un article de bilan, de programme et de perspective, Diderot réfléchit sur plusieurs « idées » et offre plusieurs matières à penser ensemble. Idées sur l'*Encyclopédie* et matières de l'*Encyclopédie* exposées en un ordre apparemment rhapsodique, qui toutefois, dans leur ample mouvement, leur enchaînement profond et leur visée totale sanctionnent l'humanisme militant de Diderot *philosophe*. Dans l'*Encyclopédie*, il défend les droits et les devoirs d'un exercice sobre, mais non humilié de la raison, annonce et célèbre les résultats d'une transformation intelligente de la nature et s'engage dans une action responsable de critique et de réforme éclairée, civile et politique, de la société. « Cet ouvrage – écrivait-il à Sophie Volland en 1762 – produira sûrement avec le temps une révolution dans les esprits, et j'espère que les tyrans, les oppresseurs, les fanatiques et les intolérants n'y gagneront pas ».

Mais il est vrai que cette surdétermination toute Diderot du sens de l'ouvrage, cette « encyclopédistique » totale, selon la définition de Jean Starobinski, si fragmentée, dispersée, déployée et erratique qu'elle est, prend la forme et les responsabilités d'un système d'ordre qui est aussi un service à la cause des Lumières : non par la réduction des principes, la facilité des éléments ou l'abstraction des propriétés comme selon la philosophie alembertienne de la transparence intellectuelle, mais par l'extériorisation de la pensée et la dramatisation de ses actions, la présence toute visible des relations actuelles et l'évocation des connexions cachées, l'insertion des efforts humains et les mélanges des savoirs, l'instance de liaison de tous les êtres et l'enchaînement des connaissances, l'interprétation de la nature et finalement le bonheur des hommes. Ce système sera la raison d'être du philosophe.

L'article **ENCYCLOPÉDIE* pour la philosophie, comme d'ailleurs l'article **ECLECTISME* pour l'histoire de la philosophie, l'article **ART* et le réseau des fragments que Diderot tisse pour la cosmologie et la métaphysique entre des pièces d'apparence négligeables – **FORTUIT,* par exemple, **IMPARFAIT,* **IMPERCEPTIBLE,* **INVARIABLE, NÉANT, SPINOSISTE* –, énonce et discute cette aspiration à la totalité, une totalité d'intégration de l'homme à la nature et de la nature à l'homme, une totalité plutôt pressentie, avouée et entrevue que réalisée et démontrée. Une hypothèse du travail du naturaliste, du philosophe et de l'historien de la philosophie qui s'impose comme une théorie matérialiste de la nature, une méthode de la raison et un devoir d'encyclopédie.

Au fond, il s'agit du même problème conceptuel, la possibilité d'un système des sciences et des arts, que d'Alembert discute dans l'article *ÉLÉMENTS DES SCIENCES*. Mais si les pages de d'Alembert s'organisent autour du théorème d'existence d'un *tableau* qui compose en unité les rationalités identifiables dans les différents corps des sciences et des arts, l'article **ENCYCLOPÉDIE* s'offre comme un théâtre des acteurs d'une unification à essayer et comme un récit des figures d'une unité à compléter. Ouvrage légitime en vertu des trois actions méthodiques d'unité d'auteur, de parole et de raison que Diderot impose, l'*Encyclopédie* prescrit la convergence de vérité et bonheur et sanctionne le domaine total et unique de l'homme sur ses œuvres et ses jours. Et, en même temps, dans ses limites, ses défauts, ses incertitudes, ses vides, ses parties obsolètes ou périmées, l'*Encyclopédie* défit « la perfection absolue [...] du volume immense » écrit par la volonté de Dieu, inutile dans sa plate duplication de l'univers et superflu dans son format démesuré, insupportable dans sa suffocante infinitude sans repères.

Certes, tout système d'encyclopédie, nécessaire pour ce qui concerne la simplicité du travail, la commodité d'exposition, la communicabilité des résultats, ne pourra se révéler qu'arbitraire, si limité qu'il est par comparaison à l'infinité des êtres, partiel par rapport à la continuité naturelle, incomplet devant « l'uniforme immensité des objets ». Et Diderot, bien avant Borges, se plaît de dénombrer divers critères d'ordre, même insolites, même extravagants, mais tous également possibles parce que tous également arbitraires. Comme d'Alembert, Diderot aussi glose cette théorie de la projection évoquant la métaphore leibnizienne des « pointes des rochers » émergentes de la surface marine : mais il refuse la théorie de l'approximation par les éléments et du déchiffrement algébrique, et il oppose le principe de plénitude de la nouvelle science de la nature aux raisons discrètes et fragmentées de la connaissance analytique.

Les paradoxes de la lisibilité n'échappent pas à Diderot, qui multiplie les métaphores de la totalité et les démonte pour les réduire *ad absurdum*, que ce soit la description d'une machine, image leibnizienne d'un système technologique complexe réglé par une loi, que ce soit la déduction du système unique, nécessaire et total « existant de toute éternité dans la volonté de

Dieu », figure cartésienne de l'ordre. La lisibilité n'est pas en effet soumission à une écriture ou déchiffrement d'un sens : elle est production de lisibilité qui se dérobe à la juridiction de Dieu pour ne se confier qu'aux ressources de « la condition humaine ». « La science – rappelle Diderot – est un ouvrage fini de l'entendement humain ». Diderot l'affirme dans une déclamation inspirée d'une énergie étonnante, presque romantique, qui consacre ce commencement tout réflexif du savoir, récit de la nouvelle genèse humaniste des Lumières, rivale de la création divine de la Bible, dont elle renverse l'ordre par l'imposition de la primauté de la pensée humaine sur le Verbe révélé.

> Si l'on bannit l'homme ou l'être pensant et contemplateur de dessus la surface de la terre, ce spectacle pathétique et sublime de la nature n'est plus qu'une scène triste et muette. L'univers se tait ; le silence et la nuit s'en emparent. Tout se change en une vaste solitude où les phénomènes inobservés se passent d'une manière obscure et sourde. C'est l'homme qui rend l'existence des êtres intéressante[29].

Si la vérité n'est pas plus ancienne que la vérité, comme l'avait dit Descartes, elle n'est pas seulement la fille du temps, comme l'avait dit Bacon : selon Diderot elle est le résultat de la conversion de l'univers « à la condition humaine », l'équilibre, toujours instable et provisoire, mais toujours progressif, entre les prestations théoriques de l'homme et la recherche du bonheur. Système dynamique de rapports, l'unité du savoir se configure alors comme l'immensité d'existence présente et réelle et vivante d'un paysage de rochers, d'eaux et d'animaux, qui sort du silence et des ténèbres par le regard et la voix humaine :

> Il faut considérer un dictionnaire universel des Sciences et des Arts, comme une campagne immense couverte de montagnes, de plaines, de rochers, d'eaux, de forêts, d'animaux, et de tous les objets qui font la variété d'un grand paysage. La lumière du ciel les éclaire tous ; mais ils en sont tous frappés diversement. Les uns s'avancent par leur nature et leur exposition, jusque sur le devant de la scène ; d'autres sont distribués sur une infinité de plans intermédiaires ; il y en a qui se perdent dans le lointain ; tous se font valoir réciproquement[30].

Mariafranca Spallanzani
Università di Bologna
mariafranca.spallanzani@unibo.it

29. Denis Diderot, art. *ENCYCLOPÉDIE, *Encyclopédie*, V, p. 641.
30. Denis Diderot, art. *ENCYCLOPÉDIE, *Encyclopédie*, V, p. 647A.

DIDEROT SE PROMÈNE : DE *LA PROMENADE DU SCEPTIQUE* À *LA PROMENADE VERNET*

L'ARÈNE

Dans *La Promenade du sceptique*, Cléobule raconte que les hommes naissent sous le joug d'un souverain considéré par l'opinion commune comme éclairé, sage et bienveillant. Le prince, dont les lois sont extrêmement contradictoires, refuse de se montrer au peuple. Les êtres humains sont tous ses soldats dès leur naissance et ils sont obligés d'accomplir deux tâches fondamentales : prendre soin de leur uniforme (l'habit immaculé, sans tâches, fait évidemment allusion à l'âme) et garder un bandeau plus ou moins épais sur leurs yeux. Cette cécité forcée par le bandeau entrave la perception de la vérité. Il est difficile de s'en libérer ! Les philosophes des Lumières affirment que moins on sait, plus on s'acharne à défendre ce que l'on croit savoir : l'ignorant n'a point de doutes. Plus l'homme est éclairé, plus il est capable d'abattre les préjugés et la crédulité. Plus il est cultivé, pourvu d'une culture qui peut également s'appuyer sur l'expérience, plus il est capable de comprendre les liens étroits qui le lient aux autres individus, aux autres cultures et sociétés. Une domination tout à fait arbitraire et abusive est exercée sur la confiance naïve de l'homme : une prévarication qui ne mérite aucune forme de respect ou de révérence.

La figure d'un athée vertueux fait alors son apparition. Il s'oppose à la cécité et sait interpréter la nature et ses mystères à la lumière de la raison ; c'est un homme capable de dominer ses passions et d'exploiter son imagination à bon escient. Pierre Bayle avait déjà essayé de légitimer la possibilité d'une coexistence de la vertu et de l'athéisme dans sa ferme condamnation de l'idolâtrie et de la superstition. Il faisait une distinction entre un libertinage d'esprit et un libertinage de mœurs et voyait dans le premier la capacité de subvertir le dogmatisme intellectuel et religieux.

Dans les *Pensées Philosophiques*, publié en 1746[1], Diderot s'inspire justement de Bayle[2] lorsqu'il accuse l'intolérance religieuse. Ce n'est pas un hasard si Diderot fait ici référence à Giulio Cesare Vanini[3], l'athée vertueux mort pour avoir défendu ses idées, dont Bayle parle dans les *Pensées diverses sur la comète*.

On retrouve également des échos de l'œuvre de Bayle dans la *Promenade du sceptique*. Tantôt Cléobule, tantôt Athéos (tel est le nom d'un des personnages), se rapprochent de sa pensée : Cléobule, lorsqu'il cite les Saintes Écritures et s'efforce de les lire « sans le bandeau » de l'aveuglement. L'offense faite à la religion réside dans la référence même qui est citée. Quant à Athéos, il se rapproche de Bayle lorsqu'il remet en question une idée largement acceptée, énoncée par Cléobule, selon laquelle la religion et certains de ses préjugés ont une utilité sociale en apportant la paix au peuple, en offrant une direction claire et en jouant un rôle pacificateur. Athéos répond que l'on connaît de nombreuses nations qui sont restées stables sans ce mirage. C'est l'histoire elle-même qui soutient et démontre cette affirmation. Ainsi dans la *Promenade*, l'athéisme va souvent de pair avec le spinozisme qui en soutient les arguments. Le texte nous dit cependant qu'en rentrant chez lui, Athéos découvre que sa femme a été enlevée et ses enfants égorgés. C'est une représailles de l'aveugle à qui il avait « ouvert les yeux » en lui enseignant le dédain de la conscience et les lois de la société. L'aveugle avait tout simplement agi en conséquence.

C'est ainsi qu'on peut caractériser Diderot : dans l'arène de la *Promenade*, il confronte des doctrines philosophiques diverses, qu'elles soient lointaines ou proches, et même lorsqu'elles semblent similaires, il les distingue par leurs différentes formulations théoriques. Dans cette arène, les opinions s'affrontent telle des armes puissantes, et parfois mortelles, où aucune n'est entièrement triomphante.

Or le jeune Diderot, avec son acuité habituelle, reprend certains débats que le XVIIIe siècle avait déjà préparés et continuait de développer. Un exemple intéressant pour comprendre la figure de l'athée vertueux, qui prend forme

1. Je rappelle que Diderot a écrit *La Promenade du sceptique* ou *Les Allées* un an plus tard, en 1747.
2. Nous pouvons aussi remarquer une influence du chapitre VII du *Traité théologico-politique* de Spinoza.
3. Il en parlera également à Sophie Volland.

également sur le plan narratif[4], est fourni par le *Traité des Trois Imposteurs* qui eut un grand succès dans l'Europe du XVIIIe siècle en raison du caractère subversif des théories exposées : on essayait de montrer la nature exclusivement politique des prédications de Moïse, Jésus et Mahomet, définis comme des imposteurs voués à leur gloire personnelle et à l'asservissement des peuples. Le traité fut lu en secret par une élite de savants, de rois et de princes, mais sa diffusion dépassa cependant les limites de la clandestinité[5].

Les renvois explicites et fréquents à Descartes et à Spinoza amènent à penser que la rédaction du texte remonte effectivement à l'époque de sa traduction présumée, parue en 1721[6]. Pour notre part, nous considérons ce texte comme une source précieuse pour la diffusion de la pensée de Spinoza. Il nourrit et s'insère dans un débat culturel en cours, dont plusieurs revendications sont proches de la pensée libertine. Spinoza a, plus que quiconque, façonné le mouvement qui est à la base du développement de la pensée clandestine. Une pensée qui a jeté les bases « des valeurs démocratiques et égalitaires qui sont au cœur du monde moderne »[7]. Nombre de théories, dont celles de Diderot, ont comme point de référence la pensée de Spinoza, en particulier celles se basant sur l'idée que seule la raison doit guider l'humanité, celles qui séparent la philosophie de la théologie et celles fondées sur des principes d'égalité. Dans le *Traité*, les théories de Spinoza et de Hobbes sont évidemment faussées[8] ; l'intention d'exposer des idées déjà largement diffusées en Hollande, surtout celles inspirées par Hobbes, est provocatrice, visant à révéler les origines purement humaines des trois grandes religions monothéistes.

4. Nous pouvons penser au rôle, bien que controversé, qui joue l'athée Wolmar, mari de Julie, dans la *Nouvelle Héloïse*.
5. *Voir* Anonyme, *Traité des trois imposteurs* [1721], éditeur non connu, 1777.
6. Nous ne connaissons pas l'origine de cet ouvrage, ou mieux, elle a été délibérément cachée. Cependant en 1719 paraît à La Haye une copie imprimée qui porte le titre de *La Vie et l'Esprit de M. Benoît de Spinoza* (certaines sources affirment que l'ouvrage aurait déjà été imprimé en Hollande en 1712). L'ouvrage aurait ensuite reçu son titre actuel et plus célèbre à partir de sa deuxième édition de 1721 (édition Böhm). L'éditeur, doté d'un vrai esprit publicitaire, présente le texte comme une réponse à une dissertation précédente qui niait son existence. Le livre, selon la reconstruction fantaisiste de l'éditeur, avait été trouvé chez un autre éditeur de Frankfurt en 1706. Dans la préface, le copiste affirme que l'auteur est un disciple de Spinoza.
7. Johnathan Israel, *Une Révolution des esprits. Les Lumières radicales et les origines intellectuelles de la démocratie moderne* [2009], Marseille, Éditions Agone, 2017, p. 1.
8. Le *Léviathan* de Hobbes (1651) et le *Traité Théologico-Politique* (1670) de Spinoza.

Quant aux thèses de Julien Jean Offray de La Mettrie, un des plus audacieux partisans du matérialisme en France, elles n'étaient certainement pas étalées sur la place publique. Dans la *Promenade du Sceptique*, La Mettrie est représenté par l'athée non vertueux[9]. Cependant le matérialisme était très répandu, sous forme clandestine, camouflé ou dans des contextes alternatifs, même indépendamment des autres thèses extrêmes de La Mettrie. Si on pense par exemple au succès du *Philosophe* de Du Marsais, on peut comprendre à quel point la pensée matérialiste formait profondément les mentalités, et non seulement celles des écrivains libertins.

Diderot baignait dans cette culture et il a su en tirer les réflexions les plus limpides. Selon lui, la critique de la religion passe à travers une critique de la raison qui la prive de ses certitudes. Cela permet à la raison elle-même de renaître, pour ainsi dire, vierge et capable de s'ériger en juge des croyances sociales, culturelles et religieuses. Renoncer aux lumières de la raison de la nature signifie adhérer à des simulacres vides, ceux du culte, et aux fantasmes créés par l'imagination.

Comme l'athéisme et la vertu peuvent coexister, l'aspect matérialiste de la pensée de Spinoza est amplifié. Par ailleurs, grâce au scepticisme, on peut clairement discerner une confiance en une raison finalement tolérante, qui réussit dans divers contextes à tempérer les positions les plus radicales. La bataille de Diderot ne consiste plus seulement à regarder différemment la société et ses préjugés, elle véhicule des implications politiques et structurelles profondes, qui ne peuvent pas être négligées.

Les comportements, les choix idéologiques, la réflexion politique et surtout philosophique se mêlent à la création littéraire, sur laquelle l'influence des circonstances difficiles liées à sa diffusion à cause de la censure est également visible (une diffusion souvent manuscrite, ou imprimée clandestinement et diffusée avec précaution). On observe souvent cette circulation littéraire au sein de l'élite mondaine, le public cible de cette littérature, pour des raisons qui ne sont pas forcément liées à la censure. Cette discrétion a donc des origines et des significations multiples. Cependant, elle n'empêche pas un texte d'atteindre ces cibles : les salons, les cercles culturels, auprès des cours, c'est-à-dire là où la pensée prend forme. Il est généralement admis

9. *Voir* Denis Diderot, *Observations sur la « Lettre sur l'homme et ses rapports »* de François Hemsterhuis, DPV, XXIV : 215-419. Par ailleurs, dans ses *Pensées philosophiques*, Diderot reconnaît au moins trois catégories d'athées : la troisième, délétère, étant les « fanfarons ».

que l'autonomie de jugement et la liberté d'expression sont l'apanage de peu d'élus.

LA CONTESTATION

Les libertins du XVIIIe siècle sont forcément représentés par Voltaire, Diderot, La Mettrie, D'Holbach et les encyclopédistes, étant données leur démarche de contestation des idées dominantes, leur opposition aux hégémonies religieuses, culturelles et politiques et l'exacerbation de l'esprit critique mis en œuvre envers la théologie. Le roman libertin puise en partie sa force expressive dans la réflexion philosophique. Comme le souligne le marquis d'Argens, pour les philosophes du XVIIIe siècle, le bon sens est un exercice de méfiance qui vise à démasquer et à inverser la raison à l'aide de la raison elle-même.

Il est vrai qu'à partir du début du XVIIIe siècle le terme libertin perd son sens de libre penseur. Ce n'est pas un hasard si Sade se définit comme un *philosophe*. Il n'existe qu'un nombre restreint d'ouvrages où le terme libertin est employé à des fins polémiques. Ainsi le terme « philosophe » acquiert lui aussi une acception péjorative à tel point que le mot « philosophisme » est forgé « pour désigner cette mode qui enflamme les beaux esprits et les détourne des livres édifiants »[10]. Philosophe et fou deviennent synonymes et, comme le souligne Boyer d'Argens, « le nom de Philosophe se donne aujourd'hui à quiconque affecte d'avoir quelque sentiment particulier et extraordinaire. Un homme soutient une opinion chimérique, extravagante, et a des mœurs corrompues ; il excuse tout cela en disant froidement, *je suis Philosophe* »[11].

Cependant, cette connotation négative coexiste avec une autre, plus positive. Ceci se manifeste lorsque le scepticisme et la philosophie se rejoignent, car être philosophe signifie se distancier du dogmatisme. Dans la *Promenade du sceptique* la confrontation entre athées, déistes et spinozistes est menée également à la lumière des écrits du marquis d'Agens – à son tour lecteur de

10. Didier Foucault, *Histoire du libertinage : des goliards au marquis de Sade*, Paris, Perrin, 2007, p. 433.

11. Jean-Baptiste Boyer d'Argens, *Lettres morales et critiques sur les différents états, et les diverses occupations, des hommes*, Amsterdam, Le Cène, 1737, p. 131.

l'œuvre posthume de Pierre-Daniel Huet, le *Traité philosophique de la faiblesse de l'Esprit humain*[12] – où il oppose l'homme capable de douter (sage et philosophe) à celui qui ne l'est pas (grossier).

La pensée philosophique est le cœur d'innombrables constructions intellectuelles et le philosophe, de plus en plus influent, est un « honnête homme » qui veut plaire et se rendre utile dans la mesure où il est capable d'agir selon la raison. L'esprit philosophique unit observation et justice aux qualités sociales. Le bien public et la société civile sont les seules divinités qu'il reconnaît sur terre.

Cependant, dans un contexte matérialiste, le philosophe est considéré comme une machine humaine, à l'égal de tout autre individu. En même temps, il est perçu comme une horloge qui se remonte d'elle-même car il est capable de réfléchir sur ses propres mécanismes. La réflexion dépend toujours de sa constitution organique : il s'agit de la tentative d'expliquer toute chose en partant de la matière, une matière qui est pour Diderot fondamentalement dynamique, capable de conserver dans sa forme visible la force motrice, la sensibilité, le principe de la vie.

L'*Examen de la religion chrétienne* (1745) de Du Marsais baigne dans le rationalisme philosophique antichrétien. La critique de la religion est soutenue et alimentée par la relativité des valeurs morales, qui existent et auxquelles nous obéissons à cause de la société. Déjà dans le *Traité de la liberté* (1743) attribué à Fontenelle, le déterminisme physique, véhiculé par les théories newtoniennes, fait pencher la balance vers un déisme diffus, le même que l'on retrouve dans les *Pensées philosophiques* et dans la *Promenade du sceptique*[13]. Pour résumer, lorsque le naturalisme matérialiste, empreint d'un scepticisme issu du cartésianisme, est poussé à ses conséquences extrêmes, il se rapproche d'un matérialisme athée similaire à celui qui se développe, par exemple, depuis Boyer d'Argens jusqu'à Sade.

Les synthèses risquent néanmoins de ne pas éclaircir ce contexte aussi complexe que varié, où il suffit d'une petite variante, même contingente, pour que les idées qui circulaient soient comprises de façon tout à fait différente et amènent à des résultats incroyablement éloignés. Les transformations théo-

12. Voir Pierre-Daniel Huet, *Traité philosophique de la faiblesse de l'Esprit humain*, Amsterdam, Henri Du Sauzet, 1723.

13. Dans les *Pensées*, Diderot affirme : « Le déiste seul peut faire tête à l'athée. Le superstitieux n'est pas de sa force » (DPV, II : 21).

riques, philosophiques et lexicales des mêmes théories ou de théories proches ou de théories ayant des origines semblables sont innombrables et la *Promenade du sceptique* en est un superbe exemple.

C'est dans cet esprit que Diderot publie en 1748, anonymement, *Les Bijoux indiscrets* et écrit *L'oiseau blanc, conte bleu*. L'hédonisme et le matérialisme propres à Diderot présentent des nuances singulières qui le distinguent de la littérature libertine, bien qu'il en conserve certains traits. Le matérialisme chez Diderot va de pair avec un organicisme de fond qui s'approche des préceptes du libertinisme pour ensuite les renverser, en particulier lorsqu'il s'agit de questions morales. Et pourtant en 1748, protégé par l'anonymat, Diderot est encore assez loin du moralisme qui, dans les *Salons*, le portera à condamner les tableaux des libertins à la Boucher (dont l'œuvre est déjà présentée comme un exemple négatif dans l'« allée des fleurs » de la *Promenade du sceptique*).

Dans la *Promenade*, le moralisme pointe à l'horizon, mais ce texte se présente davantage comme une critique d'une société contemporaine dominée par une superficialité facile et inconsistante. L'« allée des fleurs » est un « parterre » avec des bois où les amoureux se rencontrent en secret. Ceci est l'opposé du « sentier des épines » : les hommes « des fleurs » restent fidèles au prince, mais ils transgressent les normes morales et religieuses qu'ils devraient observer. Ce sont les hommes et les femmes qui cèdent à la sensualité d'une vie légère et superficielle. Des libertins et des libertines des mœurs qui se préparent à annoncer, pour la fin du siècle, le roman épistolaire de Laclos : *Les Liaisons dangereuses*.

LA LITTÉRATURE

Or, dans le domaine littéraire, chez Crébillon fils (*Le Sopha* – 1742) et Charles Pinot-Duclos (*Les Confessions du comte de*** – 1741) la philosophie n'est pas moteur, tout comme elle ne l'est pas complètement dans les *Bijoux*. L'histoire de Mangogul et de Mirzoza s'articule en une série de récits-fragments qui représentent à chaque fois une satire subtile des mœurs et des coutumes des Français et de la cour de Louis XV. L'anneau magique de Cucufa incite les bijoux, c'est-à-dire les organes sexuels féminins, à parler afin de dévoiler la vie cachée et dissolue de leurs propriétaires. Mangogul les interroge avec malice, essayant de découvrir les secrets et les trahisons de l'unique bijou qu'il a promis de ne pas interroger, celui de Mirzoza, qui se révélera fidèle. Les voix des bijoux n'ont pas pour but de démontrer ou d'expliquer. Il n'y a pas la volonté de chercher une vérité qui se dévoile au fur et à mesure. En lisant, on remarque plutôt que les différents récits semblent se superposer pour peindre le tableau d'une société corrompue et corruptible, fausse et intrigante.

Le pouvoir magique chez Diderot joue un rôle fondamental, mais il n'amène pas dans un lieu magique ou fantastique, il transporte le lecteur dans une réalité plus que réelle, mise à nu, qui explicite toute forme de connaissance de l'esprit humain, et même de ses facettes les plus intimes. L'érotisme est à plein titre un instrument de connaissance, mais il ne faut pas oublier la portée ludique et ironique que ces récits mettent en évidence.

Plusieurs années plus tard, *La Religieuse* paraît également dans le cadre de la polémique anticatholique et d'un manichéisme mélodramatique où les contraires s'attirent ; un filon fécond qui va vers le gothique lugubre et luxurieux, très à la mode à la fin du siècle. L'éducation sentimentale, le plaisir du sacrilège, la fascination pour la sensibilité pervertie sont le fondement athée de la prédication libertine. Comme rien n'est un crime et que nul n'est vertueux, comme tout dépend des coutumes, seule la jouissance est justifiée. La nature est scélérate. Diderot reconnaît que Richardson[14] a la capacité d'exalter la vertu en condamnant le vice, et c'est cette même capacité que l'on retrouve dans *La Religieuse*, où la difformité de l'esprit humain, les différences sociales et la perversion des goûts individuels émergent à l'intérieur d'une société corrompue. Diderot exalte chez Richardson la progression de la structure narrative qui montre l'illusion de la réalité. Une progression culminant parfois dans l'horreur. *La Religieuse* devient un tableau de l'esprit humain, aussi bien réaliste que tragique. La vie de Suzanne témoigne de l'oppression des institutions et de la violence de la société en général. Deleuze écrit que la complexité du caractère de Suzanne vient du fait qu'elle « n'est pas successivement nature et liberté, mais *en même temps*, de façon contemporaine »[15]. Si Suzanne est « pieuse, c'est au sens où elle est nature immédiate »[16]. Elle est la vérité et en même temps sa découverte, lente et graduelle, qui ne permet

14. D. Diderot, *Éloge de Richardson* [1761], DPV, XIII : 180-208.

15. Gilles Deleuze, « Introduction », dans Denis Diderot, *La Religieuse* [1780], Paris, L'Île Saint-Louis, 1947, p. 13.

16. *Ibid.*, p. 15.

en aucun cas de revenir à sa nature originaire. Les conventions suffoquent tout élan, la société impose des règles qui influencent les comportements. Ces comportements cachent peut-être une nature qui se rebelle, mais qui est impuissante. Suzanne n'est jamais seulement une victime : « étant à la fois et au même instant, nature immédiate et liberté réfléchie, [elle] est équivoque »[17]. Sa présence pathétique ne s'inscrit dans aucune trame sentimentale. Sa voix, son comportement, sa nature incitent aux larmes.

De plus, Suzanne incarne également la prise de conscience que la liberté individuelle doit être sans cesse cherchée à travers la vérité et la réalité qui, chez Diderot, coïncident avec l'essence de la nature et de ses lois. Dans *La Religieuse*, la critique de la société est adressée à la famille et à l'Église, les deux responsables d'une ségrégation forcée et immorale, tandis que dans *Le Neveu de Rameau* cette critique devient accusation explicite d'une société corrompue et corruptible. *Le Neveu de Rameau* est une loupe qui agrandit et déforme les maux de la société, d'une société hypocrite et égoïste, convaincue que le monde est un grand tableau vivant où chacun peut occuper la position qui lui plaît.

CÉCITÉ, OU COMMENT NE PAS RECONNAÎTRE LE BEAU ET LE VRAI

Dans la *Lettre sur les aveugles*, l'aveugle, bien qu'il ait un goût pour la symétrie (attention à ne pas confondre la perception des rapports sur laquelle se base le sentiment du beau avec la simple perception de la symétrie), il ne possède pas le sens du beau. L'aveugle ne peut pas juger le beau « à première vue », c'est-à-dire immédiatement. Il ne peut que rapporter le jugement de ceux qui voient l'objet :

> La beauté, pour un aveugle, n'est qu'un mot, quand elle est séparée de l'utilité ; et avec un organe de moins, combien de choses dont l'utilité lui échappe ! Les aveugles ne sont-ils pas bien à plaindre de n'estimer beau que ce qui est bon ? Combien de choses admirables perdues pour eux ! Le seul bien qui les dédommage de cette perte, c'est d'avoir des idées du beau, à la vérité moins étendues, mais plus nettes que des philosophes clairvoyants qui en ont traité fort au long (DPV, IV : 19).

17. *Ibid.*, p. 14.

Tout comme le sourd de Chartres (cité par La Mettrie)[18] n'avait pas conscience de la sacralité et de la spiritualité des gestes qu'il faisait pendant la messe, l'aveugle de Diderot, dans ce cas l'intelligent et savant mathématicien Saunderson, sur son lit de mort, scandalise le pasteur Holmes en disant « si vous voulez que je croie en Dieu, il faut que vous me le fassiez toucher » (DPV, IV : 48).

Pour Diderot la vue est le seul sens complet et son éducation permettrait ainsi le perfectionnement nécessaire pour réacquérir la morale et l'esthétique. La vue est l'organe esthétique. L'expérience visuelle peut être un acte de contemplation, un spectacle mis à distance qui se détache de toute dynamique impliquant des intérêts pratico-opératoires. La vue et l'ouïe se révèlent ainsi comme les sens « de la distance », contrairement au toucher, sens de la proximité. Pour Diderot il est donc facile d'affirmer que le sens du beau réside dans la vue. C'est une réflexion esthétique qui considère le beau comme lié au thème du désintérêt, selon lequel les objets esthétiques se placent au-delà de l'opposition entre l'existence et la non-existence. Voilà pourquoi Diderot prône un spectateur désintéressé qui, pendant l'expérience esthétique, ne doit pas être en proie aux préoccupations de la vie quotidienne, comme l'est en revanche l'aveugle pour qui le toucher est un organe de survie avant d'être un organe de plaisir, jamais dissocié de l'utile. Pour celui qui voit, le monde peut être un spectacle à contempler, tandis que l'expérience tactile selon Diderot se heurte à la dimension pragmatique de l'existence. La perception tactile ne possède pas la capacité esthético-artistique d'exprimer les valeurs considérées comme l'apanage exclusif de la vue telles que la clarté, la régularité, l'unité et la précision de la forme.

Dans les *Additions* à la *Lettre sur les aveugles*, Diderot essaie de déterminer la possibilité d'une transmission du beau et de la vertu entre le monde visuel et le monde tactile, tout en étant conscient de leur hétérogénéité. Cette communication ne serait possible que si on déplaçait la question sur des questions géométriques (le rapport d'égalité ou de différence) auxquelles on accède par l'abstraction. La capacité d'abstraction, qui joue un rôle actif dans le processus de perfectionnement des sens, est également le fondement de la conscience scientifique.

Par ailleurs, la question dépend, en général, de la façon dont on considère la vue : comme un phénomène géométrique ou comme un élément

18. Julien Offray de La Mettrie, *Histoire naturelle de l'âme*, La Haye, Jean Neaulme, p. 344.

sémantique. L'idée de la géométrisation de la vue, qui vient d'une lecture que le XVIIIe siècle fait de la *Dioptrique* de Descartes, est défendue et en partie déformée par Diderot lui-même, lorsqu'il recourt à l'exemple des bâtons croisés que l'aveugle emploie pour mesurer les distances (VI Discours de la *Dioptrique*). Diderot déplace sciemment une expérience qui relève de l'optique et l'applique, de façon non pertinente, au domaine de la théorie de la vision. Il veut faire dialoguer ces deux images : l'image cartésienne et celle de l'aveugle qui se sert de son bâton comme d'un prolongement du toucher. En effet, il fait dire à l'aveugle de Puiseaux qu'il préférerait avoir de longs bras, des bras « télescopiques » pour ainsi dire, plutôt que des yeux. C'est toujours en hommage à Descartes que Diderot imagine qu'un philosophe aveugle et sourd de naissance placerait l'âme « au bout des doigts ; car c'est de là que lui viennent ses principales sensations, et toutes ses connaissances » (DPV, IV : 31).

Toutefois, l'hétérogénéité des sensations tactiles et visuelles (mais également auditives, olfactives et relevant du goût) reportée par Diderot mène à la dénonciation (mentionnée dans la *Lettre sur les aveugles*, mais négligée dans la *Lettre sur les sourds et muets*) de l'analyse « géométrique » du sensible qui ne rend pas compte de son apparition et de sa manifestation qualitative. Dans les *Pensées sur l'interprétation de la nature*[19], Diderot affirmera explicitement que les mathématiques n'apportent rien de précis sans l'expérience, car il s'agit d'une sorte de « métaphysique générale » qui spolie les corps de leurs qualités individuelles. D'où la supériorité de la vue qui, au contraire, saisit immédiatement les qualités des objets et les compare, nous rapprochant de la jouissance contemplative sur laquelle se fonde le plaisir esthétique.

De même, dans la *Promenade du sceptique*, les hommes aux yeux bandés qui aperçoivent plus ou moins la réalité n'en font jamais une véritable expérience, ils ne saisissent pas ses « qualités ». Le manque d'expérience, le manque de confrontation avec la nature, c'est-à-dire avec des données qui n'ont pas déjà été interprétées ou investies de superstructures et donc originales et vraies, rappelle l'impossibilité de repérer les mensonges dont notre apprentissage est truffé. Apercevoir la lumière est déjà un exercice précieux parce qu'il est difficile de supporter la lumière en plein jour. Cléobule explique que vouloir présenter et décrire la réalité telle qu'elle est à un aveugle qui ne veut pas voir, c'est comme introduire un rayon de lumière dans un nid

19. Voir Denis Diderot, *Pensées sur l'interprétation de la nature*, DPV, IX : 28-29.

de hiboux : cela ne sert qu'à blesser leurs yeux et à susciter leurs cris. La vérité est inacceptable pour celui qui ne s'y approche pas par le biais de l'expérience et à travers la nature. Est-il possible d'enseigner la vérité à l'homme qui ne veut pas voir ? Elle demeurera obscure comme la beauté pour un aveugle.

UN BEAU RELATIF ?

L'article *Laideur*, écrit par Diderot dans l'*Encyclopédie*[20], est très succinct et présente quelques affirmations lapidaires, mais de grand intérêt. Pour juger efficacement, il est essentiel de connaître les règles du domaine moral, les rapports du monde naturel, et le modèle pour l'art. En revanche ce qui est nécessaire dans la nature n'est en soi ni bon, ni mauvais, ni beau, ni laid. La beauté ou la laideur d'un bloc de marbre ne peut être jugée si l'on reste attaché à sa nécessité au sein de la conception de l'univers. Un homme laid – ou mieux difforme puisqu'ici la laideur se confond souvent avec l'imperfection – sera jugé comme tel seulement s'il est comparé à un autre individu qui correspond de façon plus harmonieuse à l'ordre de la nature en général ; si ce même homme était le seul être vivant au monde, il ne pourrait être considéré comme beau, laid, parfait ou imparfait[21]. « La nature ne fait rien d'incorrect. Toute forme belle ou laide a sa cause, et de tous les êtres qui existent, il n'y en a pas un qui ne soit comme il doit être »[22] (DPV, XIV, p. 343).

Dans la *Promenade Vernet*[23] (*Salon 1767*), Diderot imagine une machine qui opère à travers les lois de composition d'un peintre comme Raphaël pour créer des modèles de plantes, d'animaux, de chaque élément de la nature, en donnant naissance à l'univers. Cette machine merveilleuse ne fait toutefois

20. Denis Diderot, LAIDEUR, *Encyclopédie,* Vol. IX, p. 176.

21. Voir Paul Sadrin, « L'article LAIDEUR de l'*Encyclopédie* ou les certitudes du désarroi », dans Sylvain Auroux, Dominique Bourel et Charles Porset (dir.), *L'Encyclopédie, Diderot, l'esthétique. Mélanges en hommage à Jacques Chouillet, 1915-1990*, Paris, PUF, 1991, p. 261-266.

22. Diderot écrivit les *Essais* en 1766 pour la *Correspondance littéraire* de Grimm. Placés entre les Salons de 1765 et de 1767, ils constituent une référence fondamentale pour comprendre la critique artistique de Diderot.

23. La *Promenade Vernet* est une promenade imaginaire divisée en étapes, dont chacune correspond à un tableau de Vernet. Diderot y introduit tout au long de la narration des réflexions philosophiques diverses : sur la peinture, sur le beau, sur le concept de création, sur la nature, sur la morale, etc.

que reproduire le monde, ce même monde qui envoûte aussi bien le peintre que le philosophe de la nature. Un monde dont nous ne connaissons que la parcelle que nous habitons et que nous considérons comme belle ou laide selon que nous coexistons avec elle de manière agréable ou pénible. « Un habitant de Saturne, transporté sur la terre, sentirait ses poumons déchirés, et périrait en maudissant la nature. Un habitant de la terre, transporté dans Saturne, se sentirait étouffé, suffoqué, et périrait en maudissant la nature... »[24]. Le principe du beau et du bien et leur contraire, le laid et le mal, n'existent pas dans l'ordre de la nature, pour qui même l'anomalie ou la monstruosité ont une justification. La nature crée des individus capables d'exister conformément à ses lois que l'homme, aussi en tant qu'artiste, doit comprendre et suivre de près.

Le danger du relativisme et du scepticisme plane également ici. Et pourtant, si le même marbre qui, dans le domaine de la nature est jugé seulement selon un principe de fonctionnalité émanant de l'ordre des lois de la nature, a déjà été modelé par l'idée de l'artiste, et si on aperçoit dans ce marbre une signification expressive, une « volonté expressive » pourrait-on dire, alors il acquiert aussi un principe discriminant et il peut être jugé beau ou laid indépendamment de son utilité. Ce principe discriminant correspond à la forme, au modèle dont l'artiste s'inspire et qu'il voudrait atteindre. Ainsi, ce qui est beau pour l'art peut se révéler laid en nature et peut trahir le critère d'utilité ou celui de nécessité vitale : « un vieux chêne gercé, tortu, ébranché, et que je ferais couper s'il était à ma porte, est-il précisément celui que le peintre y planterait, s'il avait à peindre ma chaumière ? » (DPV, IV : 182).

LES VOYAGES DE DIDEROT

Les personnages de Diderot marchent et voyagent : Jacques et son maître dans *Jacques le fataliste*, où le voyage est à la fois la scène d'une action intérieure et extérieure. Jacques est naïf, suit ses impulsions spontanées et se laisse transporter, sans angoisse et sans opposer trop de résistance, par les caprices de son cheval. Il est nature, tandis que son maître est morale et guide : il est ce que son maître n'est pas. Le voyage pour le voyage devient une structure narrative.

24. Denis Diderot, « Salon de 1767 », DPV, XVI : 180.

Il s'agit d'un voyage qui permet d'explorer la nature, de rencontrer le mythe du « bon sauvage », des *Bijoux indiscrets* jusqu'au *Supplément au voyage de Bougainville*. Le sauvage n'est pas un barbare ni un modèle abstrait : c'est l'éloge d'une règle sociale qui laisse l'homme libre d'exercer sa propre naturalité, car c'est la naturalité elle-même qui punit les excès. L'exaltation de la nature par rapport à la morale de la répression expose sans cesse la pensée à des contradictions et à une ambiguïté que Diderot ne résout pas, au contraire, il les exalte.

C'est justement au-delà des contradictions et de l'ironie que son programme éthique et réformiste se dessine. Diderot souhaite un modèle où le plaisir, le bonheur et la vertu vivent en parfaite harmonie avec la nature, mais il sait bien qu'une nature où vertu et vice ne coexistent pas n'est qu'une utopie. La nature est culture et par conséquent histoire, compromis et union éthico-politique. L'état de nature se dissout dans un idéal s'éloignant de plus en plus.

En conclusion de son *Supplément au voyage de Bougainville*, Diderot imagine la « rencontre » d'un sauvage et d'un homme civilisé, en partant toutefois du principe que les mœurs européennes ne peuvent être jugées en fonction de celles de Tahiti, et *vice-versa*. Il faut une règle, mais laquelle ? On entend ici un écho aux paroles que Diderot adresse à l'abbé dans la *Promenade Vernet* : « Il faut alors recourir à la nature, au premier modèle, à la première voie d'institution. De là, le plaisir des ouvrages originaux, la fatigue des livres qui font penser, la difficulté d'intéresser, soit en parlant, soit en écrivant »[25]. La nature est le principe fondateur de la philosophie, des sciences et des arts : « Les peintres, les poètes, les sculpteurs, les musiciens et la foule des arts adjacents naissent de la terre. Ce sont aussi les enfants de la bonne Cérès »[26]. La nature est le modèle et la règle, mais quelle nature ?

Il est tout d'abord indispensable de s'éloigner du lieu commun que reproduit l'abbé de la *Promenade Vernet* : la nature est la création qui, montrant la main du Créateur, resplendit d'une beauté telle que l'artiste ne peut s'empêcher de la reproduire. En effet, l'artiste ne se limite pas à reproduire mimétiquement, au contraire, il crée à son tour. La nature est alors le fondement de l'action, de l'inspiration et de la recherche, et jamais essentiellement une

25. Denis Diderot, « Salon de 1767 », DPV, XVI : 219.

26. *Ibid.*, p. 166. Voir également Denis Diderot, « Satire contre le luxe, à la manière de Perse », dans « Salon de 1767 », éd. cit., p. 555.

vision extatique. Dans le *Traité du beau*, Diderot parvient à affirmer que: « Le *beau* n'est pas toujours l'ouvrage d'une cause intelligente: le mouvement établit souvent, soit dans un être considéré solitairement, soit entre plusieurs êtres comparés entre eux, une multitude prodigieuse de rapports surprenants. Les cabinets d'histoire naturelle en offrent un grand nombre d'exemples. Les rapports sont alors les résultats de combinaisons fortuites, du moins par rapport à nous. La nature imite, en se jouant, dans cent occasions les productions de l'art »[27]. C'est par hasard que la nature imite l'art. Dans la *Promenade du sceptique*, le jardin de Cléobule, que la nature et le hasard ont rendu beau, nous aide déjà à décrire ce concept.

Or, la soi-disant perfection de la nature, créée seulement par la main de Dieu, du moins selon les dires de l'abbé de la *Promenade*, ne doit pas être égalée par le peintre, mais plutôt dépassée. On n'entend pas ici une « belle nature » dans un sens très large, mais dans le sens où l'artiste sait voir dans la nature ce que les yeux non entraînés, comme les yeux de l'aveugle qui porte un bandeau dans la *Promenade du sceptique* ou ceux de l'abbé dans la *Promenade Vernet*, ne discernent pas. La nature n'est que source d'inspiration, elle ne doit pas être imitée. Dans la nature on ne trouve aucune conscience, aucun projet. « Il y a une loi de nécessité qui s'exécute sans dessein, sans effort, sans intelligence, sans progrès, sans résistance dans toutes les œuvres de nature »[28].

Ainsi, le fait d'amener le spectateur à l'intérieur du tableau, comme le fait Diderot dans les *Salons*, est un geste qui permet d'interpréter de façon radicale la volonté de Diderot de faire de l'art une expérience d'intensification perceptive. Vernet n'est pas seulement un grand paysagiste. Il ne se limite pas à décrire la nature: ses tableaux accompagnent le spectateur dans une promenade qui a un parcours propre et un but. Il s'agit de la construction d'une intrigue, d'une trame tellement complexe qu'elle devient réflexion philosophique. Raconter un tableau signifie le faire revivre: c'est une narration pour le tableau et dans le tableau. Une narration picturale qui doit enseigner à voir, à observer la nature et qui ne peut jamais avoir de fin.

En 1746 Diderot se demandait: « Qu'est-ce qu'un sceptique? C'est un philosophe qui a douté de tout ce qu'il croit, et qui croit ce qu'un usage légitime de sa raison et de ses sens lui a démontré vrai » (DPV, II: 35). Le philosophe est seul contre tous, précisément parce qu'il ne propose jamais

27. Denis Diderot, *Traité du beau*, dans *Œuvres*, éd. cit., p. 1111.

28. Denis Diderot, « Salon de 1767 », éd. cit., p. 179.

de certitudes, mais des doutes. Il est alors bon de s'en remettre à Diderot, à ses contradictions stimulantes qui germent dans le terrain de la représentation, qui est cœur et passion, dans la mesure où il existe une raison qui sait encadrer, diriger, modeler ce cœur et cette passion. Ainsi, tout comme nous ne savons pas où se dirigent Jacques et son maître, nous ne pouvons pas, par la pensée de Diderot, donner de réponses dogmatiques et définitives sur la morale, sur l'art et ses défis : et cependant la valeur de la recherche réside justement dans le fait qu'elle fait émerger de nouvelles questions.

Maddalena Mazzocut-Mis
Università degli Studi di Milano
maddalena.mazzocut-mis@unimi.it

JACQUES LE FATALISTE ET SON MAÎTRE OU LES DÉTOURS SCEPTIQUES DU ROMAN[1]

On trouve dans *Jacques le fataliste et son maître*, qui n'est pas un roman, mais un antiroman, certains éléments qui ont caractérisé la méthode sceptique de Diderot dès ses premières œuvres. Parmi ces stratégies sceptiques, nous pouvons compter l'usage de digressions, le dilemme moral, l'usage de séries de questions très serrées, mais aussi des éléments nouveaux de mise en doute de toute certitude, qui visent à rendre la philosophie toujours en mouvement. Ainsi la réflexion philosophique ne se cristallise pas dans le texte écrit, mais elle devient une critique qui ne s'arrête, et ne se fige jamais. Telle pensée conjecturale ne cesse de mettre à l'épreuve toutes ses affirmations.

Dès ses premières lignes, *Jacques le fataliste* présente une forte empreinte sceptique, puisque le lecteur se trouve face à une série de questions et de réponses insatisfaisantes qui introduisent les deux personnages[2]. Les questions sont ouvertes, les réponses évasives, elles mettent en crise la possibilité même d'y répondre (par exemple lorsqu'il nous demande : « Est-ce que l'on sait où l'on va ? »), de sorte que nous ne pouvons tirer presque aucune information de ces premières lignes[3]. Ce qu'on sait, c'est que les deux personnages sont en train d'aller quelque part, mais le voyage en réalité est suspendu dans l'incertitude. En effet, dans les premières pages, on n'a pas d'information sur la destination de Jacques et de son maître, et dans les pages qui suivent il est

1. Une version un peu différente de cet article a été publié dans notre plus ample analyse du scepticisme comme méthode dans l'œuvre de Diderot: V. Sperotto, *Diderot et le scepticisme: les promenades de la raison*, Paris, L'Harmattan, 2023, auquel nous renvoyons.
2. Voir par exemple les premières pages de *Jacques le fataliste*, DPV, XXIII : 23.
3. Voir Jean Starobinski, « Chaque balle a son billet » dans *Diderot. Un diable de ramage*, Paris, Gallimard, 2012, p. 303.

également difficile de tracer leur parcours[4]. Le lecteur se rend compte surtout à la fin du roman qu'il n'a ni début ni fin. Il se rend compte aussi, grâce aux interventions du narrateur, qu'il ignore certes bien des choses de Jacques et de son maître, mais qu'il n'en sait pas plus sur lui-même[5].

Il émerge ici l'une des conséquences du matérialisme de Diderot : dans la mesure où tout est déterminé, et qu'on ne connaît pas toutes les causes, l'on ignore où la chaîne des déterminations nous conduira. Par ce moyen, la question du fatalisme de Jacques et du grand rouleau est posée au lecteur, et avec celle-ci émerge la question de la volonté et du libre arbitre. Mais tout d'abord, il faudra s'arrêter sur la métaphore du voyage, car elle révèle en réalité autre chose. Dans l'un de ses premiers ouvrages, Diderot avait construit l'allégorie de la promenade dans toute sa complexité : deux philosophes dialoguent dans un jardin, et leur échange illustre l'image des trois allées en guise d'allégorie des différents chemins parcourus par les hommes. Savaient-ils où ils étaient en train d'aller ? Certes, si la marche est une métaphore de la vie, l'on sait que tout homme est destiné à mourir. En ce sens, notre destin est très clair, mais *La Promenade du sceptique* visait, entre autres, à démontrer qu'il est impossible de trouver une réponse unique aux questions sur le sens et les fins de la vie.

Pourtant, dans *Jacques le fataliste*, il ne s'agit plus de la même ignorance ni du même scepticisme, puisque le voyage du maître et de Jacques est une autre forme d'errance : ils vont ensemble, mais l'on ne sait d'où ils viennent et nous ne sommes pas certains de leur destination. De surcroît, ils ne partagent pas la même interprétation de cette traversée qui s'avère être une errance. Ce n'est pas un hasard si Diderot évoque la tradition picaresque de Don Quichotte et de Sancho Panza qui, ne maîtrisant pas leur parcours, sont continuellement surpris et déroutés par les événements. Ainsi, l'errance est l'élément prédominant de l'histoire et la discontinuité « n'est surmontée qu'à la limite, c'est-à-dire par le fait que tous les éléments juxtaposés se rassemblent entre le titre et le point final, appartenant en fin de compte à un seul et même ouvrage »[6]. Le décousu qui semble régner est un reflet de notre ignorance de toutes les causes qui nous déterminent. En analysant avec attention ces éléments juxtaposés, nous remarquerons qu'ils sont en réalité liés. Or, la fragmentation du roman entend précisément mettre en lumière « notre incapa-

4. Voir Denis Diderot, *Jacques le fataliste*, DPV, XXIII : 43-44.

5. *Ibid.*, p. 67.

6. Voir Jean Starobinski, « Chaque balle a son billet », *art. cit.*, p. 304.

cité naturelle à saisir l'ensemble des liaisons des choses qui font que telle ou telle se produit »[7].

L'un des éléments constitutifs de notre ignorance est l'impossibilité de connaître la chaîne complète des êtres. Comme Diderot l'avait affirmé dans l'*Encyclopédie*, notre savoir ne peut que se limiter à un segment. C'est sur cette impossibilité de reconstituer la chaîne entière des êtres et de remonter aux extrémités de la causalité que le matérialisme rejoint le scepticisme. Le concept de hasard, présenté dès les premières lignes du roman de Diderot, n'est pas différent de celui de fortune des sceptiques, si par « fortune » l'on entend le renvoi « à cette incapacité de la raison à déterminer les causes premières et finales de ses actions »[8]. Par hasard ou fortune, l'on n'entend pas des événements qui se produisent fortuitement, mais le fait qu'on ne peut prévoir aucun accident et, par conséquent, on ne peut qu'accepter la nécessité. Ainsi, le parcours des deux protagonistes de l'antiroman de Diderot est une véritable mise en scène du hasard ou de la fortune.

La chaîne suspendue des causes qui concourent à déterminer toute histoire correspond au manque de commencement et de fin absolus de la narration des vicissitudes de Jacques et de son maître. Les deux protagonistes, en effet, ne font pas un véritable voyage, puisque ce dernier consiste, de manière alternative, en un déplacement qui a une direction, celle d'aller d'un point A à un point B, ou bien en un parcours circulaire, en partant de A pour y retourner. L'histoire de Jacques et de son maître, au contraire, commence *in medias res*, car ils sont déjà en marche lorsque le lecteur les rencontre, sans jamais connaître ni le lieu de départ, ni exactement celui où se termine l'histoire, ni la durée exacte. Et c'est bien de là que résulte l'effet sceptique de leurs déplacements.

L'histoire de Jacques et de son maître à proprement parler ne commence pas et ne se termine pas. Le narrateur, en effet, nous fournit des informations sur la suite de vicissitudes des deux protagonistes. Toutefois il ne s'agit pas d'une narration suivie, mais d'un recueil d'épisodes romanesques – genre que l'auteur a récusé pendant toute la narration – qui sont présentés en forme apocryphe, en tant qu'affirmations d'un éditeur qui apparaît dans les dernières pages. Le final est ainsi un ensemble d'éléments mis en doute par les commentaires de l'auteur. En ce sens, l'on peut affirmer que l'histoire et le voyage des deux personnages sont sans fin.

7. Colas Duflo, *Diderot philosophe*, Paris, Honoré Champion, 2013, p. 514.

8. Sylvia Giocanti, *Penser l'irrésolution: Montaigne, Pascal, La Mothe Le Vayer: trois itinéraires sceptiques*, Paris, Honoré Champion, 2001, p. 190.

Dans le compte rendu du retour au château de Desglands, où se trouve Denise, la femme aimée par Jacques, et où se réunissent tous les personnages principaux, on sort du domaine de l'histoire pour rentrer dans le cadre de la réalisation des désirs. Le final du roman tient de l'illusion « dont le lieu est justement assigné en utopie, le château des Desglands, ou coïncident les parcours, se définissant comme topographie géométrique : mythique »[9].

Cette structure ouverte et incertaine est nettement opposée à la tradition de la narration occidentale, qui est ancrée sur un modèle biblique[10], soit un schéma début-développement-fin. Même si cette structure a reçu diverses reformulations, elle est toujours prédominante aujourd'hui[11]. L'incomplétude du voyage fait partie de ce qui peut être défini « les inachevés » du roman qui introduisent une certaine forme de scepticisme dans le récit. Les autres questions qui restent ouvertes, ou qui ne trouvent pas de solution, sont l'histoire des amours de Jacques ; les querelles sans fin entamées par Jacques et le maître ; la dispute sur le fatalisme ; et la question des rôles de Jacques et de son maître, destinée à ressurgir cycliquement à l'instar des duels entre le capitaine de Jacques et son plus cher ami.

LES ÉLÉMENTS STYLISTIQUES AVEC UN EFFET SCEPTIQUE

Ce n'est pas seulement dans la composition de l'intrigue que Diderot utilise des éléments stylistiques qu'on peut reconduire à une stratégie sceptique d'écriture, mais aussi dans le choix des deux figures rhétoriques principales du roman : la digression et l'appel au lecteur.

Les digressions sont nombreuses et elles engendrent parfois des emboîtements de contes et une mise en suspens du discours principal, comme dans *Tristram Shandy* de Lawrence Sterne. En lisant le livre de Sterne, nous avançons d'une digression à l'autre et à la fin du roman nous ne connaissons que la naissance de ce gentleman dont on s'attendait à apprendre « la

9. Roger Lewinter, *Diderot ou les mots de l'absence*, Paris, Éditions Champ Libre, 1976, p. 209.

10. Frank Kermode, *The sense of Ending. Studies in the Theory of Fiction*, London-Oxford-New York, Oxford University Press, 1966.

11. Valentina Sperotto, « E allora avanti Jacques ! Il romanzo moderno come narrazione senza fine », *Giornale Critico di Storia delle Idee,* Milano, IPOC, 2 (2011/2012), p. 51-60.

vie et les opinions ». Dans *Jacques*, le conte ou l'historiette joue un rôle qui correspond presque à celui de l'expérience dans le domaine scientifique, puisqu'il confère du concret au raisonnement. D'autre part, l'usage de la digression (narrative ou pas) constitue un élément de subversion du discours lorsqu'elle est utilisée massivement, à la manière de Sterne. À ce propos, l'on peut affirmer que la digression est un outil sceptique typique, dont l'usage constitue d'après S. Giocanti : « une véritable expression de la déroute de la raison, d'un dévoiement dont la raison ne peut se relever et qui la conduit à abandonner les itinéraires traditionnellement suivis par les philosophes (en quête de science et de sagesse), pour se livrer aux vagabondages de l'esprit. »[12] Utilisée par Bayle comme habitude et comme signe de liberté, la digression caractérise surtout l'écriture de Montaigne, qui fut un auteur fondamental pour Diderot. Comme le philosophe bordelais, Diderot recourt à la digression afin de donner à l'écrit les mêmes caractéristiques de la pensée, qui ne se développe pas selon un chemin tout droit, puisque l'hasard y joue un rôle fondamental. La pensée se déploie par détours, elle arrive même à des impasses que Diderot souligne parfois[13]. Par exemple, lorsque le narrateur interrompt le dialogue entre Jacques et son maître pour évoquer la possibilité d'une digression, c'est une manière de nous montrer un moment d'hésitation d'une pensée, ou d'une narration en l'occurrence, qui occasionnellement s'arrête dans sa recherche tâtonnante : « je me suis fourré dans une *impasse* à la Voltaire, ou, vulgairement dans un cul-de-sac d'où je ne sais comment sortir, et que je me jette dans un conte fait à plaisir pour gagner du temps et chercher quelque moyen de sortir de celui que j'ai commencé. »[14] Diderot a mis en place cet échange avec le lecteur pour nous faire réfléchir sur la digression qui va suivre. C'est à peu près comme si un peintre pouvait nous révéler qu'en dessous de la couche de couleur il y a une esquisse qui montre ses hésitations, qui révèle qu'avant d'être un tableau tout entier l'artiste a beaucoup balancé[15].

Ainsi cette allure tortueuse, que la digression confère au texte, permet de caractériser paradoxalement la raison, puisque l'écart constitue un acte d'opposition à une exposition linéaire de l'histoire. Cette dernière est une

12. Sylvia Giocanti, *Penser l'irrésolution*, *op. cit.*, p. 79.
13. Voir Denis Diderot, *Jacques le fataliste*, DPV, XXIII : 101.
14. *Ibid.*
15. Voir Denis Diderot, *Salon de 1765*, DPV, XIV : 193.

construction rigide du texte, qui ne permet de connaître ni en quoi consiste le fatalisme de Jacques, ni ce que Diderot essaie de nous faire comprendre à propos de son matérialisme : chaque digression est une histoire qui concourt à expliquer, de près ou de loin, la condition actuelle des personnages. On n'arrive jamais à tout comprendre pleinement : l'histoire de Mme de La Pommeraye racontée par l'hôtesse constitue une longue digression, or le doute sur l'identité même de l'hôtesse demeure.

On se rend compte, de cette manière, de la signification du déterminisme impliqué par le matérialisme et par son issue sceptique : combien d'autres récits et d'autres digressions seraient nécessaires pour rendre compte des tous les facteurs qui ont déterminé les histoires de Jacques, de son maître et des personnages qu'ils rencontrent ? La chaîne est interminable, tout comme le roman de Diderot est potentiellement infini. Et pour ce qui concerne les sceptiques, qui ont le plus utilisé cette méthode digressive, il est évident que lorsqu'on parle de chaîne on devrait plutôt dire « réseaux », et que réfléchir, expliquer, raconter c'est essayer de suivre les embranchements causaux qui rendent presque nécessaire de s'écarter continuellement de la voie qu'on a établie comme voie privilégiée. Ce n'est pas un défaut de la pensée que la raison et l'écriture doivent corriger puisque « la *distraction* a sa source dans une excellente qualité de l'entendement, une extrême facilité dans les idées de se réveiller les unes les autres »[16]. Ainsi les écarts délassent, mais permettent aussi la méthode la plus rigoureuse[17], celle qui seconde le mouvement de la pensée. Cela clarifie aussi l'insistance du philosophe, confirmée dans plusieurs de ses œuvres, sur le fait qu'il ne compose pas, qu'il jette ses idées sur le papier comme elles surgissent, qu'il n'est pas auteur, et qu'il se borne à lire ou converser, interroger ou répondre[18].

Jacques le fataliste est construit comme un antiroman, mais il ne suffit pas de mettre en garde le lecteur pour s'assurer de son travail critique sur le texte, puisque l'illusion romanesque risque de prévaloir, en mettant entre parenthèses l'attitude philosophique à se détromper, à s'interroger sur la vérité. Il faut entraîner le lecteur dans ce processus critique. Pour ce faire, outre les stratégies décrites, il y a celle qui détermine l'implication directe du sujet destinataire du texte : les appels au lecteur. Diderot s'était déjà servi d'un

16. Denis Diderot, DISTRACTION, *Encyclopédie*, DPV, VII : 14-15.

17. Voir Denis Diderot, *Leçons de clavecin et principes d'harmonie*, DPV, XIX : 307.

18. « Je ne compose point, je ne suis point auteur ; je lis, ou je converse ; j'interroge ou je réponds. » Diderot, *Essai sur les règnes de Claude et de Néron*, DPV, XXV : 36.

écouteur fictif dans *Ceci n'est pas un conte* et dans *Madame de la Carlière*, dont le but était de mettre en question le récit, d'interrompre une narration qui aurait été sinon trop proche de l'illusion. Cependant, dans *Jacques le fataliste*, le mécanisme assume une complexité qui est absente des contes, car non seulement il y a la présence d'une voix dubitative et contestatrice, ou d'un interlocuteur qui demande des éclairages, mais cette voix produit des « court-circuits ». Ces derniers investissent la position du narrateur lorsque, par exemple, le lecteur conteste l'usage de certains mots qui ne peuvent pas appartenir au vocabulaire de Jacques.

Le narrateur oublie parfois de parler d'un point de vue extérieur et fait semblant de se trouver sur place avec ses personnages, ce qui nous dépayse, tout en nous contraignant à mettre en doute le texte : « Là j'entends un vacarme... – Vous entendez ! Vous n'y étiez pas, il ne s'agit pas de vous. – Il est vrai. Eh bien, Jacques, son maître... On entend un vacarme effroyable. Je vois deux hommes... – Vous ne voyez rien, il ne s'agit pas de vous, vous n'y étiez pas. – Il est vrai » (DPV, XXIII : 104). Ici le lecteur, le « Vous » mis en scène par Diderot, qui s'aperçoit de ces fautes, reconnaît les sources. Parfois ce lecteur fictif contraint le narrateur à faire une digression, ou bien il lui reproche l'usage d'un registre inapproprié. Cependant, outre ces fonctions, le lecteur a aussi celle de « construire une figuration de la réception » comme « moyen d'exercer sur la réception réelle un contrôle constant qui lui interdit de s'abandonner à l'illusion fictionnelle »[19] (DPV, XIX : 307). Ici on retrouve le même mécanisme d'illusion et de désillusion mis en acte dans les contes. *Jacques le fataliste* est une fiction, par conséquent on accepte l'illusion et on met entre parenthèses la vérité. Or, il s'agit en même temps d'une fiction qui nous détrompe, d'un antiroman qui nous fournit très explicitement les moyens pour douter. Dans un autre passage, Diderot montre explicitement au Lecteur qui le questionne que ce dernier se laisse constamment tromper par son habitude à lire des romans. C'est cette dernière qui le pousse à vouloir prévoir la suite de l'histoire, et à tirer des conséquences à partir de ce qu'il sait. Or, Diderot veut justement montrer qu'une telle forme de lecture est bien souvent une source de désillusion :

> Et pourquoi le vieux militaire ne serait-il pas ou le capitaine de Jacques ou le camarade de son capitaine ? – Mais il est mort. – Vous le croyez ? [...] ce gros

19. Colas Duflo, *Les Aventures de Sophie. La philosophie dans le roman au XVIIIe siècle*, Paris, CNRS Éditions, 2013, p. 260.

> prieur qui vient à nous dans son cabriolet, à côté d'une jeune et jolie femme, ce ne sera point l'abbé Hudson. – Mais l'abbé Hudson est mort ? – Vous le croyez ? Avez-vous assisté à ses obsèques ? – Non. Vous ne l'avez point vu mettre en terre ? – Non. – Il est donc mort ou vivant, comme il me plaira (DPV, XXIII : 246).

Le Lecteur fictif ne se limite pas à douter et à critiquer, il réclame et prétend des choses que le narrateur décide chaque fois de concéder ou pas. Par exemple, le narrateur ne raconte pas la conversation entre Piron et l'abbé Vatri, mais il cède à l'insistance du lecteur afin que le narrateur interrompe l'histoire de Jacques et de son maître pour écouter celle du poète de Pondichéry (DPV, XXIII : 56). Cet expédient renforce l'illusion de l'oralité tout en permettant à Diderot de pousser encore plus loin la stratégie de digression, puisqu'il va jusqu'à sortir complètement de son histoire. L'auteur entame, en effet, une digression personnelle du narrateur, en le faisant interagir avec son lecteur fictif, par le biais d'un conte qui n'a rien à voir avec le récit principal, et qui n'est pas raconté par l'un des personnages. Ceci produit parfois l'impression d'une rêverie de celui qui, tout en écrivant, songe à d'autres choses qui ne s'inscrivent pas dans l'histoire. Ainsi, Diderot s'égare et s'éloigne de l'histoire des protagonistes, comme Montaigne qui, à partir de quelques considérations sur « ceux qui estrenuent »[20], construit un discours qui se déplace dans l'espace et dans le temps, allant de la Grèce Ancienne aux contées à peine découvertes à son époque du Mexique et du Pérou[21]. Diderot suit les anecdotes qui s'accumulent : il y a un lien aussi quand on voltige librement sur les sujets, mais ce lien peut nous éloigner progressivement du point de départ. L'écartement du point de départ engendre un mouvement d'ouverture continue, contraire structurellement à toute forme dogmatique du discours, qui rend le texte toujours partiel et inachevé. Il suffit d'un mot, d'une image, comme Diderot l'a affirmé dans sa correspondance, pour déclencher un mouvement inattendu de la pensée qui laisse en suspens le discours interrompu, tantôt pour le reprendre et le continuer, tantôt pour le renvoyer à l'infini. Pour donner un exemple de ce type de digression, il suffit de penser à l'histoire de Jacques et de son ami Bigre. Le valet expose son

20. Michel de Montaigne, *Les Essais*, éd. Pierre Villey, Verdun-Louis Saulnier, Paris, PUF, 2004, L. III, §VI, p. 899.

21. On se réfère au célèbre essai de Montaigne intitulé « Des coches », dans *Les Essais*, L. III, §VI, *op. cit.*, p. 898-915.

conte et après quelque considération sur « le but moral de cette impertinente histoire » on lit : « Lecteur, il me vient un scrupule, c'est d'avoir fait l'honneur à Jacques et son maître de quelques réflexions qui vous appartiennent de droit ; si cela est, vous pouvez les reprendre sans qu'ils s'en formalisent » (DPV, XXIII : 217). Totalement injustifiée, une telle interruption nous désoriente, nous contraint à revenir aux réflexions morales sur les femmes, les amis, les pères et les enfants, qui selon Jacques, « ont été et ils seront à jamais alternativement dupes les uns des autres » (DPV, XXIII : 217). Cette rupture nous force également à nous demander si l'on partage ou pas ces mêmes réflexions morales. Nous sommes ainsi en train de passer à l'étamine de notre raison les affirmations du personnage, mais le travail de la pensée est à peine démarré qu'il est subitement interrompu par d'autres considérations de l'auteur : « J'ai cru m'apercevoir que le mot Bigre vous déplaisait. Je voudrais bien savoir pourquoi. C'est le vrai nom de famille de mon charron » (DPV, XXIII : 217-218). Ces observations introduisent une digression sur le nom Bigre, qui se conclut avec une pirouette et un jeu de mots : « C'est, comme le disait un officier à son général le grand Condé, qu'il y a un fier Bigre, comme Bigre le charron ; un bon Bigre, comme vous et moi ; de plats Bigre, comme une infinité d'autres » (DPV, XXIII : 219). L'exclamation du maître « souvenez-vous que vous n'êtes et ne serez jamais qu'un Jacques » (DPV, XXIII : 180) peut être reconduite aux réflexions éparpillées dans le roman sur les rapports sociaux, mais c'est à nous de les rapprocher et de construire un raisonnement à partir de là. Au même titre que les considérations sur une infinité possible de Bigre sont reliées à ce que Jacques et son maître étaient en train de dire sur l'instruction qu'on pouvait tirer du conte. On voit que le choix même des noms personnels peut faire surgir des digressions plus ou moins ouvertes, le détour est alors composé d'un dérangement qui provoque une rupture, d'une digression et de la récupération de l'itinéraire narratif. Dans ce cas, le détour se clôt et le lecteur est renvoyé à l'histoire interrompue, mais la digression dévoile le fonctionnement de cet « engrenage » qu'est la pensée. On est contraints, en effet, de prendre conscience de ce que l'on est en train de faire, le fil de la lecture coupé décèle la suite des associations qu'on fait normalement sans le savoir. Ce fil, continuellement coupé et entrelacé avec d'autres fils, forme le réseau de la pensée que l'énonciation suivante, à laquelle nous sommes contraints par le langage, ne peut que forcer. Cette contrainte devient particulièrement stricte si, contrairement à la manière sceptique d'écrire, qui ne se refuse pas les vagabondages, on éloigne de la page tous les détours en faveur d'une construction géométrique du discours.

Ainsi, on retrouve dans *Jacques le fataliste*, l'usage des écarts qui caractérisait les deux lettres, la *Lettre sur les aveugles* et la *Lettre sur les sourds et muets*. Cette pratique devient dans l'antiroman de Diderot, un aller-retour continu de l'histoire principale aux récits secondaires, aux accidents qui arrivent aux personnages, de la fiction à la critique de la fiction, de la voix des personnages à celle du narrateur, à celle du Lecteur. Poussée à l'extrême, cette démarche s'expose au risque de perdre définitivement de vue le point de retour, comme cela advient effectivement dans le cas de l'histoire des amours de Jacques.

Le philosophe, qui a construit l'histoire et les affirmations des personnages, les introduit grâce à une voix qu'on suppose être la sienne et qui se charge d'exposer le point de vue du lecteur. Il s'agit d'une stratégie digressive et critique du roman, qui révèle aussi la mise en pratique d'une démultiplication du « moi ». Nous sommes face en effet à une mise en scène de la multiplicité du moi, mais aussi à un travail de multiplication du sujet pensant, puisque il y a à la fois l'auteur, qui subsume sous lui toutes les voix (narrateur, personnages, lecteur), et le lecteur, capable de s'identifier à la pluralité des sujets que l'œuvre lui offre, tout en restant soi-même.

Le « vous » auquel s'adresse le narrateur nous pose des problèmes, il nous implique dans la fiction en nous contraignant à douter de l'illusion narrative et à nous poser des questions. L'effet de cet appel est que nous sommes conduits à réfléchir sur cette capacité qu'a une seule personne, Diderot, de multiplier sa voix. Comment ne pas songer au neveu de Rameau, capable de reproduire un orchestre entier ? Il semble que Diderot soit face au paradoxe de nous présenter une série de personnages et de points de vue singuliers, ainsi qu'à sa constatation de l'incapacité du langage d'exprimer la singularité :

> Le Maître : [...] dis la chose comme elle est.
>
> Jacques : Cela n'est pas aisé. N'a-t-on pas son caractère, son intérêt, son goût, ses passions, d'après quoi l'on exagère ou l'on atténue ? Dis la chose comme elle est !... Cela n'arrive peut-être pas deux fois en un jour dans toute une grande ville. Et celui qui vous écoute est-il mieux disposé que celui qui parle ? Non. D'où il doit arriver que deux fois à peine en un jour dans toute une grande ville on soit entendu comme on dit.
>
> Le Maître : Que diable, Jacques, voilà des maximes à proscrire l'usage de la langue et des oreilles, à ne rien dire, à ne rien écouter et à ne rien croire ! Cependant dis comme toi, je t'écouterai comme moi, et je t'en croirai comme je pourrai (DPV, XXIII : 74).

Si nous ne disons presque rien dans ce monde qui soit entendu tel que nous le disons, comment quelqu'un pourrait-il se mettre à la place de quelqu'un d'autre que nous ? Construire une fiction dans laquelle les raisons, les réactions, les rêveries des autres sont représentées ? Le scepticisme de Diderot envers le langage qu'il exprime à travers Jacques devrait le contraindre à ne rien écrire, du moins rien qui prétende interpréter le point de vue d'un autre (ne rien dire, ne rien écouter, ne croire en rien). Néanmoins, c'est encore Jacques qui suggère comment sortir de cette impasse : « un paradoxe n'est pas toujours une fausseté. » Ainsi, nous avons vu que ce que nous appelons « moi » est une réalité en continuelle mutation, que nous devenons littéralement autres au cours du temps, mais que l'impression d'une permanence nous vient de la mémoire. Si nous nous rappelons avoir été un autre, nous pouvons à travers l'imagination et grâce à la comparaison d'éléments similaires comprendre l'autre, du moins partiellement. Cependant, si nous comprenons l'autre, nous pouvons aussi imaginer un autre, non seulement sur le plan abstrait de la raison (les objections ou les arguments qu'il pourra apporter à un certain raisonnement), mais aussi en tant que personnage complexe.

L'une des caractéristiques principales du scepticisme est de pointer l'attention sur la difficulté de formuler des jugements vrais sur les phénomènes. Au cours du XVIIIe siècle, David Hume avait démontré que tout jugement à propos de la causalité est une question d'habitude et d'imagination, toutes deux susceptibles de nous tromper, car il n'existe rien qui nous permette d'assurer que de la même cause il sortira toujours le même effet. L'analyse développée par Hume dans son *Traité de la nature humaine* avait donc disqualifié les preuves rationnelles en raison du fait que l'homme croit aux idées qui l'affectent le plus intensément. Ainsi, Hume avait mis en relief l'importance de la croyance pour l'homme dans le domaine philosophique, mais aussi dans les sciences et il avait montré que la nature constitue un guide plus fiable de la raison. En particulier, cette conclusion était liée à la nécessité de sortir de la suspension du jugement, aboutissement du scepticisme outré, en faveur d'une attitude modérée nécessaire dans tous les champs de la vie (morale, politique, économique...). Dans les *Pensées philosophiques*, Diderot avait déjà démontré qu'il est très proche de Hume lorsqu'il affirme : « Toutes les billevesées de la métaphysique ne valent pas un argument *ad hominem*. Pour convaincre, il ne faut quelquefois que réveiller le sentiment, ou physique ou moral. C'est avec un bâton qu'on a prouvé au pyrrhonien qu'il avait tort de nier son existence » (DPV, II : 23-24).

Il s'est servi lui-même d'un argument *ad hominem* dans *Le Rêve de D'Alembert*, pour convaincre le célèbre géomètre du fait que la matière peut penser, et il mettra dans la bouche de Jacques des mots qui ne peuvent qu'être rapprochés des affirmations de Hume : « Prêchez-vous tant qu'il vous plaira, vos raisons seront peut-être bonnes, mais s'il est écrit en moi ou là-haut que je les trouverai mauvaises, que voulez-vous que j'y fasse ? » (DPV, II : 28). Si une bonne raison ne nous frappe pas avec plus d'intensité qu'un mauvais argument, aucun raisonnement ne nous pourra convaincre. Cette dernière affirmation signifie admettre les limites de la raison, puisque si un bon argument n'a pas la capacité de persuader c'est parce qu'il n'arrive pas à convaincre. Or, la persuasion ne tient pas du vrai, mais de la conviction qui est influencée par un éventail de facteurs différents.

Dans le roman de Diderot, c'est le maître qui représente notre tendance à élaborer des jugements sur les conséquences de certaines actions, ou de certains d'événements, sur la base de l'habitude. Mais le maître se trompe continuellement dans son jugement des choses, ce qui démontre la fausseté de ce type de méthode d'interprétation des phénomènes. Par exemple, il croit deviner ce qui va arriver à Jacques dans l'histoire de ses amours après avoir été secouru dans la chaumière, mais son valet va le démentir : « Mon maître, je crois que vous ne voyez rien » (DPV, II : 28). Peu après, dans l'auberge sinistre, Jacques va menacer les brigands afin, dit-il, « de mettre à la raison cette canaille », bien qu'il soit seul contre douze personnes. Le maître gage qu'il pourrait finir mal (pour cette raison il l'attend en tremblant) et il se trompe à nouveau. La réitération du jugement trompeur et de la peur qu'il produit agace Jacques :

> Si… si la mer bouillait, il y aurait, comme on dit, bien des poissons de cuits. Que diable, Monsieur, tout à l'heure vous avez cru que je courais un grand danger et rien n'était plus faux ; à présent vous vous croyez en grand danger, et rien peut-être n'est encore plus faux. Tous dans cette maison nous avons peur les uns des autres, ce qui prouve que nous sommes des sots ; et tout en disant ainsi, le voilà déshabillé, couché et endormi[22] (DPV, II : 31).

Ce discours se rattache évidemment à son fatalisme, puisque tout développement de situations suit la nécessité qu'on n'arrive peut-être pas à prévoir. Étant donné qu'on n'a pas la connaissance de tous les éléments qui concourent à déterminer la chaîne des accidents, c'est précisément sur ce

22. Voir Maxime Abolgassemi, « La contrefiction dans Jacques le Fataliste » dans *Poétique*, vol. 134, no. 2, 2003, p. 223-237, en particulier p. 235.

point que se fonde la réflexion sceptique du roman. En même temps, l'épisode nous montre que le maître a jugé de manière inappropriée la suite possible de l'acte de Jacques, parce qu'il avait peur et parce qu'il a évalué la situation seulement du point de vue des probabilités d'un accrochage d'un seul contre douze. Son jugement, fondé sur l'imagination et l'habitude, était donc fallacieux.

Il y a des épisodes plus remarquables, comme celui du cheval qui conduit deux fois Jacques au gibet, interprété comme un signe de malheur par le maître et qui ensuite se révèle être le cheval du bourreau. Ce sont des exemples de faux jugements, à propos du développement futur des circonstances présentes, qui permettent de confirmer le propos sceptique qui ouvre le roman : l'on ne sait pas où l'on va. Dans le paragraphe qui suit, on verra comment cette thèse est liée au fatalisme de Jacques.

SCEPTICISME ET PRATIQUE DU FATALISME

Avec son antiroman, Diderot approfondit les tensions entre les idées, entre l'illusion romanesque et sa dénonciation[23], entre la pensée philosophique et sa pratique, entre la complexité du monde et du vécu, tout comme notre capacité à l'exprimer.

Ce qui donne une forme sceptique à la philosophie fataliste de Jacques, c'est en premier lieu le fait qu'elle se transmet sous une forme pratique. Jacques n'est pas capable, en effet, d'expliquer les fondements de son fatalisme, à savoir son spinozisme[24], cela donne un ton quelque peu scolastique et comique à sa formulation. Néanmoins, et c'est bien là une autre leçon des sceptiques, qui a sa racine dans la tradition socratique, Jacques nous montre comment il vit avec son fatalisme. C'est par la bouche du maître que Diderot établit une comparaison de Jacques avec Socrate : « Socrate fit comme vous venez de faire, il en usa avec le bourreau qui lui présenta la ciguë aussi poliment que vous. Jacques vous êtes une espèce de philosophe, convenez-en » (DPV, XXIII : 90-91). Après cette affirmation le maître, en lisant dans les choses

23. Voir Colas Duflo, *Diderot philosophe*, *op. cit.*, p. 511.

24. « C'est ainsi que Jacques raisonnait d'après son capitaine lui avait fourré dans la tête toutes ces opinions qu'il avait puisées, lui, dans son Spinosa qu'il savait par cœur » Diderot, *Jacques le fataliste*, DPV, XXIII : 190.

présentes celles qui doivent arriver un jour, prévoit que la mort de Jacques sera aussi philosophique que celle de Socrate. L'accent est porté sur la pratique de la philosophie, dont Socrate est la figure exemplaire : comme pour Voltaire « ce qui fait la valeur d'un philosophe c'est plus la manière dont il a vécu que les principes philosophiques qu'il a tenté d'établir »[25].

Les Lumières ont surtout reçu cette leçon de Montaigne, qui ayant trouvé insuffisants tous les modèles anciens, avait vu seulement en Socrate un modèle de vie et dans le « connais-toi toi-même » un principe fondamental, quoiqu'assoupli par le refrain « selon qu'on peut »[26]. Il s'agit là de la sagesse minimale, ayant des fondements dans le matérialisme de Diderot, qui puisse être vécue. Jacques nous donne un exemple, car, si d'un côté il se conduit à peu près comme tout le monde, il n'atteint ni l'ataraxie ni l'adiaphorie des stoïciens : « D'après ce système on pourrait s'imaginer que Jacques ne se réjouissait de rien, ne s'affligeait de rien, cela n'était pourtant pas vrai » (DPV, XXII: 190). Or, il vit mieux que tout le monde, puisqu'il sait que son comportement ne peut devenir ni meilleur ni pire. Jacques trouve consolation dans ses refrains, « il était écrit là-haut », et, n'ayant pas de moyens pour connaître l'avenir, « il tâchait à prévenir le mal, il était prudent avec le plus grand mépris pour la prudence » (DPV, XXII: 190). Selon le capitaine de Jacques, la prudence « est une supposition, dans laquelle l'expérience nous autorise à regarder les circonstances où nous nous trouvons comme causes de certains effets à espérer ou à craindre pour l'avenir » (DPV, XXII : 33). La prudence de Jacques et de son maître est, par conséquent, une attitude envers les choses, non une circonspection dans l'action. Elle est liée au fait que « le calcul qui se fait dans nos têtes, et celui qui est arrêté sur le registre d'en haut sont deux calculs bien différents » (DPV, XXII : 33) ou, comme l'affirmait Montaigne : « au travers de tous nos projets, de nos conseils et précautions, la fortune maintient toujours la possession des événements »[27]. En effet, Jacques ne manque pas de courage, bien que parfois il soit un peu inconscient, d'où les exclamations de son maître : « Quel diable d'homme ! ». Ce que Jacques appelle prudence signifie au fond une sagesse qui puise sa principale référence chez Spinoza, mais que Jacques met en pratique à la manière de Montaigne.

25. Sébastien Charles, « Entre pyrrhonisme, académisme et dogmatisme : le scepticisme de Voltaire », *Cahiers Voltaire*, n°11, 2013, p. 145.

26. Michel de Montaigne, *Les Essais*, L. III, §III, *op. cit.*, p. 820.

27. *Ibid.*, t. L. I, §XXIV, *op. cit.*, p. 127.

L'on sait que le matérialisme de Diderot le conduisait à soutenir le déterminisme et à nier l'existence d'un libre arbitre entendu comme liberté absolue à l'égard des causes. Cependant, par le biais des lois sociales capables de gouverner en harmonie avec le code de la nature des comportements si élaborés, Diderot soutenait la possibilité de diriger la volonté et d'influencer nos choix à travers l'éducation et l'habitude. Mais ce qu'il fait dans ce roman, c'est surtout exposer la dispute, exprimer les doutes et montrer la difficulté d'épuiser le débat, en nous mettant sous les yeux un couple qui, comme Lui et Moi dans *Le Neveu de Rameau*, ou encore Diderot et la Maréchale, Diderot et D'Alembert, mais aussi comme A et B, Orou et l'Aumônier, est une sorte de dédoublement[28] de soi, c'est-à-dire d'usage de l'échange entre les personnages qui donne une forme écrite au dialogue qu'il a l'habitude d'entretenir avec soi-même.

Avec *Jacques le fataliste* Diderot met en pratique ce qu'il prêchait dans sa *Réfutation d'Helvétius* : « l'esprit d'invention s'agite, se meut, se remue d'une manière déréglée ; il cherche [.] L'esprit de méthode arrange, ordonne et suppose que tout est trouvé » (DPV, IX : 311). Il faudra alors entasser pêle-mêle les matériels plutôt que leur donner « un ordre sourd » et ainsi composer une œuvre plus agréable et dangereuse, une œuvre qui n'anéantisse point la recherche et qui laisse des espaces ouverts à l'invention et à l'inspiration. Pour cette raison, après avoir exposé les principes fondamentaux de son matérialisme dans *Le Rêve de D'Alembert*, sous forme de dialogue, puis dans les *Éléments de physiologie*, sous forme de fragments, le philosophe développe cette fois, au sein d'une fiction dialoguée, une réflexion générale sur les implications de son matérialisme. Certes, il le fait avec une ironie qui est une auto-ironie[29], un autre moyen d'éviter une exposition dogmatique et de troubler des affirmations qui risquent autrement de se transformer en formules figées. Diderot prend en contre-pied ce danger et met dans la bouche de Jaques autant des explications articulées de son fatalisme, que des formules qui réduisent le raisonnement philosophique à une espèce d'exclamation : *c'était écrit là-haut !*

Néanmoins il ne s'agit pas uniquement d'une division du soi en deux principes, passion et contrôle, comme le veut J. Schwartz, mais c'est un processus

28. Voir Jérome Schwartz, *Diderot et Montaigne. The Essais and the shaping Diderot's humanism*, Genève, Droz, 1966, p. 108-109.

29. Voir Colas Duflo, *Les aventures de Sophie*, *op. cit.*, p. 510. Sur l'usage de l'ironie et du comique dans Jacques le fataliste et son maître voir par exemple les essais de B. Didier et de L. Vasquéz dans J. Domenech (dir.), *Mélanges autour de* Jacques le fataliste *de Diderot,* Paris, L'Harmattan, 2017.

plus sophistiqué d'examen de ses idées philosophiques. Ce processus consiste en une opposition entre passion et raison, entre le pour et le contre, ainsi qu'en l'examen des objections, la mise en place des contradictions et la capacité de donner une place aussi aux impasses du discours. L'œuvre philosophique devrait avoir, selon Diderot, comme selon Montaigne, la même allure que la pensée, qui procède par tâtonnement, qui avance et qui recule, qui établit des principes, mais qui a besoin de les mettre à l'épreuve, de les interroger continuellement, d'admettre ses limites[30].

Il y a des questions auxquelles on ne peut pas répondre, d'où l'« incuriosité » du fataliste ou du sceptique à propos des causes finales du matérialiste. La métaphore du « grand rouleau » ne renvoie pas à une réalité supérieure ou à un principe transcendant, son « là-haut » pourra être un « ici-bas ». La nécessité exprimée par la métaphore du « grand rouleau » exprime, en effet, la causalité suivante : « l'antécédence du rouleau peut s'amenuiser, jusqu'à se rapprocher du présent lui-même » jusqu'à l'extrême limite, de sorte que « la nécessité déterminante pourrait être exactement contemporaine de l'événement »[31]. Il ne s'agit donc pas de la nécessité d'un dessein divin, car pour Jacques la nécessité émane de l'unique réalité possible : celle de l'*ici-bas*[32].

Le problème qui se pose est de comprendre ce qu'on peut lire de ce grand rouleau. À ce propos, le maître insiste sur la possibilité de deviner et de prévoir ce qui va arriver, en rappelant à Jacques son traité sur la divination. Néanmoins, on ne peut rien lire, car c'est toujours *a posteriori* que Jacques affirme qu'« il était écrit là-haut ». Sur ce point Diderot rejoint le scepticisme modéré de Voltaire qui, dans *Micromégas*, avait écrit que le « livre des destinées » est « tout blanc », tandis que, dans *Zadig*, il avait affirmé qu'il est illisible.

En effet, lorsque le destin est muet dans la tête de Jacques, celui-ci s'explique par sa gourde, cette « Pythie portative »[33], ivresse de l'inspiration qui exprime tout le scepticisme de Diderot envers la possibilité de prévoir le futur. Aucune anticipation n'est possible. Nous savons que tout dépend d'une série de causes, et que l'habitude et la répétition de certains phénomènes donnent une certaine probabilité aux lois de la nature. Or, quant à la

30. Voir Denis Diderot, *Jacques le fataliste*, DPV, XXIII : 34.
31. Jean Starobinski, « Chaque balle a son billet », *op. cit.*, p. 323.
32. Voir Denis Diderot, *Jacques le fataliste*, DPV, XXIII : 28.
33. *Ibid.*, p. 232.

causalité, la prévision de l'ivrogne n'est pas plus fiable que celle fondée sur des signes, sur des situations similaires, sur ce qu'on a déjà vécu. La fureur de deviner ne peut que faillir en raison de la fragmentation de notre connaissance. En cela, Diderot est très proche de Hume, lorsque ce dernier réfléchit sur notre aptitude à établir des prétendues connexions nécessaires entre deux objets dont l'un devrait être cause de l'autre. Une telle disposition s'expliquerait par la « tendance à se répandre sur les objets extérieurs et à leur associer les impressions internes qu'ils occasionnent et qui font toujours leur apparition au moment où ces objets se révèlent aux sens »[34].

Ce qui est contesté dans *Jacques le fataliste*, c'est la capacité d'anticiper la suite d'une situation complexe par le biais de simplifications ou, pire encore, en suivant des signes qui ne tiennent pas compte du fait qu'on ne connaît jamais toutes les causes qui sont en action. C'est l'occasion d'exposer, encore une fois, sa critique de toute forme de divination et de confiance en les présages, puisqu'il est évident que l'enchaînement des causes n'a rien à voir avec des signes qui seuls anticipent le futur. Comme il a été observé plus haut, si le cheval conduit Jacques au gibet c'est parce qu'il appartenait au bourreau, non parce qu'il anticipe une condamnation à mort du valet.

Diderot ne se contente pas de se moquer des prévisions des deux protagonistes, mais il joue sur les habitudes de lecture de son public. Ses lecteurs ont constamment lu des romans dans lesquels certains *topoï* et certains modèles narratifs se répètent. Pour cette raison, ils s'attendent toujours à une certaine suite, et ils sont à chaque fois déçus dans leur attente, ou bien ils sont surpris par la route que Diderot leur fait prendre. En un certain sens, *Jacques le fataliste* est un roman humien, dans lequel toute tentative d'anticipation est frustrée.

Ainsi, au sein d'un même roman, nous sommes face à une structure sceptique et à l'affirmation d'une thèse partagée par son auteur, celle du fatalisme. Cette contradiction reflète l'incompatibilité intrinsèque entre l'affirmation, d'une part, que l'homme est dépourvu de libre arbitre, puisqu'il fait partie d'un vaste réseau de déterminations (c'est la conception exprimée dans la *Lettre à Landois* et qui trouve sa pleine clarification dans *Le Rêve de D'Alembert*), et, d'autre part, que la nature humaine est modifiable et « même si elle n'est jamais libre au point d'être capricieuse ou arbitraire, qu'elle peut, dans

34. David Hume, *Traité de la nature humaine*, tr. fr. P. Baranger, P. Saltel, Paris, Flammarion, 1995, L. I, III, §XIV, p. 243.

une certaine mesure, être autonome »[35]. Afin de faire coexister ces principes théoriquement incompatibles, les deux instances trouvent leur expression grâce au recours à la fiction. Cependant cela n'est pas encore suffisant et le philosophe recourt à une forme littéraire nouvelle et inouïe : il articule la narration selon des stratégies sceptiques. Pour le lecteur, il en résulte un dessaisissement, qui produit des détours, des incertitudes, des questions sans réponse, mais aussi la compréhension de ce que Diderot entend par fatalisme (bien que Jacques ne soit pas capable d'exhiber le fondement matérialiste de ses convictions, ni d'en développer en entier les conséquences), à savoir que tous les phénomènes de la nature sont nécessaires et que tout effort pour échapper à notre destinée est voué à l'échec.

Avec *Jacques le fataliste* Diderot manifeste les antinomies de son matérialisme, mais il ne renonce pas pour autant à nous montrer ce que signifie *habiter* cette contradiction. Surtout, il veut mettre en évidence que la condition du fataliste est désirable, puisque, au fond, Jacques vit avec moins d'inquiétudes que son maître et certainement avec moins de peines que ceux qui s'efforcent de mettre en pratique des préceptes moraux mortifiants. En faisant cela, il indique une manière de dépasser l'inconséquence entre les principes moraux et les actions qu'il avait dénoncée dans d'autres œuvres. En outre, il essaie de faire comprendre qu'il n'a pas deux philosophies, « l'une de cabinet & l'autre de société », qu'il s'efforce de ne pas établir « des principes qu'il sera forcé d'oublier dans sa pratique »[36], comme il l'avait reproché aux sceptiques outrés. Le scepticisme dans *Jacques le fataliste* vise à ouvrir la philosophie à sa dimension pratique, ainsi le balancement entre nécessité et liberté n'est pas dépassé pour des raisons théoriques de cohérence, mais il est intégré au sein d'une pensée qui aspire à la possibilité d'être vécue.

Valentina Sperotto
Università Vita-Salute San Raffaele di Milano
sperotto.valentina@hsr.it

35. Arthur M. Wilson, *Diderot*, Oxford University Press, 1957, tr. fr. Par G. Chahine, A. Lorenceau, A. Villelaur, *Diderot. Sa vie et son œuvre*, Paris, Robert Laffont, 1985, p. 560.

36. Denis Diderot, PHILOSOPHIE PYRRHONIENNE OU SCEPTIQUE, *Encyclopédie*, DPV, VIII : 160.

LE POUR ET LE CONTRE. DIDEROT EST-IL SCEPTIQUE ?

La question *Diderot est-il sceptique ?* peut paraître curieuse au premier abord, car l'image de Diderot laisse dominer le plus souvent l'enthousiasme et presque le militantisme, ne serait-ce que par l'immense travail de l'*Encyclopédie* dont l'un des objectifs est de faire le point sur les savoirs et les techniques d'un temps. Se lancerait-on, pendant plusieurs décennies d'une vie qui n'en contient jamais que quelques-unes, dans ce genre d'entreprise, pour se contenter de conclure que, au bout du compte, on ne sait rien ou que le savoir est vain ou incertain ? Comment éviterait-on l'impression d'un temps gâché par une posture trop paradoxale ?

Or, parmi les articles que Diderot rédige pour l'*Encyclopédie*, on en compte un nombre considérable sur le scepticisme ou autour du scepticisme, comme si Diderot se les était réservés, à commencer par l'article *SCEPTICISME & SCEPTIQUES* ; mais il y a aussi *PYRRHONIENNE OU SCEPTIQUE, PHILOSOPHIE*. Dans tous les cas, même s'il travaille beaucoup de seconde main, comme les spécialistes l'ont établi depuis longtemps[1], il y a, chez Diderot, une volonté de restituer au scepticisme, fût-il antique, une vivacité doctrinale ou anti-dogmatique dont l'auteur retrouve les traits dans la philosophie moderne et qui lui est, à une ou peu de générations près, contemporaine, comme celle de Montaigne, de Pascal, de Huet, de Bayle. Diderot sépare, dans les articles, les aspects historiques des aspects proprement théoriques et doctrinaux du scepticisme qu'il réduit à plusieurs thèses dans lesquelles le lecteur reconnaît aisément des positions prises par l'auteur en telle ou telle partie de son œuvre et parfois dans la totalité même de tel ou tel de ses livres. Parmi ces thèses, il est clair que celles qui intéressent le plus Diderot, au point qu'il les identifie

1. Il s'est inspiré de Huet pour écrire l'article SCEPTICISME & SCEPTIQUES ; et de Brucker pour l'article PYRRHONIENNE OU SCEPTIQUE, PHILOSOPHIE. Voir les deux notes correspondantes dans les *Œuvres complètes*, Tome VIII, Hermann, Paris, 1976, respectivement p. 282 et p. 138.

ou qu'il les assimile à ses propres positions, ce sont, d'une part, le relativisme des idées, des passions, des goûts en fonction de la diversité des positions physiques, sociales, économiques, historiques, prises par les sujets auxquels on les attribue ; d'autre part, le sort réservé aux contradictions auxquelles ces divers types de relativité donnent lieu. Comment se règlent les contradictions ? Sont-elles forcément socialement, économiquement, dangereuses ? Si elles sont inégalement dangereuses dans tous les secteurs où on les trouve, celles que l'on peut observer, comme au laboratoire, ne peuvent-elles servir pour la conduite à tenir dans des secteurs où elles sont potentiellement plus dangereuses ? Il est clair qu'une part importante du travail théorique de Diderot concerne la résolution des contradictions ; il nous est même apparu que, de façon très originale, Diderot cherche la solution des antinomies du côté des probabilités et de leur calcul, c'est-à-dire en un lieu où Kant n'a nullement songé à les résoudre ou à résoudre celles dont il fait état dans ses *Critiques*.

Le point est compliqué, car on pourrait davantage qualifier ces probabilités, celles qui permettront de résoudre les antinomies diderotiennes, en les appelant « subjectives » ; et en entendant par là que les propositions qui s'opposent entre elles sont moins des savoirs à proprement parler que des « opinions droites », lesquelles – comme on les trouve déjà dans l'Antiquité – sont des options pratiques, des choix qui donnent lieu au calcul. Nous allons montrer la résorption des contradictions dans un calcul des probabilités. Le point est net dans la correspondance de Diderot, dans les années 1765-1766, avec son ami le sculpteur Falconet auquel il s'oppose thèse contre thèse ; tout en recherchant la structure théorique qui permette de résoudre cette opposition. Nous ne disons pas que Diderot savait, en technicien des mathématiques, mesurer la validité relative des propositions que l'on oppose ; il ne le savait pas plus que D'Alembert, mais il nous frappe que ce soit à peu près à la même date que, en Angleterre, Price a présenté devant les membres de la Royal Society les travaux si originaux de Bayes qui ne seront pas connus sur le continent avant que Condorcet et Laplace ne les découvrent tardivement. C'est de ce côté que Diderot cherche, en usant de la seule langue vernaculaire, la solution des oppositions.

Si nous avons parlé de « complexité », c'est parce que si ce schème de résolution que nous voyons du côté des « probabilités subjectives » est bien celui à travers lequel Diderot entend venir à bout de l'antithétique[2] qui

2. J'entends ici par *antithétique* un ensemble de thèses et d'antithèses reliées de façon cohérente. Lorsqu'une thèse et une antithèse s'affrontent, on parle d'*antinomie*. Souvent, en

emplit sa correspondance avec Falconet, il le rejette en revanche explicitement quand il s'agit de résoudre un problème social, structurellement comparable, mais autrement plus dangereux et douloureux, qui l'a opposé sèchement à son ami D'Alembert, sur la question de l'inoculation. D'Alembert, qui reconnaissait que la probabilité du risque de mourir de la petite vérole inoculée est très petite en comparaison de celle de mourir de la petite vérole naturelle, avait parfaitement vu aussi que l'on ne passe pas de considérations statistiques sur de grands nombres à des considérations de chances pour les individus comme s'il s'agissait de la même chose : si, dans une population donnée, « le risque de mourir de la petite vérole naturelle est au risque de la petite vérole artificielle (inoculée) comme 300 à 7 »[3], il ne s'agit toutefois pas de passer de là à l'affirmation que tel individu, pris au hasard dans cette population, a une chance quarante ou cinquante fois plus grande de mourir de la petite vérole naturelle (sans inoculation) que de mourir de cette maladie inoculée. D'Alembert ne voulait pas que l'on tînt pour rien la probabilité qu'un individu rencontre des conséquences graves en se faisant vacciner. La règle de Bayes, que D'Alembert ignorait en écrivant son mémoire sur l'inoculation, établit les précautions qu'il faut prendre pour effectuer ce passage qui n'a rien d'immédiat ni de direct. Or, loin de se rendre aux raisons de D'Alembert, Diderot, quand il répond à ce mémoire sur l'inoculation, vitupère le mathématicien sur son incivisme, son peu de patriotisme qui consistent à prendre la défense des intérêts des individus contre l'intérêt général des populations, lequel est évidemment que chacun refuse d'être un vecteur de transmission de la maladie en acceptant l'inoculation[4].

Il y a donc des secteurs où il est possible et souhaitable de faire entrer les antinomies dans un schème de probabilités subjectives, et d'autres, comme celui de la santé publique, où ce genre de traitement ne semble pas possible ; du premier cas relèvent certaines valeurs sociales et politiques – comme celles dont débattent Diderot et Falconet : faut-il chercher la renommée tout de

explorant une antinomie, on en découvre d'autres. De cette exploration résulte alors une antithétique.

3. Chiffres donnés par le texte de Diderot traitant *De l'Inoculation*, l'un des deux textes portant *Sur deux Mémoires de D'Alembert, l'un concernant le calcul des probabilités, l'autre l'inoculation* (1761), (in : *Œuvres complètes*, Hermann, Paris, 1975, T. II, p. 356).

4. Nous avons consacré à cette question, dans *Les chemins du scepticisme en mathématiques*, Paris, Hermann, 2021, le chapitre V de la IIe Partie, sur « Diderot se fait-il une conception sceptique des mathématiques ? » (p. 221-251) auquel nous renvoyons le lecteur.

suite et sans se soucier de l'avenir ? Ou, au contraire, faut-il en appeler au futur et au passé pour construire une renommée dont on ne jouira pas au présent, mais dont on ne tirera profit que lorsque l'on ne sera plus là sinon par image ? – ; les questions religieuses peut-être qui sont, à la façon dont Hume les prenait, utilisées comme un terrain de jeu où s'affrontent toutes sortes de positions, sans grandes conséquences immédiates dans les États, pourvu qu'ils connaissent la tolérance.

Dans leurs *Lettres sur la postérité*, sous-titre de la publication en 1767 de *Le Pour et le Contre*, les deux amis ne parviendront pas à se convaincre l'un l'autre et ils soutiendront, chacun, leur thèse et leur antithèse jusqu'au bout d'un échange qui dure de décembre 1765 à décembre 1766 ; mais l'intérêt du travail de Diderot dans cette œuvre tient à l'inspection du fonctionnement d'une contradiction, observée minutieusement dans sa dynamique, dans son évolution, et à la recherche d'une structure qui permette de dépasser le constat du désaccord et d'articuler les positions contraires. Le travail sur ce désaccord nous paraît assez digne d'attention pour être confronté à celui que Kant entreprendra, une quinzaine d'années plus tard, en 1781, dans la *Critique de la raison pure*. « Notre siècle est particulièrement celui de la critique à laquelle il faut que tout se soumette »[5] ; ce qui laisse penser que Kant n'a pas estimé être le premier philosophe critique, mais que, du coup, il s'inscrit dans une histoire de la philosophie critique commencée avant lui. Il nous semble en effet que le travail de Diderot, qui s'apparente à la philosophie critique dans *Le Pour et le Contre*, même s'il est plus fragmentaire que celui de Kant et s'il se déroule sur d'autres terres, fasse apparaître le travail kantien comme ne jouissant que d'une fausse complétude qui laisse passer entre les mailles du filet énormément de contradictions et surtout comme d'une tout autre modalité dont le raffinement n'est pas forcément à l'avantage de Kant[6], quand bien même il aurait entrepris d'écrire sa dialectique un peu plus d'une décennie après *Le Pour et le Contre*[7].

5. Emmanuel Kant, *Critique de la raison pure*, PUF, Paris, 1997, p. 6, note. Kant ajoute : « La religion alléguant sa sainteté et la législation sa majesté, veulent d'ordinaire y échapper ; mais alors elles excitent contre elles de justes soupçons et ne peuvent prétendre à cette sincère estime que la raison accorde seulement à ce qui a pu soutenir son libre et public examen. »

6. Hegel a insisté sur le tour sceptique que prenait, chez Kant, la philosophie critique laquelle ne dépassait pas, à ses yeux, le point de vue de l'entendement, sans jamais atteindre celui de la raison.

7. N'oublions pas que, comme l'a souligné Alexis Philonenko, dans *L'Œuvre de Kant*, Paris, Vrin, 1993, vol. I, p. 263. Kant déclare être parti, dans son travail critique, des antinomies de la raison pure. Il le déclare dans la lettre à Garve du 21 septembre 1798.

*LA QUESTION DU SCEPTICISME DANS LES ARTICLES DE L'*ENCYCLOPÉDIE *RÉDIGÉS PAR DIDEROT OU ATTRIBUÉS À DIDEROT*

Ces articles sont au nombre de deux principalement, attribués à Diderot : l'article PYRRHONIENNE ou SCEPTIQUE (ces deux termes qualifient le mot PHILOSOPHIE) ; l'article SCEPTICISME & SCEPTIQUES.

Le scepticisme, si l'on en croit l'article sur Pyrrhon, provient de l'expérience d'une opposition des jugements affectant non seulement les hommes qui ne sont capables que d'opinions, non seulement ces divers hommes dans leur rapport avec les philosophes, mais aussi les philosophes eux-mêmes qui se piquent de savoir : « (Pyrrhon) voyait les philosophes répandus en une infinité d'écoles opposées, & les uns sous le Lycée, les autres sous le Portique, criant : "C'est moi qui possède la vérité ; c'est ici qu'on apprend à être sage ; venez, messieurs, donnez-vous la peine d'entrer : mon voisin n'est qu'un charlatan qui vous en imposera". Et ces circonstances concoururent à conduire (Pyrrhon) au scepticisme qu'il professa » (DPV, VIII : 140). Le moment où il faut trancher si une proposition est vraie plutôt que telle autre proposition qui lui est opposée est sans doute celui qui porte l'éristique au plus haut niveau puisqu'on s'aperçoit, en ce moment ultime, qu'il n'y a pas de critère pour décider du vrai et du faux ; que, si l'on voulait faire usage d'un critère pour déclarer vraie ou fausse une proposition, on ne ferait que reporter le débat des propositions aux critères, sans avoir gagné davantage qu'un transfert de difficultés[8]. Le vrai est indécidable ; même si, en disant cela, on se figure à tort échapper à la difficulté, puisque cette proposition même *le vrai est indécidable* prétend à une vérité qui, elle, ne se donne pas comme indécidable – ce qui est contradictoire.

Il faut toutefois trouver une issue pour éviter cette escalade qui nous conduit de positions indécidables en positions indécidables, en ne pouvant ni achever la démonstration, ni même la comprendre à quelque étape que l'on veuille l'arrêter.

Pyrrhon la trouvait dans le mépris du savoir, surtout quand il ne voit dogmatiquement qu'un côté des choses et qu'il s'y tient sans raison :

8. « Quand nous conviendrions qu'il y a quelque caractère de la vérité, à quoi servirait-il ? ». Entendons « caractère » dans le sens de « critère ».

> Dans les autres écoles, on avait un système reçu, des principes avoués, on prouvait tout, on ne doutait de rien : dans celle-ci [celle de Pyrrhon], on suivit une méthode de philosopher tout opposée, on prétendit qu'il n'y avait rien de démontré ni de démontrable ; que la science réelle n'était qu'un vain nom ; que ceux qui se l'arrogeaient n'étaient que des hommes ignorants, vains ou menteurs ; que toutes les choses dont un philosophe pouvait disputer restaient, malgré ses efforts, couvertes des ténèbres les plus épaisses ; que plus on étudiait, moins on savait, & que nous étions condamnés à flotter éternellement d'incertitudes en incertitudes, d'opinions en opinions, sans jamais trouver un point fixé d'où nous puissions partir & où nous puissions revenir & nous arrêter. D'où les sceptiques concluaient qu'il était ridicule de définir ; qu'il ne fallait rien assurer ; que le sage suspendrait en tout son jugement ; qu'il ne se laisserait point leurrer par la chimère de la vérité ; qu'il réglerait sa vie sur la vraisemblance, montrant par sa circonspection que si la nature des choses ne lui était pas plus claire qu'aux dogmatiques les plus décidés, du moins l'imbécillité de la raison humaine lui était mieux connue (DPV, VIII : 138-9).

Il existe un scepticisme qu'on pourrait dire plus « méthodique », même si l'adjectif est des plus contradictoires : comment, en effet, pourrait-on se dire encore sceptique en suivant une méthode ? Et pourtant Diderot parle d'*art* à propos du scepticisme : « Le scepticisme est l'art de comparer entre elles les choses qu'on voit & qu'on comprend, & de les mettre en opposition » (DPV, VIII : 141). Si le scepticisme part d'une expérience, il est aussi actif et se fait volontiers expérimentation. Le « grand axiome » qui permet l'une de ses actions majeures, « c'est qu'il n'y a point de raison qui ne puisse être contrebalancée par une raison opposée & de même poids » (DPV, VIII : 141). En d'autres termes, il s'agit de *produire* un contrepoids : quelle que soit la proposition qui prétende à la vérité, on peut toujours en neutraliser l'effet en produisant des forces pour la proposition opposée. Ce qui est recherché par là n'est plus tant une vérité réputée introuvable, que ce qui fait la matière et la forme d'un procès de justice : une balance. Chaque avocat met des arguments valables dans un plateau de telle sorte que le juge apprécie la différence de poids. C'est ainsi que, dans le même article *Pyrrhonienne*, Diderot montre que le scepticisme moderne s'est inspiré de cette pratique et de l'axiome qui la rend possible et que, par conséquent, ignorer est aussi un acte à part entière, délibéré et conscient plutôt qu'une carence, chez Bayle (DPV, VIII : 156). Dans son *Dictionnaire*, dit-il, « on y apprend bien mieux à ignorer ce que l'on croit savoir » (DPV, VIII : 141), puisqu'il s'agit d'apprendre à contrepeser ce que l'on croit savoir.

Si au vrai se substitue une pesée du degré de confiance que l'on peut avoir dans une proposition, et si nous avons pu rapprocher cette pratique de celle de la justice, l'analogie avec la justice ne doit pas abuser et être poussée trop loin, car la justice ne parviendrait qu'à s'empêcher elle-même en contrepesant toutes ses propositions. Or le pyrrhonien cherche à contrecarrer tout jugement par lequel on voudrait dépasser la simple représentation de ce qu'il signifie afin de dire quelque chose qui est, de telle sorte qu'il soit suspendu et que la décision soit rendue impossible : « le sceptique ne décide de rien » (DPV, VIII : 141). « Il ne nie point les apparences, mais bien tout ce qu'on affirme de l'objet apparent » (DPV, VIII: 142). C'est le moment où la proposition se transcende pour tenter de dire quelque chose sur ce qui est qui perd, chez lui, tout caractère décisif, c'est-à-dire cette possibilité (ou la croyance que l'on a la possibilité) d'avoir quelque action qui vaille et qui ait prise sur les choses mêmes. S'inspirant tour à tour des dix modes d'Aenesidème et des *Hypotyposes* de Sextus Empiricus, Diderot note que « le sceptique peut se promettre l'ataraxie, en saisissant l'opposition des choses qu'on aperçoit par le sens & celle qu'on connaît par la raison, ou par la suspension du jugement lorsque l'opposition dont il s'agit ne peut être saisie », mais qu'elle est produite artificiellement par les contrepoids dont nous avons parlé[9]. Il ne saurait nous échapper que les modernes ont souvent cherché à neutraliser un jugement par un autre, souvent à des fins apologétiques, le scepticisme s'étant trouvé dès le XVIe siècle et à l'âge classique, un excellent allié de l'apologétique ; c'est par exemple le cas de Pascal qui, pour disposer à la morale chrétienne[10], cherche à établir qu'il est impossible d'avoir du côté des philosophies la moindre morale qui vaille puisqu'elles se contredisent toutes ou que l'on peut les mettre en position de contradiction réciproque. C'est aussi, plus radicalement, le cas de Berkeley qui dénonçait le mouvement de transcendance, lequel nous pousse à poser des choses matérielles

9. Car la suspension du jugement ne s'effectue pas toujours avec une foule d'oppositions qui est donnée par la nature ou par la société, par « les constitutions, les coutumes, les lois, les superstitions, les préjugés, les dogmes » (Tome VIII, p. 143).

10. Pour tenter de le faire en tout cas, car on ne voit pas pourquoi l'incroyant ne pourrait pas poursuivre le jeu sceptique à l'égard du christianisme, alors qu'il fonctionne si bien à la confusion des philosophies païennes. Il faut avoir la partialité des croyants pour se figurer que le tournoiement sceptique n'a jamais lieu qu'entre les philosophies. Posée à l'intérieur du domaine des philosophies, la question « *quel est, entre tant d'avis opposés, celui auquel il faut se conformer ?* » (Tome VIII, p. 144) se poursuit à l'intérieur même de la sphère des religions.

au-delà des impressions que nous croyons en avoir. C'est bien sa philosophie que nous croyons voir se profiler – et quand bien même ce serait à son corps défendant[11] – quand Diderot fait ressortir que « le sceptique ne définit point son assentiment, il s'abstient même d'expressions qui caractérisent une négation ou une affirmation formelle. Ainsi il a perpétuellement à la bouche, « je ne définis rien ; pas plus ceci que cela ; peut-être oui, peut-être non ; je ne sais si cela est permis ou non permis, possible ou impossible ; qu'est-ce qu'on connaît ? Être et voir est peut-être une même chose » (DPV, VIII : 143-4)[12].

Il est clair que, même si Diderot paraît faire, avec les thèses des auteurs sceptiques, des compilations dont les spécialistes ont pu aisément montrer qu'elles s'inspiraient de Huet et de Brucker pour ce qui est de l'information, il est partie prenante dans la plupart d'entre elles et tout particulièrement quand elles contiennent jusqu'au titre d'une de ses œuvres sur laquelle nous allons bientôt nous arrêter : « Dans une question posée par le dogmatique, le pour & le contre lui conviennent également » (DPV, VIII : 144). On aura reconnu le titre de l'ouvrage qui nous retiendra dans quelques instants. Diderot fait son chemin à travers ces thèses dont un très grand nombre d'entre elles deviendront les siennes, développées dans chacune de ses œuvres. Comment ne reconnaîtrions-nous pas tel ou tel passage de la *Lettre sur les aveugles*, dans l'idée sceptique de relativité de ce qu'on connaît par les sens, de ce qu'on connaît par l'imagination, de ce qu'on connaît par l'entendement, de la relativité de nos façons d'accorder nos facultés les unes aux autres[13] ? Nombreux sont

11. Car Berkeley prétendait pourfendre, par son immatérialisme, les sceptiques, les athées et les matérialistes, plutôt que grossir leur courant. Toutefois on a pu montrer que, « pour combattre le scepticisme de son temps, Berkeley a produit une philosophie, qui ressemble par de nombreux traits, au phénoménisme pyrrhonien, un scepticisme dont le contenu est d'abord à rapporter au sens propre du verbe grec *σκήπτομαι* [sképtomai] : chercher, examiner, inspecter, et non pas à l'affirmation massive que “rien n'est certain” » (Geneviève Brykman, *Berkeley et le voile des mots*, Vrin, Paris, 1993, p. 35).

12. Comment ne pas reconnaître ici le fameux principe « Être c'est être perçu », qui traverse toute l'œuvre de Berkeley, dès les *Notes philosophiques* ? Voir Geneviève Brykman, *op. cit.*, p. 63 et ss. Berkeley avait toutefois pris soin de préciser dès le départ : *Esse est percipi aut percipere.*

13. Pascal avait subtilement vu que si les sens nous pipaient au point qu'il faille les dépasser par une recherche de l'entendement, la liaison que nous assurons, à cette occasion, entre les sens et l'entendement, faisait que l'entendement pipait à son tour les sens, en dépit de sa volonté de transcendance à leur égard. « Ces deux principes de vérité, la raison et les sens, outre qu'ils manquent chacun de sincérité, s'abusent réciproquement l'un l'autre. Les sens abusent la raison par de fausses apparences, et cette même piperie qu'ils apportent à l'âme ils la reçoivent d'elle à leur tour. Elle s'en revanche » (*Les Pensées*, frag.

les modernes qui, avant Diderot, avaient soumis ces thèmes à des variations indéfinies. Les facultés n'ont-elles pas, chacune, leurs objets et n'est-il pas très risqué de tenir les objets de l'une comme identifiables avec les objets de l'autre ? Sans le langage qui les force, ces identifications ne nous apparaîtraient jamais comme possibles, quoiqu'elles puissent n'embrasser que du vide.

« Mais la liaison dans le raisonnement ne se connaît pas plus que l'objet ; il faut toujours en venir à prouver une liaison par une autre, ou celle-ci par celle-là, ou procéder à l'infini, ou s'arrêter à quelque chose de non démontré » (DPV, VIII : 144-145). Et Diderot de soumettre à la critique, de ce point de vue, chaque élément de la démonstration, qu'il s'agisse des définitions, des axiomes, des modes de raisonnement. Reprenant la critique de Sextus Empiricus, dans *Contre les géomètres*, *Contre les arithméticiens*, dont Pascal semblait déjà avoir hérité avant lui, Diderot montre, avec des arguments qui semblent hors du temps et ne pas avoir d'âge[14], que les définitions sont inutiles et qu'elles renvoient à l'infini[15] ; que la démonstration ne peut apparaître convaincante que si l'on oublie le « si » par lequel elle commence, que ce « si » la fragilise en la rendant dépendante de ses points de départ et en ouvrant, autant qu'ils

Sellier 78, in : *Les Provinciales. Pensées*, La Pochothèque, Paris, 2004, p. 861). Comment ne penserions-nous pas à Pascal quand on lit chez Diderot : « Quel est, entre tant d'avis opposés, celui auquel il faut se conformer ?
Le caractère du vrai et du faux considéré relativement au sens & à l'entendement n'est pas moins obscur. L'homme ne juge pas par le sens seul, par l'entendement seul, ni par l'un & l'autre conjointement.
Le caractère du vrai et du faux relativement à l'imagination est trompeur ; car qu'est-ce que l'image ? Une impression faite dans l'entendement par l'objet aperçu. Comment arrive-t-il que ces impressions tombent successivement les unes sur les autres, & ne se brouillent point ? Quand d'ailleurs cette merveille s'expliquerait, l'imagination prise comme une faculté de l'entendement ne se concevrait pas plus que l'entendement qui ne se conçoit point » (Tome VIII, p. 144).

14. Il est étrange que les arguments sceptiques, qui sont plutôt en position de nier les affirmations des dogmatiques, peuvent bien être éloignés de nous de plus de deux mille ans : ils n'en paraissent pas moins s'adresser aux raisonnements de nos jours. Comment expliquer ce paradoxe de la relative a-temporalité des arguments sceptiques ?

15. « Les définitions sont inutiles ; car celui qui définit ne comprend pas la chose par la définition qu'il en donne, mais il applique la définition à une chose qu'il a comprise ; et puis, si nous voulons tout définir, nous retomberons dans l'impossibilité de l'infini ; et si nous accordons qu'il y a quelque chose qu'on peut comprendre sans définition, il s'ensuivra qu'alors les définitions sont inutiles, & que, par conséquent, il n'y en a point de nécessaire.
Autre raison pour laquelle les définitions sont inutiles, c'est qu'il faut commencer par établir la vérité des définitions, ce qui engage dans des discussions interminables » (DPV, VIII : 145).

la bordent, une béance qui mine leur certitude. De plus, quel que soit le mode de raisonnement que l'on veuille faire valoir, qu'il s'agisse de syllogisme[16], de déduction, ou d'induction[17], on rencontre toujours une faiblesse semblable, déplacée, mais jamais arrêtée. C'est par un coup de force qui nie les premières failles des définitions, des axiomes, des postulats que l'on peut partir dans un raisonnement; il faudrait une science des points de départ qui permettrait de choisir et d'écrire ce dont nous paraissons avoir besoin[18], mais qui est complètement impossible et des méthodes pour accompagner les raisonnements, mais elles ne nous viennent jamais vraiment en aide, puisqu'elles nous lâchent au moment où on en aurait le plus besoin.

Cette faille dans les propositions, rendues circulaires, qu'elles soient des définitions ou des jugements (axiomes, postulats, théorèmes), est décelable dans leurs unités constitutives, plus élémentaires, que sont les notions et les concepts. On voit Diderot poursuivre, non sans délectation, ce travail de dissolution sceptique de ces éléments dont les raisonnements ont besoin: le tout, les parties du tout[19], le nombre, l'espace[20],

16. « Le syllogisme simple est vicieux; on l'appuie sur une base ruineuse, ou des propositions universelles, dont la vérité est admise sur une induction faite des singuliers, ou des propositions singulières, dont la vérité est admise sur une concession précédente de la vérité des universelles » (DPV, VIII: 145).

17. « L'induction est impossible, car elle suppose l'exhaustion de tous les singuliers; or les singuliers sont infinis en nombre » (DPV, VIII: 145).

18. Une sorte de nomologie ou de nomographie pour chaque savoir comme Bentham a pu en rêver pour écrire le droit et ne pas commettre les erreurs dans lesquelles un législateur, même bien intentionné, ne peut manquer de tomber.

19. « Le tout ne se comprend point; car qu'est-ce que le tout, sinon l'agrégation de toutes les parties ? Toutes les parties ôtées, le tout se réduit à rien.
Mais les parties: ou elles sont parties du tout, ou parties les unes des autres, ou parties d'elles-mêmes. Parties du tout, cela ne se peut, car le tout & ses parties c'est une même chose; parties les unes des autres ou d'elles-mêmes, cela ne se peut.
Mais s'il y a notion certaine ni du tout ni de ses parties, il n'y aura notion certaine ni d'addition ni de soustraction, ni d'accroissement, ni diminution, ni de corruption; ni de génération, ni d'aucun autre effet naturel » (DPV, VIII: 147).
L'incompréhension du tout entraîne évidemment une incompréhension des opérations fondamentales de l'arithmétique.

20. « Si le lieu est l'espace que le corps occupe, ou il a les dimensions mêmes du corps, ou il ne les a pas; s'il les a, c'est la même chose que le corps; s'il ne les a pas, le lieu & le corps sont inégaux.
Les dogmatiques ne savent ce que c'est que le lieu, l'espace & le vide, surtout s'ils distinguent le lieu du vide; l'espace ayant des dimensions, il s'ensuit ou que des corps se pénètrent, ou que le corps est son propre espace » (DPV, VIII: 148).

le temps[21], le mouvement, le vide, la cause. Diderot ne les pointe pas seulement dans les sceptiques du passé ; il paraît les suivre dans les articles qu'il rédige pour l'*Encyclopédie* chez les auteurs modernes. C'est ainsi que les « catégories », repérées chez les auteurs de l'antiquité, sont encore pistées à l'article HOBBISME dans lequel Diderot, qui minimise ses désaccords politiques avec Hobbes, s'intéresse à sa théorie de l'espace, du temps, du mouvement, qui deviennent autant de fantômes, sans réalité certes, mais aussi indispensables à tout discours, qu'ils soient ordinaires ou théoriques.

Nous poursuivrons dans le détail un mouvement que nous voyons déjà se dessiner à grands traits, ici, chez Diderot qui le doit probablement à Hobbes et à Pascal[22] : le renversement et la conservation tout à la fois du scepticisme, qu'il s'attaque aux notions, aux propositions ou aux jugements, son passage d'un état de délitement et de décomposition vers un état de reconstruction, qui n'enlève pas le scepticisme, mais permet qu'il passe au service d'une élaboration positive du savoir et de l'action. En d'autres termes, plutôt que d'être minées par le scepticisme, il faut que les notions et leurs compositions se consolident les unes les autres et gagnent une réalité au moyen de fantômes et de parcours fantasmatiques. C'est ainsi que Diderot en vient à distinguer les positions utiles du scepticisme – qui sont celles de l'Académie – de positions désastreuses qui, si elles ne sont pas limitées, ne sont que destructrices et deviennent fort dangereuses – celle de Pyrrhon, par exemple. Est dangereux par exemple, si l'on ne sait pas le borner, le mouvement de compensation que nous avons décrit qui consiste à contrebalancer exactement le poids d'une proposition par la sollicitation d'un poids accordé à la proposition contraire. Certes, ce faisant, le risque d'être intolérant est moins grand que celui des dogmatiques[23], mais pourquoi ce poids recherché dans la contrepe-

21. « À juger du temps par les apparences, c'est quelque chose ; par ce qu'en disent les dogmatiques, on ne sait plus ce que c'est.
La notion du temps est liée à celle du mouvement & du repos. Si de ces trois idées il y en a une d'incertaine, les autres le deviennent.
Le temps peut-il être triple ? Le passé et le futur ne sont pas : l'un n'est plus, l'autre n'est pas encore. Le présent s'échappe, & sa vitesse se dérobe à notre conception » (DPV, VIII : 148).

22. Mouvement que Bentham, dans sa théorie des fictions, croira devoir à D'Alembert, alors qu'il le doit peut-être à des articles de l'*Encyclopédie*, sinon signés par Diderot, du moins qu'on peut lui attribuer.

23. Dans sa correspondance avec Diderot, Falconet préconisera la tolérance avec des arguments sceptiques : « Si les disputes et les contradicteurs littéraires parvenaient à distinguer l'opinion d'avec son défenseur. S'ils se ressouvenaient que les mêmes idées ne

sée devrait-il être égal ? Pourquoi ne serait-il pas inégal de telle sorte que le jeu des propositions soit beaucoup plus diversifié et que l'action ne soit pas empêchée par une vaine ataraxie qui nous voue à l'immobilisme et au conservatisme ? La préférence que Diderot ne cache pas en faveur de l'Académie et contre Pyrrhon vient de là : la première permet une souplesse dans les degrés de fiabilité que l'on accorde aux propositions. En revanche et en second lieu, si Pyrrhon a bien vu que tout jugement, fût-il théorique, dépend, au bout du compte de l'action et qu'il s'enracine dans la vie pratique[24], puisque c'est volontairement que l'on peut faire monter ou faire baisser le degré de fiabilité d'une proposition, il saccage cette juste appréciation en rendant, le coup d'après, toute action, sinon tout à fait impossible, du moins hasardeuse, et sans plus de fondement que celle qui entreprendrait le contraire[25]. On ne peut pas rester sans bien et sans mal[26] quand bien même on ne saurait pas ce

frappent jamais également tous les cerveaux. S'ils ne mettaient pas plus d'importance à leurs opinions que souvent elles n'en méritent. S'ils se respectaient assez eux-mêmes pour ne pas donner à leurs adversaires le droit de les déchirer avec aigreur ; (a-t-on jamais ce droit ?) les injures imprimées deviendraient aussi rares qu'elles ont été communes, qu'elles le sont et le seront sans doute » (*Le Pour et le Contre ou Lettres sur la postérité*, dans DPV, XV : 121). Un peu plus loin dans la correspondance, Diderot approuvera tout en émettant les plus grandes réserves sur la psychologie des sceptiques et leur morale qui consiste à opposer à l'opinion dont on est convaincu l'opinion contraire : « Vos dernières lignes sur la manière dont il convient à d'honnêtes gens de discuter les questions problématiques en quelque genre que ce soit, sont admirables ; mais, mon ami, nos opinions sont nos maîtresses ; et où est l'amant qui souffre patiemment qu'on lui dise que sa maîtresse est laide ? Je ne connais que la haine théologique qui soit aussi violente que la jalousie littéraire » (DPV, XV : 130).

24. « Il n'y a aucun caractère théorique du vrai & du faux, il y en a un pratique » (Tome VIII, p. 144). Comme Nietzsche refusait la distinction de la théorie et de la pratique, Diderot n'accepte pas que « l'homme un et vrai » puisse avoir « deux philosophies, l'une de cabinet & l'autre de société ; il n'établira point dans la spéculation des principes qu'il sera forcé d'oublier dans la pratique » (DPV, VIII :159-160).

25. « Quoi qu'il voie, quoi qu'il entende, quoi qu'on fasse, il reste immobile ; tout lui paraît également bien ou mal, ou rien en soi.
Mais si le bien & le mal ne sont rien en soi, il n'y a plus de règle ni des moeurs ni de la vie. La vertu est une habitude ; or on ne sait ce que c'est qu'une habitude ni en soi ni dans ses effets.
Les mots d'arts & de sciences sont pour le sceptique vides de sens. Au reste, il ne soutient ces paradoxes que pour se détacher des choses, écarter les troubles de son âme, réduire ce qui l'environne à sa juste valeur, ne rien craindre, ne rien désirer, ne rien admirer, ne rien louer, ne rien blâmer, être heureux, & faire sentir au dogmatisme sa misère & sa témérité » (Tome VIII, p. 149).

26. « Il n'était pas possible qu'une secte qui ébranlait tout principe, qui disait que le vice & la vertu étaient des mots sans idées, & qu'il n'y avait rien en soi de vrai & de faux, de

qu'ils sont, ni si bien et mal sont des objets de savoir[27]. On ne voit pas comment l'auteur de l'*Encyclopédie* pourrait se satisfaire d'une telle morale et ne pas envisager sa chute inscrite dans son projet même.

Nous avons déjà largement commencé à parler de l'action ; sans doute n'avons-nous aucune raison de penser que la philosophie morale soit moins suspecte que la philosophie naturelle[28], mais à la différence des sciences dont la solution peut attendre[29], la conduite pratique ne le peut pas. Si l'orientation vers l'action paraît pointer une solution pour la vérité des sciences ou son équivalent, c'est bien du côté de balances probabilistes (qui pèsent des degrés de probabilité) plutôt que d'une incertaine métaphysique qu'il convient de trouver une issue au scepticisme. Faute de penser la probabilité autrement que comme un rééquilibrage artificiel dont le seul débouché est celui d'un conformisme social, moral, religieux[30], l'initiative laissée à l'acteur de transformer tout savoir en savoir technique, en opinion droite comme disaient les Anciens, ne serait qu'une vanité et qu'un danger. Le scepticisme est attirant par l'ouverture pratique qu'il sait faire ; il indique par lui-même la bonne issue pour se vaincre lui-même ; il est efficace contre une grande partie du dogmatisme ; mais il est impuissant à régler par lui-même cette ouverture en raison d'une conception trop dogmatique de la probabilité. Il est irrecevable sous sa forme pyrrhonienne dans la pratique : la preuve de son échec réside dans le fait que le résultat de la morale des sceptiques n'est pas très éloigné

bon & de mauvais, de bien & de mal, de juste & d'injuste, d'honnête & de déshonnête, fît de grands progrès chez aucun peuple de la terre. Le sceptique avait beau protester qu'il avait une manière de juger dans l'école & une autre dans la société, il est sûr que sa doctrine tendait à avilir tout ce qu'il y a de plus sacré parmi les hommes. Nos opinions ont une influence trop immédiate sur nos actions pour qu'on pût traiter le scepticisme avec indifférence. Cette philosophie cessa promptement dans Athènes ; elle fit peu de progrès dans Rome, surtout sous les empereurs » (DPV, VIII : 149-150).

27. Cette dernière position sceptique, que ne démentirait nullement Hume, est aussi celle de Diderot : « Lorsque les dogmatiques rapportent le bien à ce qui excite notre désir, à ce qui nous est utile, à ce qui fait notre bonheur, ils spécifient bien les effets du bien, mais ils ne désignent point ce que c'est. » (DPV, VIII : 148).

28. « Si le sceptique ne voit que de l'incertitude dans la philosophie naturelle, croit-on que la philosophie morale lui soit moins suspecte ? » (DPV, VIII : 145).

29. Encore que ce soit « l'homme instruit de l'art et de la science qui apercevra l'amphibologie qui tromperait » et que ce soit « l'homme versé dans l'art ou la science qui (...) résou[dra] » les différents sophismes qu'on peut faire. » (DPV, VIII : 145).

30. Le cartésianisme, qui n'est pas une pensée de la probabilité, n'échappe pas, de ce point de vue, à la règle.

de celui des stoïciens[31]. Cette carence a dévoyé Pyrrhon comme elle a dévoyé Descartes qui s'est égaré dans une métaphysique abstruse aussi peu convaincante que ce qu'elle cherchait à fuir[32]. Il est vrai que Diderot, dans quelques textes, a paru trouver, à l'instar de Hume, et dans le sillage de bon nombre de sceptiques anciens[33] et modernes, dans la notion de *nature*[34] – quand ce n'est pas contradictoirement dans les notions de *convention* et de *conformisme*[35] –

31. « Le doute avait conduit le sceptique à la même conclusion que le stoïcien tenait la nécessité » (DPV, VIII : 149). Et, dans l'article « Scepticisme & Sceptiques », Diderot note que, visant l'ataraxie, ils recherchaient évidemment « l'exemption de trouble à l'égard des opinions », ainsi que « la modération des passions & des douleurs ». Ainsi, « ils prétendaient qu'en ne déterminant rien sur la nature des biens & des maux, on ne poursuit rien avec trop de vivacité, & que par là on arrive à une tranquillité parfaite, telle que peut la procurer l'esprit philosophique ; au lieu que ceux qui établissent qu'il y a de vrais biens & de vrais maux se tourmentent pour obtenir ce qu'ils regardent comme un vrai bien. Il arrive de là qu'ils sont déchirés par mille secrètes inquiétudes, soit que n'agissant plus conformément à la raison, ils s'élèvent sans mesure, soit qu'ils soient emportés loin de leur devoir par la fougue de leurs passions, soit enfin que, craignant toujours quelque changement, ils se consument en efforts inutiles pour retenir des biens qui leur échappent. Ils ne s'imaginaient pourtant pas, comme les stoïciens, être exempts de toutes les incommodités qui viennent du choc & de l'action des objets extérieurs ; mais ils prétendaient qu'à la faveur de leur doute sur ce qui est bien ou mal, ils souffraient beaucoup moins que le reste des hommes, qui sont doublement tourmentés, & par les maux qu'ils souffrent, & par la persuasion où ils sont que ce sont de vrais maux » (DPV, VIII : 283). Quoiqu'ils passent par de tout autres chemins que les stoïciens, le résultat de leur morale ne diffère pas beaucoup.
32. Diderot affiche une volonté de ne pas perdre son temps à développer une métaphysique abstruse : « Lorsque de conséquences en conséquences, j'aurai conduit un homme à quelque proposition évidente, je cesserai de disputer. Je n'écouterai plus celui qui niera l'existence des corps, les règles de la logique, le témoignage des sens, la distinction du vrai & du faux, du bien & du mal, du plaisir & de la peine, du vice & de la vertu, du décent & de l'indécent, du juste & de l'injuste, de l'honnête & du déshonnête. Je tournerai le dos à celui qui cherchera à m'écarter d'une question simple, pour m'embarquer dans des dissertations sur la nature de la matière, sur celle de l'entendement, de la substance, de la pensée, & d'autres sujets qui n'ont ni rive ni fond » (DPV, VIII : 159).
33. « Pour ce qui concerne les actions civiles & les choses de pratique, ils convenaient qu'il fallait suivre la nature pour guide, se conformer à ses impressions, & se plier aux lois établies dans chaque nation » (DPV, VIII : 283).
34. « je me garderai bien de perdre mon temps à détruire dans un homme une opinion qu'il n'a pas, & à qui je n'ai rien à opposer de plus clair que ce qu'il nie. Il faudrait pour le confondre que je puisse sortir de la nature, l'en tirer, & raisonner de quelque point hors de lui & de moi, ce qui est impossible » (DPV, VIII : 160).
35. « Il (le sceptique) se conforme à la vie commune, & il dit avec le peuple : il y a des dieux, il faut les adorer, leur providence s'étend sur tout ; mais il dispute de ces choses contre le dogmatique, dont il ne peut supporter le ton décisif » (DPV, VIII : 145-146).

une sorte de milieu entre deux extrêmes qui siérait à l'action[36]. S'il n'y a pas de vérité pratique, au moins y a-t-il une sincérité de la nature[37]. Mais s'y est-il tenu et n'est-il pas allé beaucoup plus loin, en ne se contentant ni de suivre la nature ni de suivre les conventions ?

LE TRAVAIL DE LA CONTRADICTION. L'AFFRONTEMENT DE DEUX THÈSES DANS LE POUR ET LE CONTRE

Il nous est apparu clairement que ce que Diderot suit avec le plus d'attention à travers les divers modes du scepticisme, c'est le sort réservé aux contradictions et la façon de les traiter.

L'éloge qu'il fait de Montaigne à l'article de la philosophie pyrrhonienne, tient essentiellement au sort qu'il fait subir aux contradictions. Montaigne ne s'effarouche pas des contradictions ; elles sont celles des sujets dont il traite ; et il cherche ce qui relie les propositions les plus contradictoires :

> Il n'y a presque aucune question que cet auteur n'ait agitée **pour & contre**, & toujours avec le même air de persuasion. Les contradictions de son ouvrage sont l'image fidèle des contradictions de l'entendement humain. Il suit sans art l'enchaînement de ses idées[38] ; il lui importe fort peu d'où il parte,

36. On trouve ce même souci du milieu à l'article SOCRATIQUE, PHILOSOPHIE, lorsque Diderot dit de Socrate que « cet homme d'une prudence & d'une expérience consommées, qui avait tant écouté, tant lu, tant médité, s'était aperçu que la vérité est comme un fil qui part d'une extrémité des ténèbres & se perd de l'autre dans les ténèbres ; et que, dans toute question, la lumière s'accroît par degrés jusqu'à un certain terme placé sur la longueur du fil délié, au-delà duquel elle s'affaiblit peu à peu & s'éteint. Le philosophe est celui qui sait s'arrêter juste ; le sophiste imprudent marche toujours, & s'égare lui-même & les autres : toute sa dialectique se résout en incertitudes » (DPV, VIII : p. 318).

37. L'appendice de l'*Entretien* intitulé *Qu'en pensez-vous ?* présente la sincérité comme une sorte de substitut de la vérité dont nous ne pouvons jamais être assuré : « Dans tous les cas, il n'est rien de tel pour ne pas se tromper, que d'être toujours sincère avec soi-même » (Diderot D., *Œuvres philosophiques*, NRF Gallimard, 2010, p. 658).

38. Pascal prétendra n'avoir pas plus de méthode sur ce point : Br. 373 : « Pyrrhonisme. – J'écrirai ici mes pensées sans ordre, et non pas peut-être dans une confusion sans dessein : c'est le véritable ordre, et qui marquera toujours mon objet par le désordre même. Je ferais trop d'honneur à mon sujet, si je le traitais avec ordre, puisque je veux montrer qu'il en est incapable. » Je pourrais citer aussi, dans le même sens : *Pensées*, frag. 562, 573, in : *Les Provinciales. Pensées*, La pochothèque. Le livre de poche, Paris, 2004, p. 1132, 1136) ; ce qui n'est pas très étonnant de la part de celui qui affirmait que « le pyrrhonisme est le vrai » (frag. 570, p. 1136).

> comment il aille, ni où il aboutisse. La chose qu'il dit, c'est celle qui l'affecte dans le moment. Il n'est ni plus lié ni plus décousu en écrivant, qu'en pensant ou qu'en rêvant. Or il est impossible que l'homme qui pense soit tout à fait décousu. Il faudrait qu'un effet pût cesser sans cause, & qu'un autre effet pût commencer subitement & de lui-même. Il y a une liaison nécessaire entre les deux pensées les plus disparates ; cette liaison est, ou dans la sensation, ou dans les mots, ou dans la mémoire, ou au-dedans, ou en dehors de l'homme. C'est une règle à laquelle les fous mêmes sont assujettis dans leur plus grand désordre de raison. Si nous avions l'histoire complète de tout ce qui se passe en eux, nous verrions que tout y tient, ainsi que dans l'homme le plus sage et le plus sensé. Quoique rien ne soit si varié que la suite des objets qui se présentent à notre philosophe, & qu'ils semblent amenés par le hasard, cependant ils se touchent tous d'une ou d'autre manière. (DPV, VIII : 152).

Il est sûr que Diderot trouvera aux contradictions des solutions autrement élaborées que celles de Montaigne ; mais il nous faut d'abord voir, sur un exemple privilégié, celui que l'on trouve dans *Le Pour et le Contre*, comment se travaille une contradiction avant que l'on puisse songer à la résoudre.

Le problème est posé ainsi au départ : doit-on jouir de la renommée tout de suite ou faut-il compter sur l'avenir *post mortem* pour en bénéficier sans pouvoir la sentir autrement que par anticipation – une anticipation qui risque d'être trompeuse – ? Déçu par les juges présents qui ne reconnaissent pas notre travail, ou auprès desquels nous n'avons parfois pas même le loisir de pouvoir présenter notre travail, n'est-il pas légitime de pouvoir compter sur « le concert de flûtes »[39] de la postérité ? Ou, comme le pense le sculpteur Falconet, plutôt encensé par la reconnaissance de ses contemporains, n'est-ce là que folie de miser à la loterie de l'avenir et d'escompter des éloges que nos oreilles n'entendront pas : « Je ne saurais me chauffer de si loin » dit le sculpteur[40]. De la pesée des deux juridictions, celle du présent et celle de l'avenir, laquelle doit l'emporter ?

Le problème sera posé plusieurs fois au cours des dix-sept lettres de la Correspondance et il évoluera entre les deux épistoliers au fil d'un travail qui permettra d'épanouir thèse et antithèse en toutes sortes de variations selon les modalités les plus diverses ; ils ne se convaincront jamais et ne paraissent d'ailleurs pas non plus chercher à le faire ; ils travaillent néanmoins loyalement tous deux à une solution et si la solution de Diderot nous semble plus

39. *Le Pour et le Contre*, Lettre I, p. 3.
40. *Le Pour et le Contre*, Lettre II, p. 7.

intéressante que celle de Falconet, c'est parce que Diderot a trouvé l'enveloppement décisif par le schème qui permet de laisser subsister la thèse et l'antithèse. Regardons leur déploiement – les rendît-il inconciliables – à partir de positions que leurs défenseurs acceptent l'un et l'autre. Que le vrai soit compris comme un ancrage dans un présent qui seul doit être pris en compte dans l'évaluation de la renommée ou qu'il soit, au contraire, celui d'un ancrage qui doive être projeté dans un futur qui n'est qu'un fantasme dans la tête de celui qui le projette, la vérité est entièrement temporalisée. Elle est aussi spatialisée, que l'on conçoive contradictoirement la renommée au lieu où l'on est ou qu'on l'envisage en des lieux où l'on ne vit pas, où l'on ne vivra jamais : « Vous me dites toujours, rappelle Diderot à Falconet, que vous comptez pour rien l'éloge qui est à cent pas de vous, et vous n'osez pas assurer nettement que vous fassiez aussi peu de cas de celui qu'on vous accorde à votre insu, à Londres ou à Pékin. Mon ami, si nos productions pouvaient aller dans Saturne, nous voudrions être loués dans Saturne ; et je ne doute point que si elles étaient de nature à voyager dans toutes les parties de l'univers comme elles sont de nature à voyager sur tous les points de notre globe, et à passer à toute la durée successive, l'émulation ne s'étendît avec cette sphère, et que l'artiste ne fît plus pour l'espace immuable, immense, infini, éternel que pour un point de cet espace ».

Si Diderot fait, de façon très leibnizienne mais aussi de façon hobbésienne comme on le voit dans le chapitre des autorités et des personnes dans le *Léviathan*, du dépassement du présent et du lieu où l'on est, fût-ce par la seule imagination, l'essentiel de notre humanité[41], Falconet ne se laisse guère impressionner par l'argument et fait valoir, à la façon augustinienne, que le futur n'est jamais futur que d'un présent, enraciné dans un présent[42] dont

41. « Vous lirez dans un autre que celui qui concentrerait toute son existence dans un instant différerait peu de la brute, et qu'il est de la nature de l'homme de s'entretenir du passé et de l'avenir » (*Le Pour et le Contre*, Lettre XV, p. 200). Et, dans sa Lettre III : « Malgré que nous en ayons, nous proportionnons nos efforts au temps, à l'espace, à la durée, au nombre des témoins, à celui des juges ; ce qui échappe à nos contemporains, n'échappera pas à l'œil du temps et de la postérité. Le temps voit tout ; autre germe de perfection. Cette espèce d'immortalité est la seule qui soit au pouvoir de quelques hommes, les autres périssent comme la brute » (*Le Pour et le Contre*, p. 11).

42. On lit dans la Lettre IV : « Sans doute aussi qu'il y aurait de la folie à ne pas mieux aimer entendre son éloge dans une bouche qui ne finira jamais, que dans une autre. À condition pourtant, qu'on eût des oreilles qui puissent toujours entendre, et que l'éloge ne soit pas fait par Pline » (*Le Pour et le Contre*, p. 16-17).

il est, avec le passé, une des distensions ; et que, s'il avait à choisir entre une sortie du présent vers l'avenir et une sortie vers le passé, il préférerait la sortie vers le passé. Alors commence entre les deux auteurs un jeu stratégique d'enveloppements très subtil dont le but est d'enfermer l'autre dans l'insuffisance de son propre schème, par une inspection de plus en plus fine de ce qui les oppose. Montrons quelques échantillons de ces enveloppements qui conduiront peut-être à l'ultime enveloppement par Diderot.

Lorsque Diderot fait valoir que le fait de valoriser le futur n'exclut nullement d'attribuer une valeur au présent, il se voit répliquer que les fantasmes de l'avenir n'ont jamais de sens que par la réalité du présent et à partir d'elle ; et que, s'il s'agissait de vénérer une sortie du présent, il conviendrait de donner le primat aux grands hommes du passé[43] qui ont, par rapport aux projections d'une incertaine renommée future, le mérite d'exister et de pouvoir nous inspirer réellement plutôt que de feindre un vain tribunal qui n'a (encore) aucun sens aux yeux d'un homme puissant qui agit au présent. Diderot a beau parler des incohérences de son contradicteur : Falconet aura peu de peine à faire sentir à son ami que cette vénération des fantômes de l'avenir est très peu cohérente avec les positions matérialistes qu'il arbore par ailleurs. Un matérialiste conséquent n'accordera-t-il pas toujours le primat au présent ne tenant l'idée d'un jugement du présent à partir de l'avenir que pour une billevesée sans consistance, puisque je n'ai pas de prises sur une telle chimère ?

Mais une pensée matérialiste doit-elle ne faire aucune place aux fantômes de l'imagination, de l'entendement, comme les appelle Hobbes et comme Diderot se fait l'écho de leur importance dans l'article de l'*Encyclopédie* consacré au Hobbisme ?[44] Cette tentative d'enveloppement est redoutable et elle a dû toucher Diderot : l'appel à une justice du futur ne relève-t-il pas d'une morale de ressentiment, d'une vengeance à l'égard du présent qui n'a pas su nous reconnaître ? La renommée posthume, dont Diderot attribue la

43. Falconet va chercher ses modèles avant lui et non après lui : « C'est ainsi que l'antériorité (passez-moi le mot) fait chez moi ce que la postérité fait chez vous » (*Le Pour et le Contre*, Lettre VI, p. 21).

44. « L'espace est un fantôme d'une chose existante, *phantasma rei existentis*, abstraction faite de toutes les propriétés de cette chose, à l'exception de celle de paraître hors de celui qui imagine.
Le temps est un fantôme du mouvement considéré sous le point de vue qui nous fait discerner priorité & postériorité, ou succession » (art. Hobbisme ou Philosophie de Hobbes, *Encyclopédie,* DPV, VII : p. 386).

recherche aux grandes âmes[45], n'est-elle pas le nom glorieux d'une foi moins élégante d'un besogneux déçu qui va chercher dans la mort de piètres justifications ou consolations d'une vie ratée ? On voit Falconet se livrer à un calcul d'énergie qui conclut en faveur du réalisme du présent[46] : sa position serait, pense-t-il, plus « forte » que celle de Diderot. Diderot, qui contrattaque[47], n'en paraît pas moins – donnant implicitement raison à Falconet – croire à une justice interne de l'histoire par laquelle ceux qui ont échoué au présent pourront prendre leur revanche *post mortem*[48] et rejouer après coup les cartes qu'ils ont ratées sur le champ[49], sans qu'on puisse savoir pourquoi elles seront meilleures, servies plus tard, qu'au présent. Celui qui a lu Nietzsche se sent précipité vers le parti de Falconet.

45. « Le sentiment de l'immortalité n'entre jamais dans une âme commune et malhonnête. Le méchant inquiet des discours présents ne s'entretiendra jamais avec lui-même du jugement de l'avenir » (*Le Pour et le Contre*, Lettre XV, p. 189).

46. « Quoi ! dit Falconet, Celui qui ferait une action grande, un ouvrage excellent, sans penser à la postérité, n'aurait pas plus de force, plus d'énergie qu'un autre qui aurait invoqué la postérité avant de faire une action grande ou un ouvrage excellent ! C'est un bon conte, et qui vous le paraîtra toutes les fois que votre raison fera simplement un retour sur elle-même. Mais en étendant mon âme sur la postérité, je l'agrandis. Cet agrandissement n'est que de lieu et de temps, il n'est que d'emprunt. Ce que je mets bien au-dessus et qui l'est, c'est la grandeur propre d'une âme indépendante du passé et de l'avenir. Si de grandes âmes ont dit, la postérité parlera de nous, c'est que ces grandes âmes avaient un petit côté, c'était lui qui parlait. Voilà comment le sentiment de la postérité est chez les hommes.
Le mien est aussi dans l'humanité ; mais il lui est propre, il n'est pas postiche. Ce qui nous empêche de le reconnaître, c'est la faiblesse, l'éducation, les préjugés, l'exemple, l'importance exagérée en un mot, que nous mettons à notre mérite. Autant de moyens qui défigurent notre espèce au point que nous appelons erronées, les âmes qui se maintiennent à peu près dans l'état naturel » (Lettre VIII, p. 89-90).
Il explique aussitôt après comment ce n'est pas le souci de la postérité qui fait faire de grandes choses, mais le motif d'un aiguillon particulier.

47. « Je ne vous propose pas de vivre après la mort. Mais je vous propose de penser de votre vivant, que vous serez honoré après votre mort, si vous l'avez mérité » (Lettre VII, Tome XV, p. 41).

48. À Falconet qui lui avait dit que « cette attente – de renommée posthume – est bien incertaine », Diderot répond bizarrement qu'« elle n'a jamais été trompée » et que « l'eût-elle été autrefois, elle ne le sera plus » (Lettre VII, Tome XV, p. 34).

49. « Mais je veux plaire aussi à ceux qui nous succéderont et n'auront aucun de vos préjugés ; et si je n'avais que vous en vue, je ne plairais peut-être pas à ceux-ci, et je risquerais de ne pas vous plaire longtemps à vous-même. Je n'ai trouvé qu'un moyen de m'assurer la durée de votre éloge quand je l'ai mérité ; de l'espérer quand il m'a manqué ; de me consoler quand j'en désespère, c'est d'avoir sous les yeux le grand juge qui nous jugera tous » (Lettre VII, Tome XV, p. 40).

Toutefois, rien ne reste en place dans ce travail dialectique des antinomies. Ce qui nous intéresse dans cette correspondance est l'extension de l'antinomie de départ – faut-il compter sur le seul présent pour atteindre la gloire ? Ou l'avenir ne vient-il pas redistribuer les cartes, abaissant parfois la chance de ceux qui ont connu la renommée au présent et augmentant celle de ceux qui ne l'ont pas connue ? – en une véritable antithétique qui nous fait découvrir des antinomies en tout sens par l'analyse de plus en plus raffinée de l'antinomie de départ ? Mais le matérialisme et l'idéalisme ne viennent pas nécessairement du côté que l'on croit et se dessine alors très tôt dans le texte l'orientation qui donnera le maximum de chances à la thèse de Diderot plutôt qu'à celle de Falconet. Et ce n'est pas parce que l'on fait une place aux fictions que l'on renonce au matérialisme. Ce que nous avons appelé, en commençant – avec un anachronisme dont nous nous expliquerons – le « bayesianisme » de Diderot est ici à l'œuvre dans son argumentation : il importe peu que, ayant choisi une option, cette option ait semblé se fracasser contre le réel et être démentie par les choses mêmes : son échec ne fait pas la preuve qu'elle était mal fondée. On peut avoir, à un moment donné, mis le maximum d'atouts de son côté en agissant, et néanmoins échouer dans son action, mais de telle sorte qu'une personne loyale puisse dire que le calcul était très bon, qu'il n'y en avait peut-être pas de meilleur à faire dans les circonstances où il a été fait ; et même que, en prenant l'option que l'on a prise parmi plusieurs possibles, elle nous a donné le courage d'œuvrer réellement. Il ne faut pas oublier ce sur quoi avait insisté Hobbes et qui fut bien relevé chez lui par Diderot dans l'*Encyclopédie* : que la vérité est vérité d'un discours, d'un discours qui intime une action, et non pas une conformité avec les choses que le discours chercherait à décrire. Ainsi les choses ne sauraient nous démentir ni nous donner raison. Elles peuvent apparemment nous donner tort alors même que nous avons bien calculé notre action.

Quant à la force que peut nous donner ce point de vue, elle est évidente dès lors que, par-delà les juges présents qu'elle ne destitue pas de toute autorité, elle n'en multiplie pas moins le nombre des juges qui apprécieront ce que nous avons fait, alors même que nous ne serons plus[50]. La valeur de cette pers-

50. « Je vous l'ai dit et je vous le répète, notre émulation se proportionne secrètement au temps, à la durée, au nombre des témoins. Vous ébaucheriez peut-être pour vous : c'est pour les autres que vous finissez. Or tout étant égal d'ailleurs entre vous et moi, même sensibilité, même talent, même amour de la considération actuelle, même crainte du blâme présent ; si j'y joins l'idée de postérité, si j'accrois le nombre de mes approbateurs

pective, encore qu'elle parût en porte à faux avec la réalité enfin dévoilée, si l'on ose dire, est précisément qu'elle nous encourage, par nos œuvres, à nous hisser à la hauteur du tribunal qu'elle institue. Sans la teneur probabiliste que nous allons montrer dans le « bayesianisme » de Diderot, on pourrait rapprocher cette attitude de celle que l'on trouve chez Socrate dans le *Ménon* de Platon lorsque, interrogé par Ménon sur la croyance qu'il accorde à la réminiscence, il finit par avouer que c'est moins sa vérité qui importe que le fait qu'elle nous mette au travail pour la chercher. Le bayesianisme permet de donner une perspective ouverte en de multiples sens, mais aussi cohérente et rationnelle, à une philosophie qui, autrement, serait seulement enthousiaste et jubilatoire.

Cette façon de ne pas craindre le jugement de l'avenir, le héros cartésien l'a en commun avec le héros diderotien : loin du petit sentiment d'ambition que l'on pourrait avoir en profitant d'une gloire présente, justement ou injustement acquise, Diderot fait valoir la même générosité à l'égard de soi-même qui nous fait nous juger à notre juste valeur, quand bien même nous n'aurions pas eu de chances dans ce que nous aurions entrepris[51]. Diderot admirait chez Socrate le discours qui, sans orgueil, fit dire à ce grand Athénien que ses contemporains le regretteraient[52]. Loin du ressentiment, l'ouverture d'un tribunal du futur, que Diderot veut plus exigeant encore que celui du présent, n'est qu'une justice envers soi. Ainsi ce n'est pas parce qu'il est lesté par le présent que le jeu des passions est équilibré ; son équilibre est ailleurs et le réel de l'action ne se laisse pas forcément juger par la réalité des choses. Et quand bien même il ne voudrait pas de la justice pour soi, l'artiste la voudrait pour les œuvres qu'il a créées : qui voudrait que ses œuvres ne subsistassent pas après sa mort ? Si le marteau en main quelqu'un s'apprêtait

et de mes détracteurs existants, de la multitude infinie des juges à venir, j'aurai pour bien faire un motif de plus que vous ; vous serez l'homme du catafalque qu'on élève aujourd'hui et qu'on détruit demain, je serai l'homme de l'arc de triomphe qu'on bâtit pour l'éternité » (Lettre VII, p. 35-36).

51. « L'énergie de ce ressort particulier n'est bien connue que de ceux qui l'ont. C'est l'homme avec la fièvre, et l'homme de sang-froid. Mais jugez-en par le discours et les actions. Ils ont tenté des choses plus difficiles. Plus ils ont attaché de prix à la vie future, moins ils en ont mis à la vie présente. Ils ont été surtout à mille lieues par-delà la petite ambition de surpasser un rival » (Lettre VII, p. 36).

52. C'est par générosité et non par orgueil que Socrate énonce : « C'est quand je ne serai plus que vous vous rappellerez ma conduite et mes discours. Athéniens vous me regretterez » (Lettre VII, p. 40). On sait que le discours émouvant de Socrate dans son *Apologie* a été traduit par Diderot lors de sa captivité, en juillet 1749 au donjon de Vincennes.

à réduire en poudre une œuvre de Falconet en sa présence, le sculpteur ne l'en empêcherait-il pas, apportant la preuve que le présent de faire cette œuvre ou que le résultat de l'avoir faite ne semble pas suffire ?

La contradiction est donc constamment inspectée selon toutes sortes de perspectives ; elle est soumise à examen selon toutes les aspérités de l'interface qu'elle présente ; les deux positions contraires jouent l'une contre l'autre, comme si elles s'arasaient et non pas comme si elles s'évitaient dans un espace où l'on se demande toujours comment elles se sont croisées. L'antithèse kantienne ne travaille pas la thèse ; ni l'inverse. La dialectique diderotienne est un travail, qui fait exploser le nombre de centres d'intérêt, en pluralisant tous les lieux où la thèse accroche l'antithèse, et l'antithèse la thèse. Donnons encore quelques aperçus de ce travail avant d'en donner, dans le principe, la solution, qui ne consiste pas à s'en tenir à la distinction des phénomènes et des choses en soi, ou à se contenter de donner leurs chances à deux méthodes concurrentes.

Diderot remarque très subtilement, comme on ouvre un terrain de recherche qui mériterait d'être encore sillonné, que l'immortalité du sculpteur n'a pas la même propriété que l'immortalité recherchée par le littérateur, par exemple. Le premier la dépose directement dans des œuvres dont la vie passera la sienne, mais qui se caractérise aussi par la fragilité, la vulnérabilité ; l'œuvre littéraire ne dépend nullement de sa matérialité : elle est d'emblée immatérielle, quand bien même elle n'aurait pas de valeur éternelle. Ou plutôt : la matérialité d'un texte coïncide avec son idéalité. Ce qui n'est pas le cas d'un tableau ou d'une sculpture : la temporalité de son idéalité ne coïncide pas avec celle de la matérialité dont il (ou elle) dépend. La valeur éternelle des belles sculptures ne leur retire pas leur caducité de choses ; c'est peut-être ce qui fait le peu d'intérêt que le sculpteur porte à un temps immensément long au cours duquel son œuvre pourrait continuer d'être jugée ; alors que ce temps immensément long est d'emblée une possibilité intrinsèque à l'œuvre littéraire qui dépend, non pas de quelque support matériel voué à la destruction, mais seulement de la matérialité pérenne de ses signifiants. La question de l'éternité de la beauté des œuvres ne se pose pas de la même façon d'un art à l'autre.

Cette remarque ouvre à deux autres variations. La *première* est que le lien qu'un auteur entretient avec son œuvre sous l'angle de la renommée tient à ce que son œuvre l'empêche de mourir totalement ; le créateur a délégué à son œuvre une possibilité de vivre à sa place au moins un certain temps et, en droit, pour certaines œuvres, de jouir d'une éternité pleine et entière qu'il ne saurait avoir par lui-même. Ne pas mourir tout entier ; mais ne mourir que par petits morceaux seulement. « Non omnis moriar, multaque pars mei vitati Libitinam »[53] : Je ne mourrai pas tout entier, et une bonne partie de mon être sera soustraite à Libitine. »[54] La *seconde* est qu'il ne suffit pas de parler de la temporalité particulière des actes de création, de leur agent et de leur objet, dans des termes abstraits ou en tenant compte seulement de la nature des objets créés ; il faut encore tenir compte de la distance ou de l'éloignement spatial et temporel qui peut exister entre chacun de ces termes pour comprendre ce qui se joue dans les évaluations, lesquelles sont prodigieusement mobiles. Selon que l'on se juge proche de la mort ou plus ou moins éloigné d'elle, on ne s'attache pas de la même façon à la valeur présente et future de ce que l'on a fait. Nous retrouvons, en un autre sens encore, l'événementialité des appréciations et le changement de philosophie qu'intiment la proximité ou l'éloignement estimés par rapport à un événement important. Quand une évaluation porte sur un événement, quel qu'il soit, cette évaluation ne peut manquer de varier en fonction du degré de proximité ou d'éloignement de l'événement ; il ne saurait être question de prendre une moyenne : l'existence ne nous laisse pas nous situer ni trop loin ni trop près, comme on peut le faire au théâtre ou au musée ; elle nous embarque, sans que nous ne puissions en changer, par nous nous-mêmes, la dynamique, sauf en de très rares occupations et occasions.

Il est, dans la correspondance, une autre direction dont Diderot prend directement l'initiative et qui n'est autre que la dimension politique qui vient encore enrichir l'antinomie ainsi devenue antithétique. Cette initiative nous fait renouer avec la discussion de l'inoculation, qui est presque contemporaine de la correspondance qui constitue *Le Pour et le Contre*. Nous l'avons déjà dit : D'Alembert se fait taxer de mauvais citoyen en raison de ce que Diderot tenait, chez le grand mathématicien, pour des arguties probabilistes. À son tour, Falconet est un mauvais patriote pour ne pas juger l'état présent à partir d'un point de vue futur, fût-il largement *post mortem*, à l'échelle des individus d'une génération et même de plusieurs générations[55]. Falconet

53. Horace, *Odes*, Liv. III, XX, V, v. 6-7.

54. Lettre III, p. 11.

55. Rousseau avait usé d'arguments semblables dans le *Contrat Social* pour peser le comportement des catholiques, lesquels n'ont pas peur de mourir et savent prendre sur les actions présentes une perspective d'outre-tombe et qui seraient ainsi de parfaits citoyens s'ils ne privilégiaient l'obéissance au pape plutôt que celle à la souveraineté politique.

ne ressent pas le frémissement et la passion patriotiques qui devraient le lier aux générations futures plus profondément encore qu'aux hommes qui l'entourent présentement. Plutôt que de voir le réel dans l'avenir, il le voit obstinément dans le présent et ne s'intéresse au futur que comme s'il se fût agi d'un système de délégations lointaines de degrés de plus en plus élevés et de moins en moins sensibles. Le patriotisme est, aux yeux de Diderot, une pierre de touche morale pour évaluer les positions philosophiques[56], qu'elles soient théoriques ou pratiques – si tant est que l'on puisse distinguer une pureté théorique d'une pureté pratique.

LA SOLUTION DE L'ANTINOMIE – VOIRE DE L'ANTITHÉTIQUE QUI RÉSULTE DE L'ANTINOMIE – PAR UN PROBABILISME DIDEROTIEN

La force de Diderot par rapport à Falconet, c'est que, à la différence de son ami, il attend une solution raisonnée de leur différend et entend dépasser une simple expression de conviction ou de sentiment[57]. Il s'agit de trouver le schème qui permette d'articuler les deux positions antithétiques qui paraissent se poursuivre à l'infini et ne pouvoir que se répéter, quel que soit le terrain choisi pour tenter une issue.

Nous avons qualifié de « bayesienne » la position de Diderot ; l'adjectif est anachronique même si l'*Essai en vue de résoudre un problème de la doctrine des chances* a été publié dans les *Philosophical Transactions* de 1763, soit deux ans avant cette correspondance. Il y a plus : le savoir anglais en matière de probabilité ne s'est guère immédiatement exporté et il faudra attendre presque deux décennies pour que Condorcet, puis Laplace, pas avant 1780 en tout cas, puissent s'en occuper et s'en servir, au prix d'ailleurs de contresens, surtout de la part de Laplace, puisque le texte de Bayes n'a pas le sens que les

56. Il y a un patriotisme qui transparaît souvent dans les œuvres de Diderot. Ici, venant de citer Sénèque (*Lettres à Lucillius*, L. XVII-XVIII, 102, 30 : « Songe au profit que nous tirons des bons exemples : tu reconnaîtras que le souvenir des grands hommes n'est pas moins utile que leur séjour parmi nous »), il ajoute : « Eh bien je veux servir encore ainsi ma patrie si je puis » (Lettre XV, p. 200).

57. Falconet avait dit, un peu légèrement : « Notre discussion de la postérité est une affaire de sentiment : permis à nous d'adopter celui qui nous plaît » (Lettre XII, p. 119).

continentaux lui attribueront[58]. Même D'Alembert, qui approche l'idée de ces probabilités « subjectives », ne les calcule pas et tient pour impossible de les calculer en raison de la multitude de paramètres qui distingue un cas particulier d'une généralité que l'on décrit à grands traits ; il voit plutôt, dans le passage de données statistiques à des probabilités concernant un individu, une difficulté pyrrhonienne du calcul des probabilités, plutôt qu'un cheminement vers le calcul. Diderot n'est sans doute pas suffisamment mathématicien pour trouver par lui-même la solution du problème de Bayes et, eût-il connu cette solution, il n'est pas sûr qu'il l'eût comprise ; toutefois, même s'il y a loin d'un désir de solution à une solution écrite en bonne et due forme, il a indiscutablement l'idée que Bayes et les calculateurs anglais ont mise au point analytiquement en matière de probabilités et il s'en sert dans la résolution de ce que nous avons appelé ses antinomies.

Rappelons brièvement nos deux acquis sur le terrain et tentons de les accorder à leur principe même. Le *premier acquis* est celui de la radicale temporisation du vrai ; le *second acquis* est que, le discours des probabilités ne portant que sur les mots, les choses ne permettent pas de lui donner tort comme si elles enfermaient seules le réel. Le réel dépend de notre action, dépend des choix que nous faisons pour agir sur les choses ; et ce n'est pas parce que les choses paraissent contredire ce que nous avons dit ou ce que nous avons fait que ce que nous avons dit était faux au moment où nous l'avons dit, ou mauvais au moment où nous l'avons entrepris[59]. Le paradoxe

58. Nous renvoyons, sur ce point, à l'avant-propos et à la postface de notre traduction de cet *Essai* de Bayes [Bayes T., *Essai en vue de résoudre un problème de la doctrine des chances*, Hermann, Paris, 2017].

59. « *Et si le billet n'eût pas porté*, dites-vous ? (Car c'est aussi un argument de Falconet : on peut échouer dans ses choix du futur) Qu'est-ce que cela signifie ? ou que l'ouvrage que vous avez exposé, était vraiment excellent et qu'il a été mal jugé, ou qu'il était mauvais et qu'il a été jugé tel. Dans ce dernier cas, vous n'eussiez ni mérité ni obtenu ni rente perpétuelle, ni rente viagère. Dans le premier, vous eussiez emprunté sur l'avenir. C'est la caisse des malheureux » (Lettre VII, p. 42). Diderot dit, par ailleurs : « Qu'un homme soit enivré du plaisir du savoir qu'on le verra grand où il n'est pas, il est heureux, il a raison » (Lettre VII, p. 44). Et, plus loin, Diderot lance à l'adresse de Falconet : « Si le sentiment de l'immortalité est une chimère ; si le respect de la postérité est une folie, j'aime mieux une belle chimère qui fait mépriser le repos et la vie, une illustre folie qui fait tenter de grandes choses, qu'une réalité stérile, une prétendue sagesse qui jette et retient l'homme rare dans une stupide inertie » (Lettre XV, Tome XV, p. 197). Falconet, qui n'est pas toujours sur ce registre, avait auparavant ajouté, dans sa Lettre VI, au bénéfice de l'idée constamment soutenue par Diderot, une citation approximative de Saint Augustin qui va dans le même sens lorsqu'il dit ou qu'on lui fait dire « que s'il n'y avait ni paradis ni enfer – en d'autres

de Diodore Kronos est donc constamment à l'arrière-fond du discours probabiliste bayesien ou diderotien. Bayes et Diderot[60] ont exactement le même schème métaphorique à l'œuvre et ils sont très loin, l'un comme l'autre, de l'avoir inventé ; ce n'est d'ailleurs pas seulement un élément de la logique du temps, mais un ressort classique des tragédies[61].

Le coup de génie de Diderot, qui n'accepte pas plus que la plupart des sceptiques la coupure de la théorie et de la pratique, c'est de faire des antinomies deux options possibles dans une situation donnée. En position de création, on peut attendre la gloire de ses contemporains directs de façon dominante ou l'attendre du futur : ce sont deux choix possibles qui ont chacun leur force et chacun leurs points faibles. Il s'agit de les peser, et de faire son choix en étant conscient de ce qu'on peut en attendre : non pas un acquiescement ou un refus de la part du réel, puisque c'est nous qui sommes en train de le faire, mais une pesée qui évolue au fur et à mesure que la situation change. Avoir choisi telle option plutôt que telle autre ne doit pas nous laisser de regret en cas d'échec, si nous avons tenu compte en prenant notre décision de toutes les informations qui étaient disponibles ou qu'il nous était possible de produire et si nous les avons évaluées correctement au moment où nous les recevions ou les produisions. Il nous est même possible de prendre des options qui ont moins de chances d'aboutir que d'autres si elles sont plus avantageuses ; mais évidemment, on ne peut pas avoir le maximum d'avantages combinés avec le maximum de chances d'avoir eu raison.

Cela implique un déplacement du savoir de la conformité des discours et des actions aux choses à un savoir pratique, à une orthodoxa comme la défendaient Socrate et Platon en ne la considérant pas comme inférieure à l'épistémé[62]. Il arrive que, dans des circonstances, on soit contraint de faire

termes : s'il s'était trompé (c'est nous qui commentons) – et qu'il dût retourner dans le néant, il n'en aimerait pas moins son Dieu » (Lettre VI, Tome XV, p. 22).

60. Je devrais plutôt dire : Price et Diderot, puisque Price se sert explicitement du schème de la loterie, alors que Bayes se sert de balles lancées sur une cible. Nous rappelons que Price est l'auteur qui a fait connaître le travail de Bayes auprès de la Royal Society quand son ami décédé ne pouvait plus le défendre lui-même.

61. Racine n'avait-il pas fait dire à Achille dans *Iphigénie*, Acte I, scène 2, ces vers que Diderot cite (Lettre XV, p. 191) :
« Je puis choisir ou beaucoup d'ans sans gloire,
Ou peu de jours suivis d'une longue mémoire » ?

62. C'est, semble-t-il, le résultat de la discussion du *Ménon* à l'heure de la récapitulation en 98c. Il est curieux de penser que le nom du sculpteur Dédale est mêlé à la discussion

des choix qui se traduisent par des contradictions : c'est le cas du problème posé par *Le Pour et le Contre.* Le dépassement de Socrate et de Platon se fait en ce qu'ils ne paraissent envisager qu'une solution qu'ils apprécient, alors que Diderot oppose plusieurs options qui reçoivent des degrés de probabilité différents au fur et à mesure qu'évoluent la discussion et la mise en œuvre de ce que l'on a choisi ; l'antinomie principale apparaissant graduellement non plus comme un affrontement de deux propositions contraires, mais comme un foisonnement antithétique de propositions qui semblent se démultiplier au cours de l'analyse. De plus, le problème de Diderot est moins de faire comme les pyrrhoniens qui cherchent à équilibrer les contradictions pour faire des résultantes nulles[63], que de reconnaître, au contraire, avec les Académiciens, qu'« il y a du plus et du moins »[64], pour calculer loyalement, enfin, l'espérance que l'on peut fonder dans une thèse plutôt que dans la thèse opposée. Si, encore une fois, Diderot est loin de savoir faire ces calculs, il en comprend le besoin et l'idée : c'est là que l'on trouve un principe de résolution des antinomies. On est aussi très loin du système de résolution qui fera la fortune de Kant dans sa Dialectique, puisqu'il imagine résoudre les conflits antinomiques en distinguant les phénomènes et les choses en soi ; il n'est certes pas impossible d'interpréter ce principe de solution comme un discours qui valorise le savoir comme activité méthodique de mise en ordre des phénomènes et qui discrédite le même jeu apparent d'oppositions dès lors qu'on les envisage comme portant directement sur les choses. Si la *Critique de la raison pure* est un traité de la méthode, on peut envisager la dialectique à l'œuvre dans les antinomies comme la substitution d'oppositions de méthodes à des oppositions résultant de prétendus savoirs ontologiques sur les choses elles-mêmes. Les premières sont évidemment plus tolérables que

de la différence entre l'opinion droite et de l'épistémè, comme c'est en discourant avec Falconet que Diderot nous paraît tracer un savoir qui finalement « résout » l'antinomie qui les a opposés un an durant. Y aurait-il donc une affinité particulière entre le travail des sculpteurs et la valeur des opinions pratiques ?

63. Dans l'Article SCEPTICISME & SCEPTIQUES, Diderot remarque, pour le fustiger : « C'était un principe constant chez eux, que toutes choses étaient également vraisemblables, & qu'il n'y avait aucune raison qui ne pût être combattue par une raison contraire aussi forte. La fin qu'ils se proposaient était l'ataraxie » (DPV, VIII : 283).

64. « Les académiciens soutiennent que quelques-unes de leurs idées sont vraisemblables, les autres non ; & qu'entre celles qui sont vraisemblables, il y a du plus et du moins. Les *sceptiques* prétendent qu'elles sont égales, par rapport à la créance que nous leur donnons [...] » (DPV, VIII : 284).

les secondes. Mais l'ignorance kantienne des probabilités ou la volonté kantienne de ne pas prendre en compte leur notion rendent la dialectique diderotienne très supérieure lorsque, dans une situation antinomique, il s'agit d'attribuer un degré de fiabilité à une option plutôt qu'à une autre.

Diderot ne s'en tient pas à un modèle que nous avons appelé « bayesien » et qui n'est autre qu'une application des probabilités à l'opinion droite de Platon, pourvu qu'on l'envisage comme radicale et sans retour possible à une épistémé qui prétendrait dire la vérité des choses ou qui attendrait en coulisse de la dire. On le voit aussi compléter sa méthode par un schème plus « condorcetien » qui, s'il ne doit rien directement à Bayes, du moins au moment où Diderot l'utilise, est toutefois parfaitement compatible avec ses modes de pensée. Il s'agit de faire des votes imaginaires comme on fait des expériences de pensée. Au point 24 de la lettre XV qui récapitule ses accords et ses désaccords avec Falconet, on lit en effet : « Interrogez les hommes et comptez les voix ; sur vingt mille hommes qui mépriseront le tribunal de la postérité, il y en aura presque vingt mille qui seront méchants ; sur vingt mille qui dédaigneront le sentiment de l'immortalité, il y en aura presque vingt mille qui n'ont aucun droit aux honneurs à venir. »[65]

Ne nous y trompons pas : derrière ces votes qui paraissent porter sur des faits, les constater et les décrire – fussent-ils fictifs – s'avance, à peine dissimulé, un appel politique qui pourrait s'énoncer ainsi : il faut garantir une certaine stabilité d'existence aux créateurs, faute de laquelle un État n'inventera plus rien. On ne crée pas quand on ne jouit pas d'une garantie d'éternité. La prévision d'un choc de la terre avec une comète compromettrait radicalement le désir de créer. Reste à savoir si l'idée que l'on trouve chez Leibniz d'une terre et d'un soleil qui ne subsisteront pas toujours[66], ne suffit pas à enclencher ce nihilisme.

Mais c'est sur un point beaucoup plus saisissant, quoique, cette fois, chronologiquement complètement impossible[67], que Diderot *semble* devoir

65. Tome XV, Lettre XV, p. 192.

66. Gottfried W. von Leibniz, *Nouveaux Essais sur l'entendement humain*, GF-Flammarion, Paris, 1990, p. 38 : « on doit juger que la terre et le soleil même n'existent pas nécessairement, et qu'il y aura peut-être un temps où ce bel astre ne sera plus, au moins dans sa présente forme, ni tout son système. »

67. La publication des *Pensées philosophiques* remonte à 1745, soit quarante ans avant l'*Essai* de Condorcet *sur l'application de l'analyse à la probabilité des décisions rendues à la pluralité des voix, Discours préliminaire*.

sa réflexion à Condorcet. On trouve à la fin des *Pensées Philosophiques*, au § 62, un argument suggestif digne des travaux de Condorcet sur les élections et qui en paraît directement issu[68], alors que c'est peut-être l'inverse qui est vrai, Condorcet n'étant probablement pas sans dette à l'égard de Diderot. Une seconde place attribuée par tout le monde, à un scrutin majoritaire, peut faire la preuve que celui qui l'occupe aurait mérité la première. Une première place peut, dans certaines circonstances, être accordée majoritairement, mais elle peut attirer aussi des attitudes de rejet plus nombreuses que la seconde place qui, si l'on tenait compte de l'interaction des plus et des moins, serait la première. Qu'il n'ait pu connaître l'*Essai* de Condorcet sur les élections n'empêche pas Diderot de traiter le petit fragment dont nous nous occupons « à la manière dont Condorcet aurait pu le traiter »[69]. On peut généraliser cette méthode en n'oubliant pas que, dans le traitement d'une contradiction, la thèse qui apparaît la moins forte peut en réalité réunir sur elle le plus de suffrages pourvu que le nombre des rejets soit pris en compte au même titre que le nombre des votes favorables.

Il nous apparaît nettement que, si Diderot s'intéresse aux fictions sous d'autres vocables[70], c'est tout de même bien en effectuant une sorte de théorie des fictions qu'il résout les antinomies auxquelles il s'intéresse. Nous avons, je crois, suffisamment montré que la thèse et l'antithèse de *Le Pour et le Contre* sont arc-boutées plus en position d'inverses l'une par rapport à l'autre que comme contraires. L'entité réelle de l'une est l'entité fictive de l'autre. On pourrait se demander si Bentham dont on connaît la maîtrise dans l'art de résoudre les contradictions grâce à sa théorie des fictions ne le doit pas davan-

68. En tout cas, est-il plus convaincant que l'argument tournant des *Dialogues sur la religion naturelle* lorsque Hume fait passer, par un mouvement circulaire, du théisme, au déisme, du déisme à telle orthodoxie positive, de telle orthodoxie à l'athéisme, de telle sorte que l'on puisse continuer à tourner indéfiniment. Voici l'argument que les déistes promeuvent selon Diderot : « Interrogeons à son exemple – il s'agit de l'exemple de Cicéron – le reste des religionnaires, vous disent les déistes. "Chinois, quelle religion serait la meilleure si ce n'était la vôtre ? – La religion naturelle. – Musulmans, quel culte embrasseriez-vous si vous abjuriez Mahomet ? – Le naturisme. – Chrétiens, quelle est la vraie religion, si le judaïsme est faux ? – Le naturalisme." Or ceux, continue Cicéron, à qui l'on accorde la seconde place d'un consentement unanime, et qui ne cèdent la première à personne, méritent incontestablement celle-ci » (Diderot D., *Œuvres*, Tome I, Philosophie, Laffont, Paris, 1994, p. 40).

69. On voit ici que Condorcet n'a souvent fait, dans ses réflexions sur les élections, que donner une forme précise à ce qui est intuitivement ressenti depuis l'Antiquité.

70. Celui des « fantômes » de Hobbes, par exemple.

tage à Diderot qu'à D'Alembert alors qu'il dit le devoir à ce dernier dans ses *Logical Arrangements*[71].

CONCLUSIONS

Si nous avions disposé de plus de place pour développer les aspects sceptiques de la pensée de Diderot, nous nous serions penchés sur un autre schème que l'arborescence précédente qui cherche tous les points de contact entre des positions inverses et adverses. L'un des plus saisissants est la pluralité de chemins empruntés par le philosophe dans *La Promenade du Sceptique*. Nous avons préféré, ici, nous en tenir au texte sur *Le Pour et le Contre*, parce que les questions religieuses ne sont pas au centre des préoccupations de ce livre, alors qu'elles accompagnent *La Promenade du Sceptique*. Dans la lettre à Garve que nous avons déjà citée, Kant disait qu'il n'était pas parti de la question des preuves de l'existence de Dieu pour construire sa dialectique, mais de l'opposition des antinomies ; comme notre propos était de suivre le traitement diderotien des contradictions, en l'opposant au traitement kantien, nous avons été amenés à privilégier la lecture de *Le Pour et le Contre*. Le texte n'est nullement pollué par les questions religieuses ; et, s'il s'agit de religion, il n'est question que d'une religion de l'humanité dont l'enjeu est de savoir si l'on doit préférer et rechercher la renommée présente plutôt que la renommée future.

Pour l'heure, prenant délibérément appui, comme nous l'avons fait, sur *Le Pour et le Contre*, nous voudrions souligner deux choses.

La *première* peut être mise en relation avec ce que nous venons de dire sur la religion de l'humanité. Il est frappant que la philosophie contemporaine, même quand elle se veut philosophie de la nature, passe par deux thèmes : l'ouverture à autrui ; l'ouverture à l'avenir. De telle sorte que les problèmes éthiques, politiques, moraux consistent à incorporer le point de vue des générations futures dans les évaluations du présent. On voit surtout apparaître aujourd'hui ce souci dans les questions qui traitent de l'environnement. Il est étonnant que les auteurs qui traitent de la question le font avec une idéologie du contrat et oublient systématiquement les auteurs qui, comme Diderot,

71. Jeremy Bentham, *The Works of Jeremy Bentham*, Londres, éd. J. Bowring, Édimbourg, 1743, vol. III, p. 286.

ne sont pas contractualistes, mais ont posé le problème d'une responsabilité – certes plus dans le domaine esthétique du goût – des individus présents à l'égard de ceux qui viendront quand ils ne seront plus là. Quand bien même le domaine de prédilection serait l'esthétique dans les années 1760, c'est, très consciemment, de la part de Diderot, une question politique qui est posée et qui ne reste pas seulement « observante » comme aurait dit Hegel. Derrière l'apparente description de deux attitudes en face de l'avenir, celle de sa prise en compte – fût-elle illusoire – et celle du refus de le voir, il s'agit, en réalité, de savoir comment politiquement prendre en compte le souci de l'avenir avec des gens qui, pour la plupart, ne s'en préoccupent que comme d'une guigne. Plus que Rousseau et Kant, Diderot a pris en compte ce problème que, en lecteurs de Hobbes, on pourrait appeler « de fantômes » : comment faire une place à ceux qui ne sont pas encore nés dans nos décisions du présent ? N'est-ce pas là une véritable pensée matérialiste de l'avenir ?

Le *deuxième point* qui nous a particulièrement arrêtés en considérant *Le Pour et le Contre*, est aussi un problème de nature historique. Il consiste à inscrire Diderot, avec d'autres auteurs, dans l'histoire des philosophies critiques. La philosophie critique ne commence certainement pas avec Kant et elle ne s'achève pas non plus avec lui. Les mots de « pré-critique » et de « post-critique », souvent appliqués à la seule philosophie kantienne, nous égarent plus qu'ils ne nous éclairent. Kant n'a jamais imaginé lui-même être le premier et le dernier à poser des problèmes critiques. Diderot, comme Hume, pose des problèmes critiques ; il ne le fait pas avec la même systématicité que Kant, mais il fait apparaître aussi combien cette systématicité prétendue est rhétorique, sans aucune complétude en dépit des apparences : dans quelle dialectique apparaît chez Kant le problème posé par *Le Pour et le Contre* ? Toutefois, sur les domaines fragmentaires où il s'exerce à cette dialectique, on ne peut qu'admirer la technique des contradictions qui est à l'avantage de Diderot, sur le continent, et des philosophes anglais, qui ont su prendre en compte l'idée « probabiliste » et le calcul des probabilités et qui ont largement dépassé l'opposition des perspectives méthodiques et des prétendues perspectives ontologiques, laquelle paraît constituer le cœur de la solution kantienne des antinomies.

Jean-Pierre Cléro
Professeur émérite de philosophie
Université de Rouen, ERIAC
jp.clero@orange.fr

COMMENT DÉPASSER LE SCEPTICISME
L'INFLUENCE DE DIDEROT SUR LES *DIALOGUES SUR LA RELIGION NATURELLE* DE DAVID HUME

Au moment de partir pour la France en 1763, Hume était déjà un auteur fameux, non pas tant pour le *Treatise*, dont il disait qu'il était mort-né, mais beaucoup plus pour les *Essais* et la *History of England*. En 1757, il avait publié les *Four Dissertations*, dont la première est justement la *Natural History of Religion*. En revanche, il avait décidé de retirer deux autres dissertations qui étaient prêtes, celles sur l'immortalité de l'âme et l'autre sur le suicide, qui auraient dû paraître dans le même recueil. En effet, il craignait l'éclatement du scandale provoqué par la nature des sujets, très délicats du point de vue religieux, et par la teneur de son exposé assez radical. Ajoutons que ces deux dissertations circulaient manuscrites dans les salons parisiens (une de ces copies manuscrites appartenait à Mademoiselle de Lespinasse, l'amie de D'Alembert)[1] ; elles seront traduites en français par d'Holbach et publiées par Naigeon en 1770, dans le tome II du *Recueil philosophique ou Mélange de pièces sur la religion et la morale* qui comprend, à côté d'ouvrages de Boulanger, Dumarsais, d'Holbach lui-même, sous le pseudonyme de Mirabaud (*Réflexions sur les craintes de la mort* et *Problème important : la Religion est-elle nécessaire à la morale, et utile à la politique ?*) aussi les *Pensées sur la religion* et *De la suffisance de la religion naturelle* de Diderot. Les « radicaux » des Lumières avaient pleinement pris conscience du caractère subversif de la réflexion de Hume sur les thèmes religieux.

1. Voir Laurence Bongie, « David Hume and the Official Censorship of the "Ancien Régime" », *French Studies*, 12 (1958), p. 234-246, surtout p. 239 (selon Bongie, il semble probable que Hume ait introduit lui-même ces deux textes dans le circuit des manuscrits philosophiques clandestins).

L'accueil sur la scène parisienne fut extraordinairement chaleureux, comme le rappelle Hume lui-même dans son autobiographie[2]. À la veille du départ pour la France d'Holbach écrivit à Hume une lettre élogieuse, dans laquelle il l'appelle « one of the greatest philosophers of our age », en souhaitant de le rencontrer bientôt à Paris[3]. Une fois arrivé en ville, Hume trace un portrait pas moins laudatif de la compagnie de philosophes qu'il fréquente alors dans la capitale[4]. Il n'est pas besoin ici d'ajouter que Diderot, au côté de D'Alembert, était l'une des figures clés de cette société éclairée et devenue illustre par l'entreprise de l'*Encyclopédie*.

Nous avons décidé de focaliser ici notre recherche sur les rapports de David Hume avec la personne et l'œuvre de Denis Diderot, et cela pour plusieurs raisons. Tout d'abord, Hume le tenait en grande estime. Après l'avoir fréquenté à Paris, écrivant à John Gardner au sujet d'un jeune homme qui lui avait été recommandé par Diderot, il le décrit comme « the Celebrated M. Diderot, whose Morals and Goodness, no less than his Genius and Learning, are known all over Europe »[5].

En effet, Diderot était le seul (après Voltaire) à couvrir une palette de thèmes aussi large et variée que celle de Hume, en allant du scepticisme au déisme, de l'esthétique à la théorie de la connaissance, de la politique à la religion, du newtonisme scientifique jusqu'au naturalisme antireligieux. Il serait surtout erroné d'étendre aux rapports entre Hume et Diderot cette sorte d'incompatibilité qu'ont observée les commentateurs avec le dogmatisme holbachique ou le militantisme de certains philosophes parisiens : en réalité, la pensée de Diderot n'était pas réductible à l'athéisme de principe du baron, et Hume ne devrait pas davantage être assigné à la posture du pur sceptique[6].

2. David Hume, *My own Life* dans David Hume, *The Philosophical Works*, éd. par Th. H. Green et Th. H. Grose, Londres, Longmans and Green, 1882, réimpr. anastatique, Aaalen, Scientia, 1964, t. III, p. 6-7.

3. Cette lettre de d'Holbach est citée par Bongie, « *Hume, "Philosophe" and Philosopher* », *French Studies*, Vol. XV, 3 (1961), p. 213-227.

4. David Hume, lettre à Walpole, 20 novembre 1766 (*Letters*, vol. II, p. 108-111).

5. Lettre du 4 mars 1768 dans David Hume, *New Letters of David Hume*, R. Klibansky et E. C. Mossner (éds.), Oxford, Clarendon Press, 1954, p. 181. Dans une autre lettre au même personnage, le 3 août 1769, Hume souligne encore l'importance que la recommandation de Diderot avait à ses yeux (*ibid.*, p. 187).

6. L'analyse de Bongie demeure restreinte à l'opposition scepticisme/dogmatisme, quand il voit dans le premier l'obstacle majeur à l'adhésion de Hume aux idéaux philosophiques : « The *philosophes* were a militant group, and a militant group ultimately believes only

En outre, pendant son séjour parisien, quand il put entrer en contact direct avec Diderot, ils étaient tous les deux aux prises avec les mêmes thèmes complexes : rapports entre cosmologie et religion, finalisme interne de la nature et aversion envers les causes finales traditionnelles, pensée scientifique et théologie naturelle. Des ouvrages qui étaient alors en chantier comme les *Dialogues sur la religion naturelle* et plus tard le *Rêve de D'Alembert* font état d'un fonds solide d'intérêts communs, bien que les points de vue des deux auteurs ne fussent pas identiques.

En effet, s'il y eut un parallélisme entre les thèmes et les œuvres *in progress* des deux écrivains, avant et pendant l'époque du séjour parisien de Hume, il faut dire qu'il concerna beaucoup plus la cosmologie (au sens large, qui comprend aussi les êtres vivants, comme nous le verrons par suite) et ses liaisons avec le problème théologique que la théorie de la connaissance. Ce sont donc les *Dialogues* de Hume, d'une part, et, de l'autre, les ouvrages de Diderot depuis la *Lettre sur les aveugles*, qui doivent être convoqués par l'historien qui voudrait essayer de rapprocher les parcours des deux philosophes. En faveur de ce rapprochement, il y a tout d'abord des fondements biographiques et textuels qui devraient être pris en compte, surtout en ce qui concerne Hume. Quand il arrive à Paris, le penseur écossais a presque achevé sa carrière d'auteur de philosophie, à une seule exception près : il ne lui reste qu'un seul grand texte théorique dans le tiroir, les *Dialogues concerning natural religion* qui ne paraîtront qu'après sa mort, en 1779. Il s'agit pourtant d'une œuvre à laquelle il a travaillé depuis longtemps, dès 1751, et qu'il ne cessera de reprendre et de réviser jusqu'au dernier moment de sa vie.

En analysant certains aspects des *Dialogues* et en parallèle de la pensée de Diderot, nous pourrons mettre en évidence des rapports de voisinage et

what is useful to it as a group. They needed faith and certainty, not sceptical or critical negations, pamphlets on public felicity, not the wondering inquiry of innocent genius » (Bongie, « *Hume, "Philosophe" and Philosopher* », *art. cit.*, p. 225). La même opposition est au cœur du jugement de Ernest Campbell Mossner, *The Life of David Hume,* Édimbourg, Edinburgh University Press, 1950 ; deuxième éd., Oxford, Clarendon Press, 1980, p. 487-488 : « What must have struck Hume about the a priori character of the Holbachian atheism, the Helvétian materialism, and the Physiocratic economics, was that it showed a complete indifference to his own philosophy of mitigated scepticism. » Même évaluation chez James A. Harris, *David Hume. An Intellectual Biography*, Cambridge, Cambridge University Press, 2015, p. 414. Si ce type d'analyse peut s'appliquer bien à d'Holbach ou à Helvétius (avec lesquels Hume eut cependant des relations intellectuelles satisfaisantes), il ne va pas de soi que Hume ait manifesté la même extranéité à l'égard d'un penseur beaucoup plus complexe et nuancé comme Diderot.

même de similitude : comme Diderot passa à travers une phase sceptique et pour certains aspects déistes, mais il la dépassa dans la direction d'une philosophie de la nature athée et matérialiste, de la même manière on retrouve dans les *Dialogues* de son ami écossais les traces évidentes du dépassement du scepticisme vers une cosmologie immanente et dépourvue de finalisme extérieur, dépassement qui doit beaucoup à ses relations avec la pensée de Diderot.

La biographie récente de James A. Harris a repris encore une fois le cliché de l'opposition entre Hume et ses interlocuteurs français, décrivant l'écossais à Paris comme « a sceptic in the company of dogmatists », surtout en ce qui concerne les problèmes religieux, pour lesquels les philosophes parisiens – dit-il – auraient aimé trouver en lui un penseur « plus radical que ce qu'un sceptique pouvait l'être »[7]. Le portrait du « sceptique » prudent opposé aux « dogmatiques » un peu bigots dans leur irréligion obstinée a une longue histoire, remontant au moins au témoignage de Gibbon. Cette image figée d'une opposition totale a cependant le grand désavantage de ne tenir compte ni de l'audace particulière des *Dialogues,* du côté de Hume, ni de la veine « sceptique » au sens large qui parcourait les réflexions des philosophes français, toujours conscients des limites de la connaissance humaine même quand ils en revendiquaient la valeur irremplaçable[8].

Le rapprochement avec Diderot, notamment, devrait faire éclater toute une série de préjugés que l'historiographie moderne a cultivés depuis longtemps. En effet, surtout Diderot était, parmi les philosophes les plus résolus, l'emblème de la complexité, voire de la pluralité des positions sur la question religieuse, que Hume aurait dû apprécier et valoriser en vue d'un dialogue possible avec ses propres réflexions. Avant de parvenir à des conclusions athées, le philosophe de Langres était passé par une phase déiste, nourrie d'influences anglaises et très explicite dans *De la suffisance de la religion naturelle* ; il avait par la suite développé toutes les potentialités du scepticisme critique en matière de religion, souhaitant qu'un « doute universel se répandît sur la

7. James A. Harris, *op. cit.*, p. 414.

8. Sur ces aspects du scepticisme des Lumières, nous nous permettons de renvoyer à nos études « Avant "La promenade du sceptique" : Pyrrhonisme et clandestinité de Bayle à Diderot », dans Gianni Paganini, Miguel Benítez, James Dybikowski (dir.), *Scepticisme, clandestinité et libre pensée/Scepticis, Clandestinity and Free Thinking*, Paris, Honoré Champion, 2002, p. 17-46 et « Skepticism », dans *Encyclopedia of the Enlightenment*, Alan Charles Kors (dir.), Oxford, Oxford University Press, vol. IV, p. 78-86.

surface de la terre »[9], comme il le dit dans les *Pensées philosophiques,* où il était encore bien éloigné de faire profession ouverte d'athéisme. Tout au contraire, dans cet ouvrage-là, il pensait toujours que « le déiste seul peut faire tête à l'athée »[10]. Dans la *Promenade du sceptique,* il avait mis en scène toute la variété des positions possibles, depuis le croyant aveugle jusqu'au spinoziste, sans résoudre le conflit de manière tranchante et « dogmatique » : la tombée des obscurités laissait la situation encore incertaine. Comme l'a remarqué Colas Duflo, en considérant les oscillations du philosophe français, « la tentation du scepticisme est permanente dans l'œuvre de Diderot, même lorsqu'il affirme, comme dans le *Rêve de D'Alembert,* que le vrai scepticisme n'est pas possible »[11]. À n'en pas douter, Diderot demeurait l'interlocuteur idéal pour Hume lors de son séjour parisien et surtout sur les questions débattues dans les *Dialogues.* En effet, à l'exclusion du métaphysicien et mystique qu'est Déméa, les deux autres personnages des *Dialogues* (le déiste newtonien Cléanthe, d'une part, et de l'autre le sceptique Philon tenté par le naturalisme matérialiste) ont des traits en commun avec des phases différentes de l'évolution intellectuelle de Diderot : le premier avec le déisme des *Pensées*, le deuxième, comme nous le verrons, avec la cosmologie naturaliste de Saunderson dans la *Lettre sur les aveugles*.

Malheureusement, ni les correspondances des deux auteurs ni les documents biographiques de leurs échanges ne nous fournissent aucun élément de vérification directe sur ce point ; toutefois, l'analyse interne des textes, l'étude de leur évolution parallèle, le constat de théories et d'approches spécifiques communes aux deux auteurs nous autorisent à formuler l'hypothèse suivante : un jeu d'*influences croisées* a pu se développer entre Diderot et Hume et cette relation intellectuelle réciproque a pu se centrer sur les thèmes

9. Denis Diderot, *Pensées philosophiques*, XXXVI, *Œuvres philosophiques*, éd. L. Versini, Paris, Éditions Robert Laffont, Vol. I, 1994, p. 29.

10. Denis Diderot, *Pensées philosophiques,* XIII, éd. cit., p. 21. La valorisation du scepticisme parcourt tout le texte de *Pensées,* alors que la position de l'athée, après la tirade de la *pensée* XXI, est presque laissée de côté (Diderot se limite par la suite à la classification des trois sortes d'athéisme, voir *Pensées philosophiques*, XXII, *ibid.*, p. 25). La comparaison entre le déiste, l'athée et le sceptique de la *pensée* II (*ibid.*, p. 19) penche du côté du premier, au moins en ce qui concerne les fondements et la solidité de la vertu.

11. Colas Duflo, *Diderot philosophe*, Paris, Champion Classiques, 2013, p. 73. Sur l'évolution de la pensée de Diderot au sujet du finalisme, voir dans cet ouvrage devenu classique p. 65-122. Voir aussi Paolo Quintili, *La Pensée critique de Diderot. Matérialisme, science et poésie à l'âge de l'Encyclopédie, 1742-1782*, Paris, Honoré Champion, 2001.

traités dans les *Dialogues concerning natural religion*, donc les grands problèmes du théisme et du finalisme de la nature, le scepticisme et l'ordre de l'univers, la religion et les thèmes moraux.

Nous allons examiner ici un premier volet de cette hypothèse complexe, celui qui concerne l'influence que les œuvres *publiées* par Diderot *avant* l'achèvement et la première révision importante des *Dialogues* (donc avant 1761, selon la chronologie établie par K. Smith) pourraient avoir eue sur la formation de la pensée de Hume dans cet ouvrage. Pendant les années cinquante et soixante du XVIIIe siècle, Diderot fut un *protagoniste* et à la fois un *collecteur* du grand mouvement scientifique et philosophique continental qui imprima un tournant décisif à l'évolution des idées cosmologiques, biologiques, méthodologiques, théologiques, dont on voit beaucoup plus qu'un reflet dans le texte de Hume. Nous verrons que l'importance que prennent les modèles biologiques de l'ordre s'explique davantage par ce contexte « continental » que par le milieu « insulaire » du texte de Hume.

Dans les années soixante, le débat sur la religion, l'argument du dessein, les rapports entre société, morale et croyances religieuses étaient en train de se radicaliser, précisément sous l'influence de Diderot et également de d'Holbach. La situation anglaise et écossaise était assez différente, car, sur les îles britanniques, ce débat avait été dominé plutôt par la question du déisme, alors que des positions plus radicales, orientées vers l'athéisme, étaient encore à venir (avec la seule exception notable de Collins, dont l'athéisme est pourtant encore controversé) : l'athéisme sera d'actualité en Angleterre surtout au XIXe siècle[12].

L'étude de ce jeu d'influence est rendue assez compliqué par le fait que non seulement le texte de Hume est resté inédit tout au long de la vie de son auteur, mais que l'œuvre de Diderot lui-même était encore en cours d'élaboration à la même époque. Après les *Pensées sur l'interprétation de la nature* (1753-54), et surtout après la mésaventure de l'emprisonnement à Vincennes (en 1749, à cause de la *Lettre sur les aveugles*), le Français devint un *véritable*

12. Pour une mise à jour du débat historiographique actuel, voir Wayne Hudson, Diego Lucci et Jeffrey R. Wigelsworth (dir.), *Atheism and Deism Revalued. Heterodox Religious Identities in Britain, 1650-1800*, Farnham-Burlington, Ashgate, 2014 ; Winfried Schröder (dir.), *Gestalten des Deismus in Europa*, Wiesbaden, Harrassowitz Verlag, 2013 et le numéro monographique de *La Lettre clandestine* sur le « Déisme », Paris, Garnier, 21 (2013).

philosophe clandestin[13] : il renonça à publier ses textes proprement philosophiques et théoriques, comme le *Rêve,* et ne fit imprimer que les écrits littéraires ou esthétiques – outre l'*Encyclopédie*, qui lui procura par ailleurs beaucoup de soucis, entre condamnations, révocation du privilège et publication au-delà des frontières.

Les *Dialogues* de Hume nous présentent un véritable théâtre d'idées, et, en tant que tels, ils sont pleins d'imprévus, de brusques changements de scène, de revirements. Il n'y a pas d'événements au sens proprement dramatique du mot, toutefois les mutations intellectuelles d'un personnage à l'autre, et parfois à l'intérieur d'un même personnage, sont continuelles du début à la fin de la conversation[14]. Sans doute la rupture majeure se produit-elle entre la première et la deuxième moitié de l'œuvre[15]. La première reflète bien l'état du débat cosmo-théologique tel qu'il avait eu lieu à l'époque sur la scène anglaise, dans le contexte scientifique newtonien et dans le climat idéologique du déisme. Avec ses idées empreintes de théisme expérimental, le personnage de Cléanthe est le porte-parole idéal de ces positions. Dans la première moitié des *Dialogues*, l'enjeu de la dispute est avant tout épistémologique ; en effet, la discussion se tient dans le cadre des *regulae philosophandi* newtoniennes et porte sur l'extension du principe de causalité à l'univers en son entier, sur la similitude entre les causes et les effets, entre les parties et l'ensemble de l'univers, sur l'usage légitime ou illégitime de la méthode analogique. L'objet de la controverse est l'univers-machine[16], conçu comme un système mécanique réglé par les lois du mouvement, et l'enjeu de la dispute entre Cléanthe et Philon porte sur la question de savoir si l'univers nécessite ou non une cause ordonnatrice qui serait conjecturée *a posteriori*, suivant les

13. Sur ces aspects voir à présent le riche dossier de *La Lettre clandestine*, Paris, Garnier, 19 (2011) sur « Diderot et la littérature clandestine ».

14. Nous avons soutenu cette thèse du caractère « dramatique » et en même temps philosophique des *Dialogues* dans notre introduction au texte de Hume, voir David Hume, *Dialoghi sulla religione naturale*, Milan, BUR Rizzoli, 2013, avec une ample introduction : p. 5-110, pour l'histoire du texte voir notamment p. 85-90. À côté de l'édition de Norman Kemp Smith (indiquée comme *NKS*) : Oxford, Clarendon Press, 1935, nous ferons référence aussi à notre édition, indiquée comme : *P*.

15. Pour la première moitié nous entendons les sections I-IV, pour la deuxième les sections V-XII.

16. Sur les présupposés scientifiques et philosophiques de cette conception, voir l'étude de Paolo Casini, *L'universo-macchina. Origini della filosofia newtoniana,* Rome-Bari, Laterza, 1969.

principes de la méthode expérimentale définie par Newton. Dans cette première partie, Philon se fait le porte-parole direct de Hume, en affirmant que nous ne pouvons pas conjecturer la cause d'un événement unique comme l'univers, car le concept de causalité ne serait que classificatoire, se fondant donc sur la répétition des expériences et sur l'habitude qui en découle et modèle notre croyance, qui relève en soi de l'imagination.

Cependant, à partir de la section V, la nature et l'objet des *Dialogues* changent considérablement, si bien que le personnage de Philon se transforme lui aussi : de sceptique et empiriste qu'il était auparavant, il devient par la suite un philosophe de plus en plus audacieux, s'engageant dans des conjectures cosmologiques hardies, bien loin de la prudence méthodologique qu'il avait auparavant affichée en s'opposant aux extrapolations finalistes de Cléanthe. C'est là (à partir de la section V) que commence ce qu'on pourrait décrire comme la dérive naturaliste de Philon. Celui-ci avance en effet des hypothèses très ambitieuses, portant sur la genèse et l'organisation du monde à partir d'une matière chaotique qui change d'état sous le simple effet des lois physiques des corps en mouvement. Philon imagine alors une sorte d'évolution cosmique se déroulant par essais et erreurs[17]. À vrai dire, il ne s'arrête pas là, car il compare le monde à un grand animal dont la divinité serait l'âme ; en outre, il imagine que des révolutions continuelles, au cours d'une durée éternelle, pourraient transformer l'aspect de l'univers jusqu'à l'amener à l'état présent. Enfin, il soutient la théorie selon laquelle les grands principes de l'univers seraient au nombre de quatre : raison ou intelligence, mais aussi instinct, génération et végétation, chacun desquels pouvant bien expliquer tant la genèse de l'ensemble que l'état (le « système » actuel de l'univers) ; la raison ou intelligence ne serait alors ni le seul ni le plus puissant de ces principes, car on voit qu'il dépend lui-même le plus souvent de la génération ou du corps plutôt que l'inverse. En conclusion de cette partie de son argumentation, Philon affirme la primauté de la génération sur la raison : si l'on devait choisir entre les deux, ce serait à la génération d'expliquer l'intelligence plutôt que l'inverse[18].

On peut parler d'un changement de « paradigme » qui se révèle dans la seconde moitié des *Dialogues* : ce nouveau paradigme peut se résumer à l'adoption d'hypothèses qui portent sur l'histoire de l'univers et sur la cen-

17. Voir David Hume, *Dialogues* V (*NKS*, p. 204-209 ; *P*, p. 224-236).

18. David Hume, *Dialogues* VII (*NKS*, p. 217-223 ; *P*, p. 256-272).

tralité que la génération (donc les sciences du vivant) y occupe. Toutes ces particularités nous invitent à chercher ailleurs que dans le milieu britannique – c'est-à-dire dans le contexte « continental » avec le grand tournant qui le caractérise à la moitié du siècle – la source de la « dérive naturaliste » caractérisant la position de Philon. Et Diderot se trouve tout naturellement au centre de ce renouveau dans lequel sciences de la vie, philosophie des Lumières, et étude de la cosmogonie se croisent. Mais il est temps désormais de vérifier notre hypothèse en passant du niveau des considérations générales à une analyse plus pertinente des textes de Hume et du philosophe de Langres.

À présent nous mettrons en relation certaines hypothèses avancées par le personnage de Philon et les conjectures non moins audacieuses proposées par Diderot dans un texte qui précède les *Dialogues* : il s'agit du discours final de Saunderson dans la *Lettre sur les aveugles* (trois éditions en 1749, dues probablement à l'imprimeur Durand). Certaines de ces idées seront relancées plus tard, dans l'*Interprétation de la nature* (deux éditions : 1753, 1754). De ces comparaisons, il résulte de toute évidence que les idées de Diderot, déjà avant sa rencontre personnelle avec Hume, allaient dans le sens du naturalisme dont le personnage de Philon se fera le porte-parole. En effet, malgré les précautions sceptiques dont Hume entoure les interventions de ce dernier, l'impact de ce que nous avons appelé la dérive de Philon sur l'ensemble de la conversation des *Dialogues* est tout à fait remarquable : en procédant par étapes successives, ce personnage en vient jusqu'à résorber l'attribut de l'intelligence ordinatrice dans la simple matière. C'est sur la formulation d'un matérialisme ouvertement athée que son inventivité argumentative s'arrête[19].

Remarquons tout d'abord que cette tendance vers le naturalisme et le matérialisme devient dans les *Dialogues* encore plus évidente grâce à certains ajouts ou modifications que Hume a introduits dans le texte au cours de ses révisions. Compte tenu de ce processus et du décalage existant entre la première et la deuxième moitié de l'œuvre, on pourrait dire que dans les *Dialogues* se confrontent sinon deux strates, du moins deux approches différentes : d'une part, une tendance carrément empiriste, épistémologique, mécaniste, basée sur la thèse de l'univers comme machine, tendance bien représentée par Cléanthe et contredite par Philon, surtout dans la première moitié de l'ou-

19. Pour l'interprétation générale des *Dialogues* nous renvoyons à l'introduction de notre édition (*P*, p. 5-83).

vrage ; d'autre part, la tendance naturaliste, vitaliste et dynamique, centrée sur la thèse de l'univers vivant et en transformation continuelle, tendance qui va bien au-delà du mécanisme classique et qui est défendue par le personnage de Philon dans la seconde moitié de l'œuvre, surtout au fil des révisions successives à la première rédaction. Nous pouvons caractériser cette dérive naturaliste de Philon par le penchant vers une conception plus biologique que mécanique de l'univers, centrée sur la primauté de la génération et par une approche historique et dynamique du monde. Il s'agit à présent et dans la suite de l'article de voir quelle correspondance trouvent ces caractères nouveaux dans la philosophie de Diderot.

Il semble raisonnable de songer que la tendance « biologisante » exprimée dans les interventions « naturalistes » de Philon (ce que nous avons appelé la seconde strate des *Dialogues*) ait ressenti l'influence des idées de ce dernier, déjà avant l'arrivée de Hume en France grâce à la lecture des textes du philosophe français et ensuite lors de la coprésence des deux auteurs à Paris dans les années 1763-1766. En effet, nous voyons à l'œuvre tant dans les interventions de Philon que dans le discours de Saunderson proposé par Diderot dans la *Lettre sur les aveugles* de 1749 trois idées capitales qui représentent une spécification des tendances que nous venons d'énoncer : *a)* l'idée que l'univers dans son ensemble ressemble plus à un organisme vivant (animal ou végétal) qu'à une machine mécanique ; *b)* la thèse de la « révolution » continuelle de l'univers, passant sans cesse d'un état à l'autre, à l'infini[20] ; *c)* la notion de l'« ordre » conçu comme un équilibre temporaire et instable que les changements continuels de la matière se chargent de dissoudre et de recomposer, sans qu'il y ait besoin de supposer ni une intelligence ordonnatrice ni une finalité qui soit plus qu'un agencement ou l'adaptation réciproque des composantes.

Au sujet de Diderot, Charles Wolfe a parlé du « déplacement d'une ontologie physicaliste vers une biologie, ou plutôt une métaphysique biologiquement fondée »[21], et Paolo Casini d'une « insuffisance de la méthode

20. On a invoqué sur ce point les lectures communes d'Épicure et de Lucrèce, mais il faut tenir compte de deux aspects par lesquels tant Hume que Diderot se démarquent de la vulgate épicurienne. D'une part, Hume propose une véritable réforme de la « vieille hypothèse épicurienne » (*Dialogues* VIII, *NKS*, p. 224-230 ; *P*, p. 274-289) ; d'autre part, tant Hume que Diderot étendent le modèle biologique transformiste, que les épicuriens avaient limité aux organismes vivants, à l'ensemble des mondes et de l'univers.

21. Charles Wolfe, « Une biologie clandestine ? Le projet d'un spinozisme biologique chez Diderot », *La Lettre Clandestine,* 19 (2011), p. 149-169, p. 163.

newtonienne » qui « ne pénètre pas dans le monde des êtres vivants »[22]. Mais il faut ajouter ici qu'on retrouve dans le texte de Hume un mouvement tout à fait parallèle vers une conception de l'univers où la méthode mathématique newtonienne est délaissée et le principe de la « génération » cependant domine.

Cette idée de l'analogie entre l'univers et un organisme vivant (animal ou végétal) est au cœur du bloc central des *Dialogues* (VI-VIII), celui où Philon part à l'attaque du théisme en déployant ses hypothèses alternatives. On assiste là à un *crescendo* dont l'inspiration biologique (au sens où elle se rattache aux sciences de la vie, le mot de « biologie » n'étant pas encore en usage), plutôt que l'approche mécanique ou artificialiste, représente une constante. La même idée est déclinée en plusieurs formes différentes. Elle fait son apparition dès la section VI et est reprise dans la section suivante.

Les discours de Philon ne se limitent pas à mettre l'analogie de la génération et de la végétation (donc l'analogie biologique) sur le même plan que l'intelligence et l'instinct, mais ils s'emploient constamment à affirmer la plus forte probabilité de la similitude du vivant contre la similitude machinale dont Cléanthe se sert pour inférer le dessein intelligent de l'univers. Le principe soutenu par Philon se résume en peu de passages : « le monde ressemble à un animal, il est donc un animal, donc il est né par génération ». Même la raison est le produit de la matière vivante (Hume dit : de la génération, mais le sens est le même) ; le contraire (que l'intelligence soit indépendante ou la cause du vivant) est beaucoup moins probable à la lumière de notre expérience constante[23]. La conclusion que Philon tire de toutes ces considérations est une confirmation de l'analogie entre le monde et les organismes vivants[24].

Comme l'a souligné Norman Kemp Smith, la nouveauté de l'approche biologique présente dans cette partie des *Dialogues* permet à Philon, et donc à Hume, d'envisager la possibilité que le monde, comme les organismes vivants, soit « self-ordering » et qu'ils n'aient pas besoin d'un principe d'ordonnance externe et intelligent, puisque nous voyons, dans les phénomènes biologiques, que l'ordre s'établit, se transmet et se propage sans qu'il y ait besoin d'une direction qui soit consciente et intelligente. Et cela incite aussi à concevoir ordre et arrangement comme de simples synonymes, en faisant de

22. Paolo Casini, *Newton e la coscienza europea*, Bologna, Il Mulino, 1983, p. 112.
23. David Hume, *Dialogues* VII (*NKS*, p. 222 ; *P*, p. 268).
24. David Hume, *Dialogues* VI (*NKS*, p. 211 ; *P*, p. 240-242).

l'organisation interne une alternative au dessein externe (« purpose »). S'il y a quand même une sorte de finalisme qui s'exprime dans la coordination des parties et des éléments, il s'agit toujours d'une finalité *interne* qui ne renvoie pas à un ordonnateur externe[25]. Ce que Smith n'a pas remarqué, c'est le passage que Hume opère depuis le niveau des organismes à celui de l'univers en son entier, et surtout que la nouvelle tendance « biologique » s'explique moins par une évolution interne de la pensée de Hume que par les changements affectant le contexte de l'époque.

En effet, il faut préciser que, malgré l'apparence archaïsante créée par le cadre classique des *Dialogues* et renforcée par toutes les références à l'âme du monde et au panthéisme ancien, la tendance naturaliste et biologisante représentée par Philon s'inscrit directement dans un contexte tout à fait moderne, plus continental qu'insulaire à vrai dire, représentant également une nouveauté par rapport au reste de l'œuvre humienne. Sur le continent, dans les années cinquante et soixante du siècle c'était surtout Diderot, plutôt que La Mettrie (redevable au mécanisme cartésien plus qu'aux nouvelles sciences de la vie)[26], qui représentait le front le plus avancé dans cette direction. Diderot est aussi le plus engagé à transférer la nouvelle approche du vivant du domaine biologique à celui de la cosmologie, tout en s'en servant principalement pour battre en brèche l'argument théologique du dessein finaliste de l'univers. Il est également celui qui se soucie le plus de l'impact des sciences de la vie sur la métaphysique classique, y compris au sens d'une transformation naturaliste de la science de l'homme. On peut en réalité généraliser à l'ensemble de l'œuvre du philosophe la remarque pertinente que Jacques Roger a faite au sujet des *Pensées de l'Interprétation de la nature*, en disant que c'est « le résultat de la première rencontre sérieuse » avec les sciences biologiques. « Cette rencontre – continue-t-il – était doublement nécessaire. D'abord parce que la pensée de la première moitié du siècle avait

25. Voir l'introduction de N. K. Smith, *NKS*, p. 37-43 et p. 129.

26. Sur l'importance de l'héritage cartésien dans la philosophie matérialiste des Lumières il est toujours utile de consulter le livre classique d'Aram Vartanian, *Diderot and Descartes. A Study of Scientific Naturalism in the Enlightenment*, Princeton, Princeton University Press, 1953, avec l'avertissement, toutefois, que cet auteur a le double défaut de négliger le tournant anticartésien représenté par les sciences de la vie naissantes et de faire de Diderot un cartésien à part entière (voir surtout le chap. III sur la méthode scientifique depuis Descartes jusqu'aux philosophes). Pour une recherche plus récente et adéquate, voir Mariafranca Spallanzani, *L'arbre et le labyrinthe. Descartes selon l'ordre des Lumières*, Paris, Honoré Champion, 2009.

si bien lié les problèmes qu'on pouvait difficilement concevoir une réflexion philosophique qui se désintéresse des sciences de la nature. » D'autre part, toute sa vision métaphysique de l'univers « ne pouvait pas se passer des données concrètes de la science »[27].

En effet, l'analogie entre la conjecture biologisante de Philon et la « vision » de Saunderson mourant dans la *Lettre sur les aveugles* de Diderot est remarquable et, pour la réaliser, il suffit de comparer les passages et les idées que nous avons rappelés avec les lieux parallèles de la *Lettre.* Dans un cas au moins, la similitude est frappante, et frôle la citation littérale. Il s'agit en plus d'un passage ajouté par Hume lors de sa révision du texte de la section V des *Dialogues,* donc dans une période succédant à la première rédaction du texte. Voulant contrer le finalisme à base analogique que Cléanthe tire de la similitude entre l'univers et une production mécanique (comme dans l'exemple du charpentier et du navire), après avoir évoqué les conceptions des « naturalists » et les découvertes récentes en anatomie, chimie et botanique, Philon imagine que l'univers serait le produit d'une évolution presque infinie, comme par essais et erreurs :

> Many worlds might have been botched and bungled, throughout an eternity, ere this system was struck out ; much labour lost, many fruitless trials made ; and a slow, but continued improvement carried on during infinite ages in the art of world-making[28].
>
> Bien des mondes pourraient avoir été bâclés et ratés, au cours de l'éternité, avant que ce système ne s'installe ; bien du travail perdu, bien des essais infructueux tentés ; et un perfectionnement lent, mais continu, poursuivi pendant des âges infinis, dans l'art de fabriquer les mondes.

Et voilà le passage tout à fait semblable du discours final de Saunderson dans la *Lettre sur les aveugles* :

> Je conjecture donc que, dans le commencement où la matière en fermentation faisait éclore l'univers, mes semblables étaient fort communs. Mais pourquoi n'assurerais-je pas des mondes, ce que je crois des animaux ? Combien

27. Jacques Roger, *Les sciences de la vie dans la pensée française au XVIIIe siècle*, Paris, A. Colin, 1963, p. 612-613. Voir tout le chapitre de cet ouvrage sur Diderot (p. 585-682), qui demeure indispensable malgré la sévérité de certains jugements sur le transformisme de Diderot qu'il faudrait nuancer.

28. David Hume, *Dialogues* V (*NKS*, p. 207 ; *P*, p. 228). Ce passage a été ajouté par Hume au cours de la révision du texte originaire.

> de mondes estropiés, manqués, se sont dissipés, se reforment et se dissipent peut-être à chaque instant dans des espaces éloignés, où je ne touche point, et où vous ne voyez pas, mais où le mouvement continue et continuera de combiner des amas de matière, jusqu'à ce qu'ils aient obtenu quelque arrangement dans lequel ils puissent persévérer [...] Mais à quoi bon vous tirer de votre élément ? Qu'est-ce que ce monde, monsieur Holmes ? Un composé sujet à des révolutions, qui toutes indiquent une tendance continuelle à la destruction ; une succession rapide d'êtres qui s'entre-suivent, se poussent et disparaissent ; une symétrie passagère ; un ordre momentané [...]. (DPV IV : 52)

Nous connaissons bien l'importance de ce texte de Diderot : il marque la rupture définitive avec le mécanisme plus traditionnel des *Pensées philosophiques*, où le monde était représenté comme « une machine qui a ses roues, ses cordes, ses poulies, ses ressorts et ses poids »[29], avec la conséquence de requérir pour son existence et son fonctionnement un suprême artisan. Dans la *Lettre*, Diderot se confronte plutôt au thème du désordre, surtout dans le domaine des formes biologiques : les « monstres », les « combinaisons vicieuses de la matière » qui ont disparu parce que « leur mécanisme impliquait une contradiction importante », le problème du « mécanisme animal » (DPV, IV : 49) avec sa spécificité font leur apparition dans ce texte qui, selon Roger, tout en se situant en deçà de tout transformisme possible, bute pourtant sur une conception de l'ordre de la nature opposée à la conception d'inspiration déiste qui dominait encore dans les *Pensées philosophiques* : « un ordre de fait, qui ne suppose aucun dessein préalable. »[30]

Cette vision est explicitement opposée par Saunderson au téléologisme de Newton, Leibniz, Clarke et à leur idée du dessein dirigé par « un être intelligent ». Exactement comme Saunderson dans la *Lettre sur les aveugles* ou « l'interprète » dans l'*Interprétation de la nature* de Diderot, Philon affirme dans les *Dialogues* que ce principe d'ajustement purement matériel n'a aucun besoin d'un dessein ordonnateur, puisqu'il explique tous les phénomènes par les seules lois physiques, depuis les grands changements du monde macroscopique jusqu'aux transformations microscopiques des êtres vivants. C'est ce que Hume met au clair en commençant par une distinction de principe qui donne le ton à toute la section II : « Order, arrangement and

29. *Pensées philosophiques*, XVIII, OD, Vol. I, p. 23.

30. Jacques Roger, *op. cit.*, p. 593.

adjustement of final causes is not, of itself, any proof of design ; but only so far as it has been experienced to proceed from that principle. »[31] Or, tout l'argumentaire de Philon dans les *Dialogues* est là pour démontrer que cette inférence du principe n'est possible ni *a priori* (contre Déméa) ni *a posteriori*, « par l'expérience » (contre Cléanthe). Il s'ensuit que le finalisme interne dont la nature fait preuve surtout en ce qui concerne les organismes vivants sous la forme de l'auto-organisation peut être tranquillement dissocié de la finalité externe (« *design* ») laquelle impliquerait une direction intelligente.

En réalité, le décalage entre le personnage diderotien de Saunderson et Philon relève plus d'une différence de style que de contenu : le premier est décidément plus visionnaire, le second plus argumentatif et dialectique. Après avoir donné sa solution au problème de Molyneux et désormais près de mourir, Saunderson en arrive presque d'un bond à la conception matérialiste d'un monde sans divinité, alors que Philon procède par des approximations successives avant de parvenir à des conclusions qui ont toute l'apparence de l'athéisme, malgré certaines prudences sceptiques dont il s'entoure.

Malgré ces différences et compte tenu du caractère plus évolutif du personnage de Philon, il demeure toujours très possible que Hume ait profité des idées de Diderot pour la rédaction de ses propres *Dialogues* : d'abord, en lisant la *Lettre sur les aveugles* et *De l'interprétation de la nature* avant de partir pour Paris, lors de la première rédaction du texte, et ensuite, après les conversations parisiennes, pour la révision du texte. Comme nous l'avons vu, l'influence des idées de Diderot dut se manifester surtout dans le penchant « biologisant » du personnage de Philon, penchant qui s'exprime par l'importance donnée au principe de la « génération » dans la formation et l'arrangement de l'univers. Certes, il subsiste une différence remarquable de compétences entre le philosophe français qui s'engageait directement dans le dialogue avec les sciences de la vie de son temps, d'une part, et, de l'autre, le penseur écossais beaucoup plus philosophe que savant : ce qui intéresse Hume sont les conclusions générales plutôt que les menus faits scientifiques. Cependant, et avec toutes les nuances nécessaires, on pourra appliquer au naturalisme de Philon dans les *Dialogues* ce que Paolo Casini a dit de Diderot, en affirmant que le rapport avec « le devenir non mécaniste de la vie » contribua à briser « les articulations rigides de la raison cartésienne et remplaça l'épistémologie sensualiste et analytique par un dynamisme

31. David Hume, *Dialogues* II (*NKS*, p. 180 ; *P*, p. 168).

spéculatif plus complexe »[32]. On voit ce « dynamisme » à l'œuvre dans les « hypothèses » les plus audacieuses de Philon.

En effet, ce que nous avons dit sur les rapports entre certaines interventions de Philon dans la partie centrale des *Dialogues* et l'œuvre de Diderot, *après* sa phase déiste et sceptique, devrait nous mettre en garde contre une interprétation exclusivement sceptique de la position de Hume : même s'il maintient une retenue épistémologique d'empreinte empiriste qui l'empêche d'égaler l'audace spéculative de son ami français, le philosophe écossais s'approche, justement dans les *Dialogues*, d'une vision cosmologique et biologique totalisante et immanente.

À l'époque du séjour parisien de Hume, mais déjà lors de la laborieuse rédaction des *Dialogues,* le thème du scepticisme n'était plus ni le thème nouveau ni l'argument central de la réflexion du philosophe écossais, même s'il était toujours présent dans le texte qui paraîtra seulement posthume. On peut dire la même chose pour Diderot à la hauteur des années cinquante. La conclusion de cette étude, qui demande pourtant d'être continuée et approfondie[33], sera que la lecture de Diderot d'abord, et ensuite les relations personnelles avec lui, aidèrent Hume à donner au personnage de Philon une audace spéculative qui allait bien au-delà de la retenue sceptique dans laquelle on a toujours l'habitude d'encadrer l'auteur des *Dialogues*.

Gianni Paganini
Università degli Studi del Piemonte Orientale « Amedeo Avogadro »
Centro di ricerca dell'Accademia dei Lincei (Roma)
gianenrico.paganini@uniupo.it

32. Paolo Casini, *Diderot philosophe*, *op. cit.*, p. 389.

33. Nous avons présenté une première esquisse de cette recherche lors du Colloque Diderot de la Sorbonne, 24-25 octobre 2013, mais le travail de recherché est encore en cours. On verra aussi notre article : *Hume et Diderot: le dialogue autour des* Dialogues Concerning Natural Religion, in *Diderot et la philosophie,* éd. J-C. Bardout et V. Carraud, Paris, Société Diderot, 2020, p. 157-192 ; et notre livre : *De Hume à Bayle. Tolérance, hypothèses, systèmes*, Paris, H. Champion, 2023, surtout la troisième partie, chap. XII, « Les Dialogues de Hume et Bayle : sur les attributs moraux de la divinité », p. 555 et chap. XIII « Hume, Bayle et la "nouvelle hypothèse de cosmogonie" », p. 595-636.

II.
VARIA

DIDEROT CONTRE FALCONET : ACTION ET CRÉATION DANS LES *LETTRES SUR LA POSTÉRITÉ*

« La vue de la postérité fait-elle entreprendre les plus belles actions ou produire les meilleurs ouvrages ? »[1] De 1765 à 1767, la question opposa Diderot et Falconet, alors que ce dernier devait partir en Russie ériger *Le Cavalier de bronze*, en mémoire de Pierre le Grand. Falconet se dit indifférent à la postérité. Il n'y voit qu'un piège à nigauds, comme cette nuée qu'Ixion prit pour Junon, et qui lui valut d'être foudroyé. Diderot lui oppose une image plus amène, celle d'un « concert de flûtes qui s'exécute au loin et dont il ne me parvient que quelques sons épars, que mon imagination, aidée de la finesse de mon oreille, réussit à lier, et dont elle fait un chant suivi qui la charme d'autant plus que c'est en bonne partie son ouvrage » (DPV, XV, p. 3 *sq*). Les notes lointaines permettant la recréation imaginaire du concert sont bien réelles. La postérité ne serait pas entièrement chimérique. Et puis comment se passer de cette espérance ? Idée motrice, elle électrise héros et grands artistes tout en les apaisant. Consolante, elle soutient les âmes fortes injustement traitées. Enfin, lorsqu'après les luttes, l'œuvre est achevée, elle adoucit les derniers jours. Aucune de ces belles perspectives n'émeut le sculpteur, qui n'en démord pas : créer ne dépend pas d'un désir de postérité. Si des artistes l'éprouvaient, il faudrait leur pardonner cette marotte d'âme faible à l'égocentrisme mesquin.

Falconet souhaitait publier ces échanges épistolaires. Diderot ne le permit pas. Leur feu ne compensait pas leur confusion. Comment corriger leur désordre sans les dénaturer ? Une partie des lettres de Diderot parut en 1831,

1. Formule de Falconet, citée par Roland Mortier dans Diderot, *Œuvres complètes,* éd. Dieckmann, Proust, Varloot, t. XV, *Le Pour et le contre, ou Lettres sur la postérité,* éd. E. Hill, R. Mortier et R. Trousson, Paris, Hermann, 1986, p. X. Sur la question de la postérité, voir le passionnant essai de Benjamin Hoffmann, *Les Paradoxes de la postérité* Minuit, 2019. Sur la postérité au XVIIIe siècle, la désormais classique étude de Jean-Claude Bonnet, *Naissance du Panthéon*, Fayard, 1998.

sans celles du sculpteur. Il fallut attendre les éditions d'Yves Benot et d'Emita Hill pour avoir accès à des éditions scientifiques des *Lettres sur la postérité*, et saisir sur le vif Diderot dialoguant avec un contradicteur bravache et peu commode. Les positions de Falconet, et ce que l'échange a de véritablement dialogique n'ont pas pour autant été pris au sérieux. On a fait comme si Diderot se parlait à lui-même, qu'il ne devait qu'à lui-même l'énergie de ces échanges. Or cette confrontation joue un rôle important pour le philosophe, au moment où il entre dans sa grande période créatrice. Elle résonne dans le *Neveu de Rameau*, *Le Rêve de d'Alembert*, *La Réfutation d'Helvétius*, les *Essais sur les règnes de Claude et de Néron*.

Pressé par Falconet, Diderot court après des intuitions neuves et paradoxales sur notre relation au passé et à l'avenir. Il finit par s'emporter au-delà des questions de création artistique pour défendre un humanisme fondé sur la passion du sublime, et prôner un matérialisme qui ne s'enfermerait pas dans l'étroitesse du présent. La querelle se prolongeant, la réflexion de Diderot gagne en profondeur. Il faut donc comprendre sa position à partir de celle de Falconet, qui pousse l'écrivain à affronter ses propres tensions : comment, en régime matérialiste, rendre compte des conduites généreuses, héroïques, sacrificielles, celles qui excèdent la bienfaisance, et celles que l'intérêt bien compris ne saurait à priori motiver ? Et comment dire son admiration de l'espèce humaine, alors qu'on postule le fatalisme et l'impermanence des choses ?

Que le Neveu de Rameau conspue la postérité, rien d'étonnant. Mais qu'elle indiffère un grand artiste comme Falconet, Diderot ne se résout pas à le croire. Le sculpteur serait-il de mauvaise foi ? Diderot le soumet à des épreuves de vérité iconoclastes. Si pour quelques écus, l'éternité de son *Pygmalion* était assurée, ne les paierait-il pas ? Si une de ses œuvres qu'il juge médiocre disparaissait, ne s'en réjouirait-il pas ? Pourquoi partir en Russie servir Catherine II sans exiger un salaire à la mesure de son talent ? Mais Falconet ne plie pas. Diderot soutient alors que le sentiment de l'immortalité agit à l'insu de son ami. Certaines idées nous mènent inconsciemment. La postérité est de celles-là : « si j'ai une haute opinion de la chose que je tente, si j'ai une noble confiance en mes forces ; si je me propose de fixer sur moi l'attention des siècles à venir ; quoique la présence de ces différents motifs cesse dans mon esprit, la chaleur en reste au fond de mon cœur ; elle y subsiste à mon insu, elle y agit, elle y travaille, même tandis que l'engagement de l'homme avec l'ouvrage s'exerce dans toute sa violence » (DPV, XV, p. 179).

Pourquoi s'entêter à convaincre Falconet ? Diderot a perdu son père en 1759, il pense à la mort et se refuse à l'accepter : « pourquoi faut-il que cela finisse ? » (DPV, XV, p. 19). L'idée de postérité lui est un baume : « Lorsque sur la garantie de tout un siècle éclairé qui m'environne, je puis m'écrier aussi *non omnis moriar*, que je laisse après moi la meilleure partie de moi-même, que les seuls instants de ma vie dont je fasse quelque cas, sont éternisés, il me semble que la mort en a moins d'amertume » (DPV, XV, p. 26). Diderot y revient plusieurs fois : « [...] notre unique consolation est dans ce reste d'existence » (DPV, XV, p. 198), dans ce que la postérité soustrait à la disparition. Le philosophe a 53 ans, ses grandes œuvres restent à venir. Hors l'*Encyclopédie*, que restera-t-il de lui ? Diderot cherche peut-être l'énergie pour achever ce qu'il a pu commencer, comme le trahit cette boutade : « En vérité, cette postérité serait une ingrate, si elle m'oubliait tout à fait, moi qui me suis tant souvenu d'elle » (DPV, XV, p. 5).

L'OMBRE DE FONTENELLE

Mais les angoisses de l'encyclopédiste ne sont pas seules en cause. La dispute avec Falconet engage des enjeux philosophiques importants. Fontenelle jette son ombre sur leurs échanges, et avec lui, la force d'une libre pensée alliant démythification et hédonisme. Diderot rapporte cette anecdote :

> Un jour Fontenelle disait que s'il y avait dans un coffre un mémoire écrit de sa main qui le peignît à la postérité comme un des plus grands scélérats du monde, et qu'il eût une démonstration géométrique que ce mémoire serait ignoré de son vivant, il ne se donnerait pas la peine d'ouvrir le coffre pour le brûler. Ce discours fit peine à tous ceux qui l'entendirent, et personne ne le crut. C'est qu'il vient dans l'esprit qu'un homme aussi indifférent sur la mémoire qu'il laisse après lui, ne balancerait guère à commettre un crime si ce crime lui était utile, et qu'il eût la démonstration géométrique qu'il ne sera pas connu de son vivant. On n'aime pas ces gens-là qui mettent tant d'importance à la date (DPV, XV, p. 55 *sq*).

Dès les *Nouveaux Dialogues des morts*, Fontenelle avait raillé la postérité : que de dupes prêtes à sacrifier leur vie pour une gloire illusoire, combien d'imposteurs dans le temple de Mémoire ! Fontenelle lui préfère la philosophie d'Anacréon, de Scarron : sans se soucier du terme, à l'écoute de la nature et conscients du prix de la vie, ceux-là trouvaient le moyen de jouir de l'existence, malgré les limites de notre condition imparfaite[2]. Ce naturalisme se prête à être caricaturé en matérialisme « égoïste », et ce que rapporte Diderot de Fontenelle conforte cette vieille accusation. Dans le *Neveu de Rameau*, dont il a entamé la rédaction, Diderot s'interroge sur les conséquences morales du matérialisme. En 1774, il reprochera à Helvétius de vouloir établir la vertu uniquement sur la sensibilité physique, sur le plaisir et sur la douleur. Or, la recherche du plaisir maximisé et de l'intérêt bien compris, même soutenue par un conditionnement éducatif, ne suffirait pas à expliquer les conduites morales, notamment les plus vertueuses, celles qui demandent un sacrifice. Plus il dispute avec Falconet, plus cette conviction s'affirme.

Ce dernier refuse de s'élever à ces hauteurs. Il voudrait s'en tenir à la question initiale : la pensée de la postérité est-elle indispensable à la création de grandes œuvres ? Mais bien des traits le rapprochent de Fontenelle. Muni du « compas de la froide raison » (DPV, XV, p. 6), il prône la lucidité et la démystification, refuse de souscrire à des chimères cultivées par notre orgueil. Plutôt se livrer à « l'abus de gaieté » (DPV, XV, p. 47). Le sculpteur oppose l'intensité de l'instant aux élans visionnaires : le rire d'une jolie femme qui sait tout le prix du moment vaut mieux que le concert lointain de la postérité, mieux que les images grandioses et nébuleuses du philosophe (DPV, XV, p. 6, 15). Falconet clame la valeur du *hic et nunc* sur fond de matérialisme athée.

Du moins, c'est ainsi que Diderot le comprend. En réalité, Falconet n'invite ni à la paresse, ni au repos, ni même à l'usage des plaisirs. Son hédonisme est singulier. Pour ce fils de cordonnier « élevé un peu durement » (DPV, XV, p. 21), pour cet autodidacte qui se forma seul au latin et aux belles-lettres, l'effort est jouissance en lui-même, et il n'est pas impossible qu'existe une pulsion de perfection. Pour Falconet, la création n'est pas mue par la considération d'autrui, au contraire. L'indépendance de l'artiste, souverain absolu de ses choix moraux, est primordiale. Face à lui, Diderot se sent tenu de défendre la possibilité d'un matérialisme humaniste, habité par le souci de l'espèce, galvanisé par une haute idée de l'humanité. D'où sa tendance à élargir sans cesse le débat au-delà de la création artistique, pour s'intéresser aux grands hommes, et à toutes les actions héroïques. Une conduite radicalement altruiste est-elle possible pour un matérialiste ? Et comment l'expliquer ?

2. Sur Fontenelle et Diderot, voir F. Chassot, « Entre mépris et passion du monument », *Littératures classiques*, 104, 2021, p. 41-52.

On a pu dire que *Le Pour et le contre* était un « dialogue de sourds »[3]. En réalité, Falconet pousse Diderot à enrichir sa réflexion morale et artistique. Le réalisme rugueux de Falconet, sa rigueur démonstrative et sa force dialectique que, Diderot salue, sont un aiguillon : face à lui, le philosophe prend des mines d'apologète[4]. Il faut donc partir de la position de Falconet.

LES CORPS À CORPS DE FALCONET

Pour récuser la postérité, Falconet s'en tient à son expérience personnelle. Certes, l'enthousiasme est indispensable à la création[5], mais il ne doit rien au « sentiment de s'immortaliser » (DPV, XV, p. 26) : aucun artiste ne peut ignorer que les vrais monuments, ceux qui laissent une trace fidèle de ce qu'un siècle a fait de meilleur et de plus grand n'existent pas. La postérité est capricieuse, elle dépend trop du hasard. Les œuvres sont vulnérables. Elles sont à la merci des incendies, des cataclysmes, des attributions erronées… et de l'incompétence de ceux qui ont autorité pour transmuer les œuvres en monument. Falconet recense les inepties de Pline et de Voltaire critiques d'art. Cela n'empêche pas certains artistes de rêver d'immortalité. Les chimères ont leurs plaisirs, mais elles n'inspirent à Falconet que du dédain, pour leur peu de réalité. Et puis escompter des acclamations futures trahit trop de présomption et de vanité. Un artiste qui cultiverait ce rêve pour aller au bout de son œuvre serait un faible, au moral et au physique.

Le génie crée par la seule force de son génie : « Plus il embrasse d'objets et les sent vivement, plus il prouve sa force et son élévation » (DPV, XV, p. 22). Il génère son propre enthousiasme par l'intensité et l'extension de sa sensibilité. L'aspiration à l'immortalité est une « béquille » (DPV, XV, p. 21, entre autres), les natures énergiques et les organisations fortes s'en passent. Certes, les monuments peuvent servir de « catéchisme » moral et politique à des rois et des peuples, mais elles ne ramènent à leurs devoirs que des « âmes équi-

3. *Le Pour et le Contre*, éd. Y. Benot, les Éditeurs Français Réunis, Paris, 1958, p. 20. Roland Mortier l'approuve (DPV, XV, p. xi).
4. Badin, Diderot se compare à Paul sur le chemin de Damas (DPV, XV, p. 55), mais le parallèle est sérieux : « la postérité pour le philosophe, c'est l'autre monde de l'homme religieux » (DPV, XV, p. 33).
5. Falconet revient plusieurs fois sur son ivresse créatrice, (DPV, XV, p. 16, 21) par exemple. Mais ce n'est pas « le feu follet » de la postérité qui pourrait l'embraser (DPV, XV, p. 7) !

voques » (DPV, XV, p. 64). Les monuments sont bons pour les médiocres. Pourquoi se faire admirer d'eux ? Ce serait honorer le jugement de la foule et se soumettre à l'opinion.

Falconet invoque d'autres stimulants, les siens : avant tout l'excitation pure pour l'ouvrage, puis le tribunal de la conscience, l'exigence imprescriptible du for intérieur, l'émulation avec les œuvres du passé, l'angoisse d'être blâmé par ses contemporains, et plus prosaïquement, le souci d'honorer une commande ! L'analyse de ses propres mobiles artistiques est subtile, lucide et rigoureuse. Elle affiche avec provocation ce qu'ils peuvent avoir d'apparemment mesquins. Mais cette trivialité fait entendre une exigence forte, celle de l'autonomie de l'artiste, que, paradoxalement, la relation contractuelle avec un commanditaire garantit au mieux. La commande définit un cahier des charges, une obligation de résultat, mais laisse l'artiste libre de son invention, de ses moyens, et de son goût. Le contrat affranchit des jugements de la foule, de l'académie, des gens de lettres. Le sculpteur ne nie pas être attentif au jugement d'une élite de connaisseurs, ses pairs, il reconnaît aussi le rôle des modèles passés, mais il reste son seul juge en dernier ressort.

Avec Falconet, le culte du travail, conçu comme effort, salaire et production, rencontre les idéaux aristocratiques de générosité et de liberté. Le sculpteur s'inspire manifestement de Montaigne, « De la gloire »[6]. Nous devons en appeler à notre seule conscience, la belle action ou la belle œuvre trouvent leur prix, leur source et leur énergie en elles-mêmes. Les éloges du public sont appréciés, mais ne sont pas décisifs. Une fois passée la commande, l'œuvre d'art suppose un travail exigeant, qui a sa fin en soi, et dont l'intensité passionnelle doit tout au présent, et s'y donne entièrement. Falconet serait tout dans un instant, dans cette « cause machinale d'émulation » (DPV, XV, p. 7) qu'est « l'engagement entre l'ouvrage et l'ouvrier » (DPV, XV, p. 7, 13). Le mot « engagement » suppose un don complet de soi-même, une absorption entière dans l'effort. Entre morale et plaisir, il mêle l'idée de contrat à honorer avec celle d'ivresse dans l'action. Falconet aime comparer son art à un corps à corps viril et érotique, et sème çà et là des remarques gaillardes dignes des corps de garde[7].

6. « De la gloire », dans les *Essais,* est le seizième du livre II.

7. Entre posture hédoniste et parade martiale, les allusions érotiques ne manquent pas : « La déesse est dans vos bras, et vous courez encore après la nuée (6). » Parlant de Turenne ou César au combat : « c'est leur jour de noce, ils ne voient que la mariée » (88).

Falconet ne se veut pas héroïque. Ce matérialiste athée affiche son hédonisme. Le travail est jouissance pleine du présent. Une fois l'œuvre finie, elle appartient à son commanditaire, État ou particulier, et se détache de son auteur : Falconet récuse les parallèles diderotiens entre les œuvres et les enfants, au nom d'un refus catégorique de la servitude, et au nom du plaisir : quel fardeau ce serait de se soucier de son œuvre une fois livrée ! La critique montaignienne de la gloire comme vanité et asservissement à la foule s'enrichit du point de vue de cet artiste singulier, qui se veut conséquent avec son matérialisme. Avec fermeté, il assume la conviction qu'aucune immortalité ne nous est offerte, et qu'une vie se suffit à elle-même. Se moquer des monuments est la vraie grandeur, et l'attitude la plus épicurienne qui soit. Cette lucidité vis-à-vis de sa propre disparition n'a rien de désabusé. Elle est éminemment vitale, plus encore que celle de Fontenelle. Mépris généreux envers les chimères consolatrices, indifférence pour l'opinion, jouissance et accomplissement pur du présent, plaisir de l'effort pour l'effort, tout cela permis par un catalyseur, le souci d'honorer un contrat. Falconet joue au rustre, il revendique une sorte de réalisme étroit alors que sa passion est grande. Sa position existentielle est d'une grande subtilité. Il prend parfois la pose, mais ses convictions sont viscérales. Et ne sont-elles pas raisonnables ? Le respect de la postérité est un mauvais calcul : rien ne peut la garantir. Pourquoi s'en préoccuper ?

DIDEROT ET L'INDISPENSABLE POSTÉRITÉ

Les raisons de Falconet laissent Diderot incrédule. Elles ne correspondent pas à l'idée qu'il se fait des grandes actions. Pour Diderot, il leur faut des mobiles à leur image. Elles heurtent aussi l'idée qu'une partie de lui-même se fait de la morale. Contre le primat du présent, il défend la préoccupation pour les générations à venir et l'amour de l'espèce. Diderot ne veut pas de vertu restreinte. Contre une morale fondée sur l'émulation, la jouissance de l'effort, l'honnêteté qu'on se doit à soi-même et le respect des engagements pris, Diderot chante la possibilité et la beauté du sacrifice. Falconet est un être admirable. Mais sa position repose sur une distinction élitiste – et matérialiste – entre organisations fortes et faibles, entre la foule et les génies, rendant caduque toute morale universelle. Et quoique les jouissances de Falconet soient singulières, il n'en pose pas moins le plaisir et le bon vouloir de l'individu comme souverain bien.

Certes, la gloire posthume est une espérance peu rationnelle et peu raisonnable, Diderot le sait bien. Il est pourtant persuadé qu'elle n'a rien d'absurde, qu'elle exerce un pouvoir réel sur les grands hommes et dans l'histoire des peuples. Le philosophe affronte les objections du sculpteur pour donner forme à une conviction intime. Plus Falconet démythifie, plus Diderot s'emporte, plus son idée gagne en force et en originalité. Deux rationalités s'opposent : Diderot veut faire entendre une sorte de rationalité supérieure, contre la rationalité « terre à terre » et pragmatique de Falconet[8]. Mais comment convaincre un rationaliste un peu sec d'une « vérité de sentiment » (DPV, XV, p. 61) ? Diderot prend des détours et déplace la perspective : aucune action qui élève l'homme au-dessus de lui-même et qui exige des sacrifices n'est possible sans l'aiguillon de la postérité.

Diderot part d'un postulat : l'aspiration au monument répond à « la pente invincible d'étendre son existence en tout sens » (DPV, XV, p. 185), qui distingue l'homme de la brute bornée au présent. Si d'aucuns perdent ce désir, comme les femmes, victimes des entraves sociales, et plus encore les hommes dénués de talent, c'est qu'ils ont admis que la possibilité de se survivre leur était fermée. Le neveu de Rameau l'a compris, mais il ne l'accepte pas, et le désir de postérité le taraude. Heureusement, ce sont « des moments qui passent »[9]. Ce désir, Falconet soutient ne l'avoir jamais éprouvé. S'il lui venait, il répugnerait de toute façon à sa dignité et à sa raison.

L'ardeur à la tâche et le désir de perfection, Falconet pense les trouver dans l'excitation née de l'activité elle-même, et dans la vigueur de son surmoi. Diderot n'y croit pas : tout artiste se projette dans un monument à venir, sans quoi il ne rencontre ni l'énergie ni l'abnégation indispensables à l'achèvement d'une œuvre : « L'homme mesure à son insu la perfection de ses ouvrages à la durée qu'il s'en promet. Que fera-t-il, s'il ne voit qu'un instant ? Un catafalque ? » (DPV, XV, p. 191). Diderot refuse d'entendre la réponse pourtant remarquable de Falconet : « Vous vous trompez, le Slodz a fait un catafalque qu'il savait bien ne devoir durer qu'un instant. Il l'a fait aussi beau

8. « J'avoue que ma ténacité est rebutante. Je ne veux pas voir plus loin que mon nez, je suis fait pour ramper. » (DPV, XV, p. 17) *Cf.* les formules de Rameau : « Je suis trop lourd pour m'élever si haut. J'abandonne aux grues le séjour des brouillards. Je vais terre à terre. » (Diderot, *Le Neveu de Rameau*, éd. M. Delon, Gallimard, folio classique, 2006, p. 147) et « Faut-il qu'on puisse me dire, Rampe, et que je sois obligé de ramper ? C'est l'allure du vers, c'est mon allure. » (*Ibid.*, p. 89)

9. *Ibid.*, p. 58.

qu'un monument éternel. » (DPV, XV, p. 192) Non, pense le philosophe, le génie ne saurait suffire. L'énergie ne naît pas d'elle-même, ni ne s'entretient de son propre mouvement. Il faut un catalyseur et de quoi soutenir l'effort dans la durée. L'idée de postérité joue ce rôle, et pas seulement pour les chefs-d'œuvre : elle est le mobile de tous les gestes héroïques, de toutes les grandes actions, politiques ou militaires. Pas d'enthousiasme sans rêve de postérité.

EXTENSION DE SOI ET ENTHOUSIASME

Se représenter sa postérité, c'est faire l'expérience d'une extension de l'espace et du temps, source d'une excitation peu commune, car l'homme cherche naturellement à étendre son être. Diderot retrouve les accents de Giordano Bruno : « Voilà l'âme, voilà la grande âme. Comme l'œil et l'esprit qui s'élancent jusqu'aux étoiles fixes, elle se porte dans la durée et dans l'espace à des intervalles immenses. Si tu connaissais alors sa joie, son tressaillement, son ivresse, mais tu la connais » (DPV, XV, p. 27). Il n'est pas d'enthousiasme sans éprouver qu'on franchit les limites du présent, qu'on s'augmente du passé et de l'avenir. Le sentiment de l'immortalité a « je ne sais quelle analogie secrète avec la verve et la poésie. Les poètes et les prophètes commercent par état avec les temps passés et les temps à venir. C'est qu'ils interpellent si souvent les morts ; ils s'adressent si souvent aux races futures, que le moment de leur pensée est toujours en deçà ou en delà de celui de leur existence » (DPV, XV, p. 36).

Cette extension de soi se nourrit aussi de représentations plus concrètes, celle de la foule à venir louant notre ouvrage, celle de la révérence émue des générations futures, que les éloges présents pourraient bien annoncer. Comment Falconet peut-il y être insensible ? Quelle ivresse que d'imaginer sa mémoire à venir soudant en public admiratif une collection disparate d'individus d'époques diverses ! Mais Falconet ne veut pas dépendre des autres, encore moins d'admirateurs purement hypothétiques. Une fois l'œuvre finie, il veut bien reconnaître le jugement de ses pairs, sans bouder son plaisir. Pour le reste... En ce cas, « l'éloge de votre propre cœur est le seul qui vous reste, et cet éloge n'enivre pas », répond Diderot (DPV, XV, p. 32). D'où peut venir l'ivresse sinon d'ailleurs ?

Pour Falconet, l'anticipation de sa postérité n'est qu'un mouvement d'imagination narcissique qui prend des vessies pour des lanternes. Diderot rétorque que l'enthousiasme ne se borne pas au rêve flatteur d'être acclamé par des hommes à venir. Du plus essentiel se joue. Une œuvre digne de mémoire augmente réellement l'être parce qu'elle est un prolongement de soi. D'où le parallèle instamment invoqué par Diderot entre création et paternité, et que Falconet récuse. Le monument promet une immortalité qui ne s'arrête pas à un nom. Il lègue la meilleure et la plus exclusive part de soi-même, la seule qui puisse défier le temps. « La pensée que j'écris, c'est moi ; le marbre que tu animes, c'est toi : c'est la meilleure partie de toi, c'est toi dans les plus beaux moments de ton existence, c'est ce que tu fais, et ce qu'un autre ne peut pas faire. Quand le poète disait *non omnis moriar, multaque pars mei vitabit Libitinam*, il disait une vérité presque rigoureuse » (DPV, XV, p. 11). Difficile alors, comme le fit Fontenelle ou Lucien, de moquer la facticité des monuments, s'ils deviennent des cristallisations authentiques de leur auteur[10].

Mais la postérité peut être injuste ou capricieuse, rappelle Falconet. Qu'importe : les grands hommes ne calculent pas, pas plus qu'ils ne s'enivrent de leur moi. Ce sont les monuments qui nous communiquent la passion de postérité. Électrisée par cet exemple, toute action ou toute œuvre grande et belle engage l'idée de son propre avenir. Prise dans une chaîne de monuments, emportée par la flèche du temps, toute conduite exceptionnelle se pense d'ores et déjà, même à bas bruit, comme inscription et œuvre de mémoire. Tout chef d'œuvre suppose un corps conducteur reliant le passé, le présent et de l'avenir, une sortie hors de soi-même, pour se léguer soi-même. Lorsque Diderot regarde les monuments du passé, il ne voit pas d'abord en eux un témoignage, une intimation au souvenir, ni même un retour nécessaire à des origines fondatrices. Ils ne sont pas une suspension de notre présent, le rappel d'un passé à méditer avant de relancer le cours de nos vies. Diderot y perçoit surtout une puissance cinétique. Falconet lui-même lui a soufflé l'idée, en reconnaissant le rôle joué par Raphaël dans sa propre création :

> Je vous ai dit que je craignais le blâme sans vous dire quels censeurs je redoute. Il faut vous en nommer un qui me dispensera des autres. J'évoque l'âme de Raphaël. Je la place devant mon ouvrage, et j'écoute. Ce n'est pas là l'expression, la pureté, le sentiment qui m'ont rendu célèbre, me dit cette âme sublime. Quelques maîtres ainsi interrogés me développent un mystère.

10. Selon Roland Mortier, un « changement radical » se produit vers 1760 : « on attend dorénavant de l'art qu'il soit expression fidèle – et si possible intégrale – de la singularité de son créateur. » (*L'Originalité*, Droz, Genève, 1982, p. 89-90)

> Ils m'enseignent le chemin du vrai. Quelquefois ils m'y conduisent. Quelles leçons ! Quel feu ! Mon âme est embrasée. Quels témoins ! Quels flambeaux éclairent mes défauts ! Et je pourrais y tenir ! non, mon ami, les ressorts de mon âme sont dans leur plus grande activité : elle est remplie. Il n'y a plus de place pour la postérité qui alors ne serait pour moi qu'une idée vaine et creuse. C'est ainsi que l'antériorité (passez-moi le mot) fait chez moi ce que la postérité fait chez vous (DPV, XV, p. 21).

Diderot s'engouffre dans la brèche : antériorité, postérité, n'est-ce pas la même chose ? Raphaël et d'autres apportent à Falconet émulation, leçon et correction, ils sont les figures d'un surmoi qui le met au défi. Mais pourquoi se confronter au passé, sinon pour devenir une référence à venir ?

Admettons le mépris de la postérité au nom de l'indépendance de l'artiste. Sans l'anticipation d'une mémoire à venir, que reste-t-il ? Au lieu de l'extension, les joies de la « garde-robe », c'est à dire la jouissance morbide du temps perdu, les extases de la dépense, le nivellement consolateur : « On s'enrichit à chaque instant. Un jour de moins à vivre, ou un écu de plus ; c'est tout un. Le point important est d'aller aisément, librement, agréablement, copieusement, tous les soirs à garde-robe ; *ô stercus preciosus* ! Voilà le grand résultat de la vie dans tous les états. Au dernier moment, tous sont également riches. »[11]

Diderot, pour critiquer une thèse, aime la « pousser aussi loin qu'elle peut aller »[12]. Le personnage du Neveu, c'est, la dignité en moins, la position de Falconet portée à ses ultimes conséquences : celle-ci engagerait un matérialisme qui pour s'affranchir de toutes les illusions, se bornerait au présent, et s'en tiendrait à une attitude froidement hédoniste, calculatrice et cynique. Rameau, en effet, défend une morale du contrat[13], de même que Falconet prétend ne voir dans ses œuvres que des commandes à honorer – du moins, c'est ce que retient Diderot. Dans *La Suite d'un entretien entre M. d'Alembert et M. Diderot*, Diderot moquera Falconet, et sa conception de l'œuvre comme marchandise. Il raille le mépris affiché du sculpteur pour l'œuvre finie :

> DIDEROT. Je prends la statue que vous voyez ; je la mets dans un mortier ; et à grand coups de pilons...
> D'ALEMBERT. Doucement, s'il vous plaît. C'est le chef d'œuvre de Falconet. Encore si c'était un morceau d'Huez ou d'un autre.

11. *Le Neveu de Rameau*, *op. cit.*, p. 67.

12. *De l'interprétation de la nature*, dans *Œuvres philosophiques*, éd. P. Vernière, Garnier, 1990, p. 224.

13. Voir sa tirade sur le « pacte tacite », *op. cit.*, p. 112.

DIDEROT. Cela ne fait rien à Falconet. La statue est payée, et Falconet fait peu de cas de la considération présente, aucun de la considération à venir[14].

PORTÉE COLLECTIVE DU MONUMENT, ALTRUISME DU GRAND HOMME

En plaçant l'extension de soi au principe du monument, en associant promotion de l'individualité et monument, Diderot ne fait-il pas lui aussi le deuil de sa portée collective, de ses vertus politiques et sociales, de sa capacité à faire exemple et à tisser un lien politique ? Falconet a beau jeu de lui reprocher ce qu'il désigne par un mot encore neuf, « égoïsme »[15] (DPV, XV, p. 89). Le sculpteur n'en démord pas, le désir de postérité est égocentrique. De même, Rameau reproche à Racine son égoïsme : il n'aura « été bon que pour des inconnus et que pour le temps où il n'était plus »[16].

Or, pour Diderot, les hommes à talent qui se moqueraient de la postérité feraient preuve « d'un mépris cruel pour l'espèce humaine » (DPV, XV, p. 26). Inversement, vouloir laisser un monument revient à envoyer une lettre sans en attendre de réponse, parce que seul compte le destinataire : « Cher Falconet, l'ouvrage que vous avez fait et qui passera à la postérité est une lettre que vous écrivez à un ami qui est aux Indes, qui la recevra sûrement, mais que vous ne reverrez plus. Il est doux d'écrire à son ami, il est doux de penser qu'il recevra votre lettre et qu'il en sera touché » (DPV, XV, p. 31). L'extension du moi est don de soi, désir de communication, de partage et de communion par-delà les distances. En agrandissant son moi, l'enthousiaste va au-delà de lui-même. C'est particulièrement évident pour ceux qui renoncent à la consécration dans le présent, en espérant un monument à venir : « Plus ils ont attaché de prix à la vie future, moins ils en ont mis à la vie présente » (DPV, XV, p. 36). Le rêve de postérité exige le sacrifice du présent, qui distingue les âmes fortes. Comment nier la libéralité des grands hommes, capitaines, politiques, philosophes ? Ce sont « les plus généreux des hommes, les âmes les plus fortes, les plus élevées, les moins mercenaires »

14. *Le Rêve de d'Alembert*, *op. cit.*, p. 57.

15. Le *Dictionnaire de l'Académie* l'enregistre en 1762, dans ce sens : « Amour-propre qui consiste à trop parler de soi, ou qui rapporte tout à soi. »

16. *Le Neveu de Rameau*, *op. cit.*, p. 55.

(DPV, XV, p. 33) qui pensent à leur postérité. Leur grandeur est de sacrifier le présent à un avenir *incertain*. L'extension de soi est désir de partage, qui se paie par le renoncement à soi.

L'aspiration au monument serait hédoniste et sacrificielle, « égoïste » et altruiste. Dans ce paradoxe se trouve peut-être une réponse à ce que Diderot voit comme une difficulté du matérialisme. Si toute action trouve sa source dans une impulsion d'origine physique, comment expliquer les conduites héroïques, celles qui impliquent le sacrifice de soi ? Ou, comme le rappelle la *Réfutation d'Helvétius*, comment expliquer celles qui mettent en péril les plaisirs, la réputation, la richesse ou sa propre vie, et qui semblent aller contre la « sensibilité physique » ?[17] Postuler comme Falconet un goût pur pour l'acte parfait, signe électif des organisations fortes, ne convainc pas Diderot. Et si ces conduites sacrificielles pouvaient s'expliquer par le désir d'une extension superlative de soi ?

Indifférent à cette dialectique, Falconet ne quitte pas sa posture démystificatrice : comment concilier cette supposée générosité avec la part médiocre ou ignoble des grands hommes ? Leurs monuments ne sont-ils pas la mystification qui cache la puissance de leur égoïsme ? Diderot n'en est-il pas la dupe ? Falconet vilipende « l'âme vénale » de Démosthène, il condamne la lâcheté de Cicéron (DPV, XV, p. 65). Le neveu de Rameau va plus loin que Falconet : il vomit les génies, nuisibles à leurs contemporains. Diderot ne serait-il pas dupe des mensonges de la postérité ?

Mais « est-ce que comme honnête homme que Démosthène a prétendu à l'immortalité ? Nullement, c'est comme le premier orateur du monde, et il avait raison. Est-ce comme honnête homme qu'Alexandre a prétendu à l'immortalité ? Nullement, c'est comme le plus grand et le plus vaillant capitaine qui eût encore existé, et il avait raison » (DPV, XV, p. 152*sq*). Certes, reconnaît Diderot, « le malheur, c'est qu'il y a des statues pour les grands talents, et qu'il n'y en a point pour la probité ; et c'est un grand défaut des législations » (DPV, XV, p. 153). Mais démystifier la postérité en soulignant le décalage entre le culte des grands hommes et leurs faiblesses est dépourvu de sens. Les vices des hommes n'annulent pas la meilleure part d'eux-mêmes, et n'enlèvent rien à la perfection qu'ils manifestent et qui nous élève, en nous

17. Voir la *Réfutation d'Helvétius*, dans Diderot, *Œuvres*, *Philosophie*, éd. L. Versini, *op. cit.*, t. I, p. 808, où Diderot se réfère au concert lointain de la postérité. « L'héroïsme insensé », qu'on ne saurait motiver par la sensibilité physique, par des causes animales ou par l'appât du gain, « voilà ce qu'il faut expliquer ». Voir plus largement les pages 804 à 810.

rappelant au beau et au vrai. MOI suggère même que la grandeur peut se payer d'une part de médiocrité. Mettre en avant les vices des grands hommes ne saurait ruiner les émotions que suscitent leurs actions et leurs œuvres. Il faut songer « au bien de son espèce »[18]. Face à Rameau, MOI fait le calcul des pertes et profits, et conclut que l'héritage laissé surpasse amplement les maux causés par le génie :

> Pesez le bien et le mal. Dans mille ans d'ici, [Racine] fera verser des larmes ; il sera l'admiration des hommes, dans toutes les contrées de la terre. Il inspirera l'humanité, la commisération, la tendresse ; on demandera qui il était, de quel pays, et on l'enviera à la France. Il a fait souffrir quelques êtres qui ne sont plus ; auxquels nous ne prenons aucun intérêt ; nous n'avons rien à redouter de ses vices ni de ses défauts[19].

L'idée de postérité bénéficie *in fine* aux hommes, la morale matérialiste n'en demande pas davantage. Ensuite, Falconet, comme Fontenelle ou Rameau, fait parade d'hédonisme, mais reste attaché à ces modes d'analyse avilissants et puritains qui anatomisent les belles actions pour y déceler partout l'action de l'amour-propre, sans voir que l'individu est multiple. Diderot perçoit que les explications matérialistes des actions humaines qui ramèneraient tout à des satisfactions concrètes peuvent rejoindre les maximes de La Rochefoucauld, qu'il accuse d'être « pénétr[é] du plus profond mépris pour l'espèce humaine »[20]. De même, Rameau associe moralisme et perversion, démystification et abjection.

Or, si l'égoïsme seul inspirait le désir de passer à la postérité, comme Falconet le soutient, les monuments pourraient-ils instituer un public, créer communion et communauté ? Pourquoi belles actions et chefs-d'œuvre éveillent-ils l'admiration et l'identification ? Sans mouvement vers autrui, sans aptitude à la sympathie, l'artiste ou le héros laisseraient-ils des monuments ? Ceux-ci ne sont pas seulement eux-mêmes : ils ont su représenter leur patrie, puis tous les hommes de leur siècle, puis l'humanité. Comment produire ces dynamiques de communion sans communier soi-même ? Diderot est traversé lui-même par tant de voix : « Vous n'aimez donc, nous n'estimez donc personne ? Combien de voix qui n'arrivent point à mon oreille sans la

18. *Le Neveu de Rameau*, *op. cit.*, p. 56.
19. *Ibid.*, p. 55.
20. Diderot, « Spéculations utiles et maximes instructives », dans *Œuvres complètes*, éd. Assézat, t. IV, Garnier frères, 1875, p. 90.

troubler, et celle de mon ami, et celle de mon amie, et celle de mon concitoyen, et celle de l'étranger, et celle de la postérité qui me console de toute la peine que j'ai soufferte pendant 20 ans » (DPV, XV, p. 32). Un homme resserré sur lui-même serait sans vie, comme un clavecin dont on ne pince pas les cordes. Au lieu de s'étendre comme Amphitrite, il se sentirait « aussi menu qu'une aiguille »[21]. Diderot ne croit pas aux hommes « qui se suffisent à eux-mêmes » : « nous tenons plus ou moins de la coquette qui met des mouches au fond de la forêt » (DPV, XV, p. 57).

Mais l'extension de soi n'est-elle pas réservée au génie, auquel cas elle ne saurait fonder une morale, faute d'universalité ? Or, le propre du monument est de réveiller en tous l'aspiration au beau et au bien. Tout le monde connaît l'admiration. L'extension du moi, l'éprouvent tous les individus qu'une belle action ou une œuvre touche et qu'ils contribuent à « monumentaliser », en se constituant en public.

> Malgré moi, je prends intérêt à mon siècle; et à l'aspect d'une belle chose, je sens qu'elle distingue l'âge où je vis. Je suis, et nous sommes tous un peu comme le souffleur de l'orgue qui disait, *aujourd'hui nous avons été sublimes*. L'honneur du siècle est un loyer que je partagerai sans qu'il m'en ait coûté, c'est ce sentiment secret qui émousse un peu la pointe de l'envie que l'homme ordinaire porte à l'homme de génie (DPV, XV, p. 46).

Étendre son être n'est donc pas réservé aux grands hommes. Des hommes plus communs en font l'expérience dans les temples de Mémoire. Le monument tient son énergie de ses pouvoirs d'identification, en éveillant la meilleure part de nous-même. Rameau connaît une réaction inverse : la grandeur des autres le déprécie à ses propres yeux. L'admiration cède la place à l'envie. Son abjection est la figure inversée de l'aspiration à la grandeur.

Avec l'idée d'extension de soi, Diderot tempère le matérialisme hédoniste et démystificateur de Falconet. Une morale matérialiste qui ne soit pas fondée sur l'intérêt, et ne distingue pas entre organisations fortes et faibles, n'est pas impossible. Corrélatifs de l'extension de soi, les phénomènes de sympathie et d'identification, sur lesquels Diderot insistera dans *La Réfutation d'Helvétius*, jouent un rôle important dans cette piste morale[22].

21. *Le Rêve de d'Alembert*, *op. cit.*, p. 128.
22. Voir F. Chassot, « Identité et morale : de Charles Taylor à Diderot », *Diderot Studies*, XXXVII, 2022, Droz, Genève, p. 79-102.

TRIBUNAL DE L'HISTOIRE, COMMUNAUTÉ DES VIVANTS ET DES MOTS

Ce désir d'immortalité, pour n'être pas celui d'un fou, doit être fondé sur une espérance raisonnable. Falconet a beau jeu de railler : désirer se survivre dans la mémoire des hommes, c'est Ixion amoureux de la nuée. Croire en sa postérité est-il chimérique ? Diderot le nie avec force[23]. Mais cela reste un pari : où serait, sinon, l'enthousiasme ? la grande âme ne sacrifie pas seulement le présent pour une action digne de mémoire. Elle prend aussi le risque de l'oubli. Le monument excède tous les calculs, ce que Diderot exprime par une maxime sublime : « Ilion est le symbole de toute grande chose » (DPV, XV, p. 191). L'action héroïque, et bien des conduites humaines vertueuses, car sacrificielles, viennent d'une impulsion sans rapport avec une pesée utilitariste et calculatrice des biens et des maux. Elles se nourrissent en revanche d'une intense relation au passé.

Tout d'abord, l'immortalité n'est pas une espérance absurde. La postérité peut faillir, mais ne saurait être arbitraire. Les contemporains sont les « députés de l'avenir » (DPV, XV, p. 28), surtout quand ils appartiennent à une nation éclairée qui a incorporé les progrès de l'art et que leur goût s'est affiné. « S'ils sont bons juges du passé, ils sont bons témoins du présent, et garants sûrs de l'avenir. » (DPV, XV, p. 29) On peut inférer l'avenir des éloges du présent : pour être consacré, tout artiste doit souffrir la comparaison avec ceux qui ont franchi les siècles : « Le peuple, mon ami, n'est à la longue que l'écho que quelques hommes de goût, et la postérité que l'écho du présent rectifié par l'expérience » (DPV, XV, p. 48). Au pire, « l'avenir répare les torts du présent, et je vous défie de me citer un exemple contraire » (DPV, XV, p. 55). Les Socrate persécutés se survivront, ils peuvent s'en remettre aux héros passés. Falconet a admis le pouvoir qu'exerçait sur lui « l'antériorité ». Mais ces modèles et ces juges qu'ils invoquent à titre d'aiguillon ne promettent-il pas une antériorité à venir ? « Si l'on se sert des Anciens pour vous faire enrager ; songez qu'on se servira de vous pour désespérer vos neveux » (DPV, XV, p. 40). Le passé répond de l'avenir. Cette relation au passé est celle de l'héritage. Elle postule que nous sommes tributaires, en matière de

23. Peut-on pronostiquer la postérité ? Dans *Les Paradoxes de la postérité*, Benjamin Hoffmann estime que Falconet et Diderot esquivent cette question. Pourtant, le désir diderotien de postérité ne relève pas seulement de l'acte de foi.

goût et de technique, des progrès de nos pères, ce qui nous permet de juger du présent et de pronostiquer la mémoire à venir. Diderot en appelle ainsi au tribunal de l'histoire, reprenant pour sa cause cet argument traditionnel des conseillers des Princes[24]. Cet argumentaire, qui postule un progrès dans les arts, reste purement défensif : contre le scepticisme de Falconet, la postérité mérite plus de confiance.

Diderot fait entendre une autre relation au passé que celle de l'héritage, celle des communautés transhistoriques de grands hommes réunis par l'énergie et l'enthousiasme. Falconet parlait d'« évoquer les morts ». Diderot, se rappelant la *nekuia*, l'interprète comme un pouvoir réservé, presque magique, et par conséquent, gage d'immortalité :

> Et si tu peux évoquer l'ombre de Raphaël devant ton ouvrage ; et si tu existes devant l'ouvrage de Raphaël qui évoqua jadis les ombres du Phidias, d'Agasias, de Glycon, est-ce que tu ne sais pas qu'un autre un jour évoquera ton ombre ? [...] Tu évoques le Raphaël passé pour t'instruire. Ne te refuse pas à la douceur d'évoquer le Raphaël à venir pour te louer. (DPV, XV, p. 54)

Pour les grands hommes, le présent est le point fixe qui les lance vers le passé et le futur. Plus un homme est doué d'énergie, plus il s'étend, plus il embrasse les époques. Diderot le conçoit avec deux modèles mécaniques : la balance et la balançoire.

> Ce présent est un point indivisible et fluent sur lequel l'homme ne peut non plus se tenir que sur la pointe d'une aiguille. Sa nature est d'osciller sans cesse sur ce *fulcrum* de son existence. Il se balance sur ce petit point d'appui, se ramenant en arrière ou se portant en avant, à des distances proportionnées à l'énergie de son âme. Les limites de ses oscillations ne se renferment ni dans la courte durée de sa vie, ni dans le petit arc de sa sphère. Épicure sur sa balançoire, porté jusque par-delà les barrières du monde, heurte du pied le trône de Jupiter ; Horace dans la sienne fait un écart de deux mille ans et s'accélère vers nous, son ouvrage à la main, en nous disant : Tenez, lisez et admirez. Je vous marque les deux termes les plus éloignés de l'homme-pendule. C'est dans cet immense intervalle que la foule exerce ses excursions (DPV, XV, p. 50).

24. Contre le tribunal de l'histoire, Bossuet soulignait les caprices de la postérité, changeante dans ses jugements. Seul Dieu pourrait alors servir de garant au Prince et à sa politique. Croire au tribunal de l'histoire, c'est donc affirmer la légitimité de l'opinion publique. (Voir M. Ozouf, « Le concept d'opinion publique au XVIIIe siècle », dans *L'Homme régénéré. Essais sur la Révolution française*, Paris, Gallimard, 1989.) Voir aussi Jean-Claude Bonnet, *op. cit.*

Plus l'oscillation de la balançoire est grande, plus l'individu peut se projeter au-delà et en deçà de son présent pour évoquer les ombres et interpeller les générations à venir. L'ampleur de l'oscillation dépend de l'impulsion initiale et de la pesanteur du mobile, autrement dit de son énergie[25]. Le présent joue aussi un rôle décisif, puisqu'il correspond à ce point fixe auquel le mobile reste attaché, qui l'empêche de tomber en ligne droite, et l'oblige à tracer des arcs de cercle. Dans le cas de la balance, le modèle cinétique est autre : le passé et l'avenir deviennent des forces, des impulsions, qui poussent en sens opposés de sorte que l'individu oscille de part et d'autre de la ligne du présent, constamment déporté, sans pour autant être déséquilibré. Cette fois, l'énergie vient des disparus et de ceux qui ne sont pas encore, et le présent est conçu comme un point de tension. Horace ou Lucrèce viennent alors frapper ce présent de leur balançoire et transmettre leur énergie cinétique à des hommes-pendules capables de le recevoir. Les deux modèles dessinent une interaction entre le grand homme, le passé et l'avenir.

Action, réaction : la tendance naturelle à l'homme à s'étendre au-delà de lui-même et du présent crée une relation intense entre des vivants, des morts et des hommes à venir, et elle s'en nourrit. Les vivants animent des fantômes qui animent des vivants. Avenir et passé doivent se répondre pour que le présent ne s'absorbe pas dans l'un ou l'autre. Tout se passe comme si les monuments passés, dépôt d'une énergie, trace d'un désir subjectif d'extension, en éveillaient d'autres, ouvrant la voie aux monuments futurs. Avec Diderot, les monuments, faits ou à faire, sont des carrefours, des flux, des nœuds d'énergie. À travers eux, les siècles et leurs représentants peuvent s'interpeller, s'imiter, se défier, se reconnaître les uns les autres, se comparer, dans une noble émulation. Ils se communiquent aussi une énergie qui les fait vivre les uns par les autres. Le monument instaure un dialogue entre des morts ressuscités et des vivants qui s'imaginent morts[26]. Diderot ébauche ici un modèle de relation entre passé, présent et futur qui excède la querelle des

25. Charles Vincent propose une lecture très intéressante de cette image dans « Diderot homme-pendule, ou l'imagination sans frontières », *Cahiers d'Histoire des Littératures Romanes*, 44, 3/4, 2020, p. 317-328.

26. Pour Henri Meschonnic la relation entre artistes morts et vivants ne relève pas du dialogue (*Modernité, Modernité,* Gallimard, éd. Folio, 1993, p. 208). Mais c'est ainsi que Diderot la conçoit, peut-être par une faculté remarquable de ressentir physiquement les voix du passé et de l'avenir. Voir M. Buffat, « Diderot, Falconet et l'amour de la postérité », *RDE*, 43, 2008, p. 9-20.

Anciens et des Modernes. À l'inverse de Fontenelle ou Marivaux, Diderot croit à des continuités historiques. Pour autant, le passé n'est pas pour lui une tradition à révérer, un appel de l'origine, un âge d'or, mais une impulsion, un catalyseur, un répondant, relais et vecteur d'une énergie qui se transmet d'une temporalité à l'autre, entre morts et vivants, de même que la nature est un océan de matière dont les particules sont tantôt inertes, tantôt actives, au gré des rencontres et des flux de sensibilité qui les traversent. Le passé tient son importance de son pouvoir d'anticiper l'avenir, comme l'ont fait Lucrèce ou Horace. L'œuvre qui passe les siècles devient modèle en étant plus que moderne. « Mes arrière-neveux me devront cet ombrage » (DPV, XV ; 190). Diderot fait de la fable de La Fontaine, « Le vieillard et les trois jeunes hommes », avec son arbre, ses fruits, son ombre, image qui revient dans *Le Neveu,* le modèle même de ce futur antérieur. Il faut fréquenter le passé pour se penser à venir. Il faut se projeter dans l'avenir pour plonger dans le passé. Pour le grand homme, le passé n'est pas exactement ou seulement un héritage. Il est un point de branchement avec l'énergie d'œuvres singulières. Ainsi se créent des communautés transhistoriques. Bien loin de Diderot, Herman Hesse fait part d'intuitions semblables dans *Le Loup des steppes* : « Pour l'éternité, il n'y a pas de survivants, il n'y a que des contemporains. »[27] Et Apollinaire, à son tour, invoque Ixion, « le créateur oblique ». Il chante les vendanges du passé, les « grappes de morts » : elles produisent un vin qui contient tout l'univers. Du haut de son ivresse, le poète jette ce cri : « Hommes de l'avenir, souvenez-vous de moi. »[28] C'est ce que Diderot répond déjà à Falconet.

La correspondance de Diderot avec Falconet trahit l'angoisse de voir l'homme rivé au présent, indifférent à l'avenir, méprisant le passé, postmoderne avant la lettre. Il y répond en proposant une conception paradoxale du monument : celui-ci est d'abord un appel. Pas de grandeur, pas de véritable monument sans pensée de l'avenir. Diderot repense notre relation aux anciens, en dépassant, en quelque sorte, l'historicité du passé. Dans sa *Seconde considération intempestive*, Nietzsche considérait la passion du passé

27. H. Hesse, *Le Loup des steppes*, trad. J. Pary, Paris, Paris, LGF, « Le Livre de Poche », 1947, p. 130.

28. Pour ces trois citations, Apollinaire, « Vendémiaire », *Alcools*, Poésie Gallimard, Paris, 2008, p. 136-142.

comme une pulsion conservatrice. Diderot lui répond par avance, en développant une conception tout à fait nouvelle de la relation entre passé et présent : il n'est plus d'anciens, ni de modernes, seulement une communauté d'individus ni vivants, ni morts, ni tout à fait passés, ni tout à fait présents. Au fondement de ces conceptions, on trouve deux principes : la foi en la perfectibilité de l'espèce, et la valorisation de l'originalité. Le monument, c'est l'expression propre à un individu, mais le passé répond de lui, de telle sorte qu'il est capable de susciter l'identification, en éveillant chez les hommes des idées sublimes qui le projettent dans l'avenir et le rattachent à un passé qui ressemble presque à une éternité. Tout est affaire de flux d'énergie se transférant par courts-circuits. Grâce à Falconet, Diderot esquisse une théorie matérialiste de la création, homologue à une théorie matérialiste de l'action, qui cherche dans les phénomènes de sympathie une alternative au modèle utilitariste.

Fabrice Chassot
Université Toulouse – Jean Jaurès
jf.chassot@gmail.com

LES AMIS INCONNUS DE DIDEROT, OU LA FABRIQUE DU LECTEUR À VENIR

LE PETIT MOT *SUR LA POSTÉRITÉ DES* DEUX AMIS DE BOURBONNE

« À une fusion illusoire » avec ses contemporains, Diderot « préfère la distance et la séparation, et l'exceptionnel retrait de l'écrit posthume »[1], écrivait Jean-Claude Bonnet : bien qu'elle minore les contraintes objectives qui ont présidé à ce *retrait*, l'analyse est belle. Diderot ne s'est pourtant pas adressé d'emblée à son lecteur « hors-champ », c'est-à-dire hors de la « scène fallacieuse du présent »[2] ; il y est venu par des chemins détournés – ceux-là même que ces pages se proposent d'emprunter.

La première version[3] des *Deux Amis de Bourbonne* commence par un *petit mot* sur la postérité :

> je ne puis m'empêcher de vous raconter un fait qui a troublé mon âme pour plus d'un jour ; partagez avec moi, mon petit frère, son indignation et son attendrissement. Si par hasard la voiture historique est celle que vous avez choisie pour aller à l'immortalité, je trouve du plaisir à vous procurer des matériaux. Mais avant de vous raconter ce que nous avons recueilli de nouveau, il faut mon petit frère, que je vous dise mon petit mot sur votre belle folie de la postérité. Premièrement, qu'est-ce que la postérité ? Ce n'est rien ni pour nous ni pour elle, et quoi que ce soit un jour ce n'est pas grand-chose. Je ferais fort peu de cas de celui qui m'opposerait cette rivale à naître. Je veux qu'on me donne beaucoup de temps à moi qui suis un être réel, et ce fantôme-là ne laisse que des rognures. Point de rognures. Tout ou rien. Secondement sacrifier son bonheur présent et celui de ceux qui sont, à ceux qui ne sont point me paraît d'une tête folle et qui pis est d'un mauvais cœur ; et puis ces morts

1. « Le fantasme de l'écrivain », *Poétique*, n° 63, 1985, p. 259-277, ici p. 266.
2. *Ibid.*
3. Voir Jean Varloot, « *Les Deux Amis de Bourbonne.* Une version originale fort significante... », *Revue de la Bibliothèque Nationale*, n° 17, automne 1985, p. 46-68.

> qu'on loue beaucoup, qui font caqueter autour de leurs cendres, des fous, des sages, des savants, des ignorants, des gens sensés en petit nombre, force impertinents, ne m'en semblent pas habiter une demeure plus gaie. Si par malheur pour eux ils avaient encore leurs oreilles, ils entendraient, comme de leur vivant, mile sots propos pour un bon (DPV, XII : 423-424).

Désignant malicieusement l'histoire d'Olivier et Félix comme de bons « matériaux » pour l'immortalité littéraire, s'il prenait envie à son destinataire de l'atteindre par la « voiture historique » – celle de l'anecdote factuelle –, Diderot affecte à sa narratrice la position de Falconet dans *Le Pour et le Contre* : avec un peu plus d'espièglerie que lui, la narratrice se fait cousine de « ce contempteur si déterminé de l'immortalité, cet homme si disrespectueux de la postérité » (DPV, XVI : 84).

Cette brève digression disparaît de la version remaniée[4] des *Deux Amis*, qui paraît dans la livraison du 15 décembre 1770 de la *Correspondance littéraire* ; elle ne figure pas davantage dans la version définitive (celle de la copie de Leningrad, effectuée par Girbal, et de l'édition Renouard des œuvres de Gessner), caractérisée par un estompage généralisé du « badinage »[5] épistolaire de la première mouture. Cette tendance de fond se lit notamment dans l'ajout, dès la version de la *Correspondance littéraire*, d'une poétique du conte en forme de postface :

> Et puis il y a trois sortes de contes... Il y en a bien davantage, me direz-vous... À la bonne heure... Mais je distingue le conte à la manière d'Homère, de Virgile, du Tasse, et je l'appelle le conte merveilleux. [...] Il y a le conte plaisant, à la façon de La Fontaine, de Vergier, de l'Arioste, d'Hamilton [...]. Dites à celui-ci : Soyez gai, ingénieux, varié, original, même extravagant, j'y consens ; mais séduisez-moi toujours par les détails [...]. Il y a enfin le conte historique, tel qu'il est écrit dans les nouvelles de Scarron, de Cervantès, etc... Au diable le conte et le conteur historique ! C'est un menteur plat et froid... Oui, s'il ne sait pas son métier. Celui-ci se propose de vous tromper, il est assis au coin de votre âtre ; il a pour objet la vérité rigoureuse ; il veut être cru : il veut intéresser, toucher, entraîner, émouvoir, faire frissonner la peau et couler les larmes ; effets qu'on n'obtient pas sans éloquence et sans poésie (DPV, XII : 454-455).

4. Sur les différentes versions du conte, voir Jean-Christophe Rebejkow, « Quelques réflexions à propos de la révision des *Deux Amis de Bourbonne* par Diderot », *Les Lettres Romanes*, 3-4, vol. 50, 1996, p. 193-209, en particulier p. 195-198.

5. *Ibid.*, p. 196.

La poétique du conte historique et le *petit mot* de la narratrice sur la postérité ont peut-être plus à voir qu'il n'y paraît au premier coup d'œil : pour peu qu'on mette en regard ces deux séquences qu'aucune version du conte ne fait cohabiter, on voit se rejouer en sourdine *Le Pour et le Contre*. Au prélude d'une narratrice qui se dit peu soucieuse de la postérité répond le postlude d'un « conteur omniscient »[6], escorté d'un « lecteur inscrit »[7] avec lequel il dialogue et argumente :

> Comment s'y prendra donc ce conteur-ci pour vous tromper ? Le voici : il parsèmera son récit de petites circonstances si liées à la chose, de traits si simples, si naturels, et toutefois si difficiles à imaginer, que vous serez forcé de vous dire en vous-même : Ma foi, cela est vrai ; on n'invente pas ces choses-là (DPV, XII : 455).

En replaçant l'adresse amicale et contemporaine de la première version dans un jeu métalittéraire qui met aux prises les instances productrice et réceptrice du conte, Diderot semble opposer à Falconet, grimé sous les traits d'une narratrice badine, les ressources d'une riposte *par le récit* ; parce qu'elle substitue à la figure de l'ami lecteur (Naigeon, destinataire mystifié de la première version du conte) celle du lecteur futur, la genèse des *Deux Amis* donne peut-être à lire la fabrique miniature d'une postérité littéraire. La version remaniée des *Deux Amis de Bourbonne* fait l'économie d'un questionnement explicite sur la postérité, il est vrai ; mais il se trouve reconduit, en profondeur, dans le dispositif même du conte. Dès lors que surgit une première personne d'auteur, le pronom *vous* ne réfère plus à des individus déterminés (les destinataires des trois lettres insérées : le petit frère, puis la charitable épistolière), mais offre un support d'identification à tous les lecteurs du conte :

> Il y en a bien davantage, me direz-vous... [...] Dites à celui-ci : Soyez gai, ingénieux, varié, original, même extravagant [...]. [Le conteur historique] se propose de vous tromper, il est assis au coin de votre âtre [...]. Comment s'y prendra donc ce conteur-ci pour vous tromper ? Le voici : il parsèmera son récit de petites circonstances si liées à la chose, de traits si simples, si naturels, et toutefois si difficiles à imaginer, que vous serez forcé de vous dire en vous-même : Ma foi, cela est vrai ; on n'invente pas ces choses-là (DPV, XII : 454-455).

6. Jean-Christophe Igalens, « Les croyances en procès, la croyance en question : Diderot conteur », *Féeries*, n° 10, 2013, p. 253-272, ici p. 258.
7. Morten Nøjgaard, « Le lecteur dans le texte », n° 39, 1984, *Orbis Litterarum*, p. 189-192, ici p. 193.

D'une version à l'autre, la réflexion sur la postérité amorcée se poursuit en sourdine : on dirait que Diderot répond aux positions énoncées dans la première version du conte en concluant sa version finale sur ce dialogue où, comme par magie, l'auteur trouve la ressource de converser avec son lecteur présent ou futur.

À QUI PARLE LE CONTE ?

Comment cette adresse terminale au lecteur prend-elle place parmi les procédures narratives de Diderot ? En dépit de leur infinie variété, ses contes et ses romans relèvent d'un même régime de narration adressée : « Quand on parle, c'est toujours à quelqu'un » (DPV, XI : 235), affirme la supérieure d'Arpajon dans *La Religieuse* ; et le narrateur de *Ceci n'est pas un conte* de renchérir : « Lorsqu'on fait un conte, c'est à quelqu'un qui l'écoute » (DPV, XII : 521). Diderot est de son temps en pratiquant le récit communicationnel[8]. Les fictions du XVIIIe siècle, dominées par un paradigme de narration autodiégétique[9], ont entrepris de naturaliser en profondeur le modèle communicationnel en rénovant sa scénographie : la fiction d'oralité – c'est-à-dire le « face à face oral d'un donateur et d'un récepteur, dans une littérature qui est pourtant le domaine de l'écrit »[10] – reflue devant l'essor de la narration épistolaire. Tout au contraire, Diderot se saisit de la narration communicationnelle pour éclairer les truquages du récit : si l'arrière-histoire du conte décèle une adresse personnalisée (de Madame de Prunevaux, secondée par Madame de Maux et Diderot, à Naigeon, le « petit frère »), la postface rattache ces figures personnelles aux instances de production et de

8. La narratologie oppose les conduites narratives communicationnelle (c'est-à-dire figurant la prise en charge du récit par un narrateur en situation d'adresse) et poétique (soit faisant l'économie de toute instanciation apparente d'une figure narratoriale). Pour une synthèse sur ces deux options narratives et, partant, théoriques, voir Sylvie Patron, *Le Narrateur. Un problème de théorie narrative* [2009], Limoges, Lambert-Lucas, coll. « Linguistique et sociolinguistique », 2016.

9. Sur cet aspect structurant des formes romanesques au XVIIIe siècle, voir entre autres Jean Rousset, « L'emploi de la première personne chez Chasles et Marivaux », *Cahiers de l'AIEF*, n° 19, 1967, p. 101-114 et *Narcisse romancier. Essai sur la première personne dans le roman*, Paris, José Corti, 1972 ; René Démoris, *Le Roman à la première personne. Du Classicisme aux Lumières*, Genève, Droz, coll. « Titre courant », 2002.

10. Jean Rousset, *Le Lecteur intime. De Balzac au journal*, Paris, José Corti, 1986, p. 57.

réception du récit, que celles-ci les ventriloquent (l'auteur) ou les écoutent (le lecteur).

À qui donc parle le conte ? Ou, pour le dire avec les mots de Diderot : « De qui [l'auteur] s'est-il occupé dans le cours de son ouvrage ? À qui a-t-il parlé ? Avec qui a-t-il conversé ? » (DPV, XV : 34). C'est l'interrogation qui sous-tend *Les Deux Amis de Bourbonne* : le récit déploie une adresse à géométrie variable qui révèle peu à peu, par un jeu de poupées russes énonciatives, sa nature profonde. Au-delà d'un savoureux jeu métafictionnel, il n'est pas douteux que Diderot s'interroge sur les conditions d'une implication effective du lecteur dans la fiction. Il ne s'agit pas seulement pour lui de poser les éléments d'une narration interactionnelle et participative : les conditions de diffusion restreinte de l'œuvre, du vivant de Diderot, la structurent très tôt autour d'une problématique communicationnelle. Comme l'a noté Herbert Dieckmann dans une étude fondatrice, « Diderot n'avait pas de public au XVIIIe siècle »[11] ; plus exactement, il en avait peu : du fait de sa circulation dans la *Correspondance littéraire*, périodique manuscrit à diffusion « confidentielle » et « sélective »[12], le plus clair de son œuvre n'a touché qu'un « "public" restreint »[13]. En filigrane des *Deux Amis de Bourbonne*, c'est donc aussi la construction d'une adresse à la postérité par les moyens de la fiction narrative qui se trouve interrogée. Dieckmann a démontré combien des affinités biographiques – Grimm et Sophie Volland au premier chef – ont pu alimenter l'impasse communicationnelle dans laquelle Diderot a édifié son œuvre et, surtout, lui trouver un point de fuite. Singuliers prolongements du *topos* de l'« ami lecteur », tout à la fois interlocuteurs effectifs et figurations d'un lecteur idéal, Grimm et Sophie viennent combler un besoin constitutif de l'énonciation diderotienne : celui de « disposer d'un point d'appui extérieur »[14], dont les *Salons* et les lettres à Sophie Volland sont l'émouvant reliquat.

11. *Cinq leçons sur Diderot*, Genève, Droz, 1959, p. 17.

12. Yann Sordet, *Histoire du livre et de l'édition. Production et circulation, formes et mutations*, Paris, Albin Michel, coll. « L'Évolution de l'humanité », 2021, p. 447.

13. Jochen Schlobach, « À huis clos ? Formes de divulgation des œuvres de Diderot pendant sa vie », dans *Hommage à Claude Digeon*, Paris, Les Belles Lettres, 1987, p. 189-198, ici p. 193 ; du même auteur, voir également « Secrètes correspondances : la fonction du secret dans les correspondances littéraires », dans François Moureau (dir.), *De bonne main. La communication manuscrite au XVIIIe siècle*, Paris/Oxford, Universitas/Voltaire Foundation, 1993, p. 29-42.

14. Georges Daniel, *Fatalité du secret et fatalité du bavardage au XVIIIe siècle*, Paris, Nizet, 1966, p. 107.

La trajectoire de l'œuvre tend toutefois à substituer à cette communication rapprochée, emblématisée par l'adresse amicale des *Salons*[15], un régime d'adresse à la fois plus imprécis et plus pérenne : derrière les « *happy few* du siècle présent » – les abonnés princiers de la *Correspondance* –, ce sont les lecteurs « des temps à venir »[16] que Diderot place à l'horizon du conte. À chercher quelle trace le *petit mot* sur la postérité des *Deux Amis de Bourbonne* a pu laisser dans la version finale du conte, on se prend à songer que l'émergence des figures de lecteurs inscrits dans la production fictionnelle de Diderot à compter des années 1770 doit quelque chose aux *Lettres sur la postérité*. En trouvant la ressource d'un point d'appui interne à la fiction – l'instance réceptrice, constituée en personnage –, Diderot dépose les germes d'une réception prolongée et élargie de son œuvre.

Cette tentation était inscrite dès *Les Bijoux indiscrets* : « Et de son prince, qu'en fait-il, me demandez-vous ? Il l'envoie dîner chez la favorite. Du moins, c'est là que nous le trouverons dans le chapitre suivant » (DPV, III : 195). Mais ce n'est que dans le dernier temps de l'œuvre qu'elle se déploie et se structure : rappelons-en succinctement les étapes. À l'orée des trois contes (composés peu après *Les Deux Amis*, en 1772), l'identification du lecteur se fait explicite : « j'ai introduit dans le récit qu'on va lire, et qui n'est pas un conte ou qui est un mauvais conte, si vous vous en doutez, un personnage qui fasse à peu près le rôle du lecteur » (DPV, XII : 422). Le déploiement en triptyque des contes dialogués constitue peu à peu le « lecteur » en un personnage à part entière, instance émulatrice et concurrente du narrateur aux répliques duquel les siennes s'ajustent « comme les pièces d'un puzzle »[17]. C'est ensuite dans *Jacques le fataliste* que Diderot, gagné par une ostension grandissante des procédures de fictionnalisation, donne tout son essor à la promotion locutoire du lecteur : emboîtant le pas au *Phasarmon* de Marivaux, Diderot fait non seulement du lecteur un support d'interpellation (comme dans les romans comiques), mais un sujet énonciatif à part entière. N'est-ce pas là donner voix à une postérité dont Diderot sait qu'il ne l'entendra pas de son vivant ? Colas Duflo l'a dit avec justesse :

15. Voir Jean-Christophe Abramovici, « "Vous me tyrannisez, mon poulet". La publicité de l'intime dans les premiers *Salons* », dans Pierre Frantz et Élisabeth Lavezzi (dir.), *Les* Salons *de Diderot. Théorie et écriture*, Paris, PUPS, coll. « Lettres françaises », 2008, p. 91-99.

16. Jacques Proust, « Introduction », dans *Quatre contes*, J. Proust (éd.), Genève, Droz, 1964, p. L.

17. Georges Daniel, *Le Style de Diderot. Légende et structure*, Genève, Droz, 1986, p. 433.

ce texte sans horizon de publication invente sa propre réception à mesure qu'il avance. C'est paradoxalement cette contrainte qui lui confère une liberté sans équivalent. Faire surgir dans le texte même un Lecteur auquel on s'adresse, c'est construire l'espace possible de la réception d'une œuvre dont la réception réelle est très problématique au moment où elle s'écrit[18].

LA PAROLE AU LECTEUR

Dès 1766, Diderot confiait à Falconet : « C'est à ceux qui ne sont pas encore que [l'artiste] adresse toujours la parole » (DPV, XV ; 34). Se détournant peu à peu de « l'ami-interlocuteur »[19], c'est au lecteur lointain, au lecteur futur, qu'il vient à adresser ses vœux : perpétuant un même parti pris d'intimité, la convocation du lecteur au cœur des fictions permet de l'inscrire dans un horizon rapproché. En s'entourant dans ses récits de ces amis inconnus, Diderot se donne le luxe d'une réception choisie ; une page du *Pour et le Contre* esquisse d'ailleurs ce dialogue rêvé avec un *suffisant lecteur*, que Diderot ne tardera pas à déployer dans ses productions fictionnelles :

> La considération présente dont je peux jouir est une quantité connue et donnée qu'il n'est presque pas en mon pouvoir d'agrandir et d'étendre, quelque carrière que je veuille donner à mon imagination orgueilleuse. Mais je fais du témoignage de l'avenir tout ce qu'il me plaît. Je multiplie, j'accrois, et je fortifie les voix futures à ma discrétion. Je leur prête l'éloge qui me convient le plus, elles disent ce qui me touche principalement, ce qui flatte le plus agréablement mon esprit et mon cœur, et je suis cet écho d'âge en âge depuis l'instant de mon illusion jusque dans les temps les plus éloignés (DPV, XV : 155).

L'émergence du dialogue avec le lecteur dans les fictions des années 1770 tend sans doute, de quelque manière, à façonner à plaisir une réception que la diffusion restreinte de ces textes condamne à demeurer conjecturale. Au-delà de simples jeux métaleptiques[20], l'œuvre de Diderot s'ouvre, par ces paroles de lecteur, à une collectivité aussi virtuelle que nourrissante : c'est aussi sa préoccupation de la postérité littéraire qui s'y inscrit secrètement.

18. Colas Duflo, *Les Aventures de Sophie. La philosophie dans le roman du* XVIII*e siècle*, Paris, CNRS Éditions, coll. « Biblis », 2013, p. 255-256.
19. *Cinq leçons sur Diderot*, *op. cit.*, p. 35.
20. Sur la nature et les fonctions du lecteur dans *Jacques le fataliste*, voir Béatrice Didier, « Contribution à une poétique du leurre : "lecteur" et narrataires dans *Jacques le Fataliste* », *Littérature*, n° 31, 1978, p. 3.

Dès la *Lettre sur les sourds et muets*, Diderot écrit : « Il y a, je le répète, des lecteurs dont je ne veux ni ne voudrai jamais ; je n'écris que pour ceux avec qui je serais bien aise de m'entretenir » (DPV, IV : 213). Pourtant, c'est d'abord avec des lecteurs décevants que Diderot converse. Le Lecteur de *Jacques* n'a que peu à voir avec l'image chimérique que Diderot se faisait de sa postérité : une « église invisible qui écoute, qui regarde, qui médite, qui parle bas et dont la voix prédomine à la longue et forme l'opinion générale » (DPV, XV : 165). Brusque, malcontent, hâtif dans ses appréciations et ses jugements, il ne saurait incarner la postérité distanciée et judicieuse que Diderot se promet dans *Le Pour et le Contre*. Soulevant avec humeur les limites et les incohérences de l'édifice romanesque, cette figure de lecteur malévole et « protestataire »[21], héritée en ligne directe de l'anti-roman parodique, se rapporte à l'auteur sous la forme du dissentiment : elle prend le contre-pied de l'assentiment collectif qu'escompte Diderot de sa postérité.

La parole du Lecteur de *Jacques* élabore pourtant, en filigrane, une réflexion sur la postérité. Il n'est qu'à penser au temps auquel Diderot conjugue, le plus souvent, les verbes déclaratifs qui accompagnent ses énoncés :

> N'allez-vous pas, me direz-vous, tirer des bistouris à nos yeux, couper des chairs, faire couler du sang et nous montrer une opération chirurgicale ? (DPV, XXIII : 37)
>
> Voilà, me direz-vous, deux hommes bien extraordinaires ! (DPV, XXIII : 81)
>
> Mais me direz-vous, c'est plus encore la manière que la chose que je reproche à la marquise. (DPV, XXIII : 173)

Le futur est d'usage dans la figure rhétorique de l'antéoccupation, à laquelle les « romans au second degré »[22] ont, à n'en pas douter, emprunté le procédé. Mais la pensée diderotienne de la postérité remotive ce tiroir verbal de convention : c'est à un lecteur réel, et non plus potentiel, que ce futur ménage une place.

La parole du Lecteur possède en outre une « fonction évaluative »[23] dans *Jacques* ; elle préfigure une réception que Diderot espère plus favorable : en

21. Jean Ehrard, *L'Invention littéraire au XVIIIe siècle : fictions, idées, société*, Paris, PUF, coll. « Écriture », 1997, p. 137.

22. Jean-Pierre Sermain, *Métafictions (1670-1730). La réflexivité dans la littérature d'imagination*, Paris, Honoré Champion, coll. « Les dix-huitièmes siècles », 2002, p. 310.

23. Pedro Pardo-Jiménez, « Pour une approche fonctionnelle de la métalepse », *Poétique*, n° 170, 2012, p. 163-176, ici p. 170.

réclamant le perfectionnement du récit, les intrusions émulatrices du Lecteur sont autant de promesses d'une postérité conquise par une œuvre sans défaut. Notons aussi que celui qui se plaît à rêver aux voix qui l'acclameront comme à un *concert lointain*[24] confère régulièrement aux énoncés qu'il lui prête une dimension auditive :

> Je vous entends, Lecteur, vous me dites : Et les amours de Jacques ?... (DPV, XXIII : 189)
>
> Je vous entends encore, vous vous écriez : Fi ! le cynique ! fi ! l'impudent ! fi ! le sophiste ! (DPV, XXIII : 230-231)

Jacques le fataliste n'est d'ailleurs pas la seule fiction diderotienne où le lecteur parle à voix haute ; pensons à *Satire première* ou à *La Religieuse* :

> Je vous entends d'ici, et vous vous dites : Dieu soit loué ! J'en avais assez de ces cris de nature, de passion, de caractère, de profession ; et m'en voilà quitte... (DPV, XII : 21-22)
>
> Je vous entends vous, monsieur le marquis et la plupart de ceux qui liront ces mémoires, « des horreurs si multipliées, si variées, si continues ! Une suite d'atrocités si recherchées dans des âmes religieuses ! Cela n'est pas vraisemblable », diront-ils, dites-vous ; et j'en conviens ; mais cela est vrai (DPV, XI : 178).

Cet imaginaire auditif est rare à l'entour des paroles de lecteurs inscrits dans les romans d'Ancien Régime – hormis dans *Gil Blas*, où il intervient sous une forme des plus modalisées : « Il me semble que j'entens un Lecteur qui me crie en cét endroit : Courage, Monsieur de Santillane, mettez du foin dans vos bottes. Vous êtes en beau chemin. Poussez vôtre fortune. »[25] Sa récurrence sous la plume de Diderot doit être mise au compte, croyons-nous, de l'étoffe métaphorique dont il entoure volontiers la postérité ; la sonorisation affichée des voix de lecteurs réactive, de l'intérieur de la machinerie romanesque et sous une forme ludique, l'image du concert lointain : à l'éloge de la postérité, entendu « dans l'éloignement » (DPV, XV : 5), répondent, comme en sourdine et par anticipation, les paroles sonores dont le roman se trame.

24. Voir Jacques Chouillet, « Le concert lointain de la postérité », *RDE*, n° 4, avril 1987, p. 5-6.

25. Alain-René Lesage, *Histoire de Gil Blas de Santillane*, Tome troisième, Paris, Veuve Pierre Ribou, 1724, p. 230.

AMIS LECTEURS

L'*Essai sur les règnes de Claude et de Néron* renoue avec la question de la « réputation posthume »[26] ; c'est le « thème original »[27] autour duquel s'organise la refonte de la *Vie de Sénèque* en vue de l'ouvrage de 1782. À la postérité problématique de Sénèque[28] fait écho celle de Diderot, dramatisée par la vieillesse et les secousses encore vives de la brouille avec Rousseau[29] : « Que Jean-Jacques dédaigne tant qu'il lui plaira le jugement de la postérité, mais qu'il ne suppose pas ce mépris dans les autres. On veut laisser une mémoire honorée ; on le veut pour les siens, pour ses amis, et même peut-être pour les indifférents » (DPV, XXV, 121). L'enjeu premier de l'*Essai*, dans un vertigineux jeu de reflets entre Sénèque et Diderot, c'est bien « le dessin d'une vie, [...] l'examen tremblé d'une vocation [:] c'est le rapport d'une œuvre à l'hypothétique postérité de ses lecteurs. »[30]

Or c'est précisément dans l'*Essai* que Diderot trouve la ressource d'une nouvelle figuration du lecteur : « j'inviterai le petit nombre de lecteurs qui se piquent d'impartialité de peser mûrement la réponse qui me reste à faire à

26. Laurence Mall, « Une œuvre critique : l'*Essai sur les règnes de Claude et de Néron* de Diderot », *Revue d'Histoire littéraire de la France*, vol. 106, 2006/4, p. 843-857, ici p. 855.

27. Hisayasu Nakagawa, *Des Lumières et du comparatisme : un regard japonais sur le XVIIIe siècle*, Paris, PUF, 1992, p. 133.

28. Voir Paolo Casini, « Diderot apologiste de Sénèque », *Dix-Huitième Siècle*, n° 11, 1979, p. 235-248 ; Laurence Mall, « Sénèque et Diderot, sujets à caution dans l'*Essai sur les règnes de Claude et de Néron* », *Revue sur Diderot et sur* l'Encyclopédie, n° 36, 2004, p. 43-56 ; Jean-Jacques Tatin-Gourier, « Le philosophe, l'opinion et la mémoire dans l'*Essai sur les règnes de Claude et de Néron* », *Diderot Studies*, vol. 32, 2012, p. 139-148 ; Cécile Merckel, « Sénèque dans l'*Essai sur les règnes de Claude et de Néron* de Diderot », dans Aude Lehmann (dir.), *Diderot et l'Antiquité classique*, Paris, Classiques Garnier, coll. « Rencontres », 2018, p. 189-204.

29. Voir Marie Leca-Tsiomis, « Diderot et le nom d'ami : à propos de l'*Essai sur les règnes de Claude de Néron* », *Recherches sur Diderot et sur l'Encyclopédie*, n° 36, 2004, p. 97-108 ; Jean-Claude Bonnet, « Diderot ou le pari sur la postérité », dans *Naissance du Panthéon. Essai sur le culte des grands hommes*, Paris, Fayard, coll. « L'esprit de la cité », 1998, p. 157-198, en particulier p. 181-190 ; Christine Hammann, « Sénèque avocat de Diderot, procureur de Rousseau », dans *Diderot et l'Antiquité classique*, *op. cit.*, p. 177-188. Pour une comparaison avec l'attitude de Rousseau sur la question, voir Éric Gatefin, « Les tourments de l'opinion : hantise du jugement dans l'*Essai sur les règnes de Claude et de Néron* de Denis Diderot et dans les *Dialogues de Rousseau juge de Jean-Jacques* de Rousseau », *Studies on Voltaire and the Eighteenth Century*, 2007/12, p. 41-48.

30. Pierre Chartier, « "Je ne compose point, je ne suis point auteur..." », *Recherches sur Diderot et sur l'Encyclopédie*, n° 36, 2004, p. 7-15, ici p. 11.

ce reproche et à quelques autres tant de fois répétés » (DPV, XXV : 90). Bien que les apostrophes au lecteur y soient moins structurantes que dans *Jacques le fataliste*, l'*Essai* déploie une métaphore hasardée dans *Le Pour et le Contre* : la création artistique apparaissait à Diderot comme une « convers[ation] avec l'avenir » (DPV, XV : 24). De fait, ce n'est guère que dans l'*Essai* que Diderot déporte ostensiblement son adresse vers un lectorat choisi, dans un étrange « court-circuit temporel »[31] qui égalise les instances en présence : « je parle aux morts comme s'ils étaient vivants, et aux vivants comme s'ils étaient morts » (DPV, XXV : 304). Diderot procède en effet à un assourdissement des voix critiques – manière de variation en négatif sur le concert lointain, qui faisait résonner haut et fort les voix bienveillantes de la postérité :

> Lorsque j'exhumais le philosophe, j'entendais les cris que j'allais exciter (DPV, XXV : 96).

> On est dispensé de répondre aux objections de la mauvaise foi. J'ai dit : Vous qui troublez dans ses exercices celui qui visite le jour et la nuit les autels d'Apollon, bruyantes cymbales de Dodone, tintez tant qu'il vous plaira, je ne vous entends plus (DPV, XXV : 431).

L'*Essai* donne tour à tour aux ripostes critiques les contours imprécis du pronom personnel indéfini *on* (« me dira-t-on » – DPV, XXV : 270), de l'apostrophe pluralisante (« Censeurs, j'en appelle à vous-mêmes » – DPV, XXV : 121) ou réprobatrice (« Vous qui l'accusez » – DPV, XXV : 401) ; il éclate entre des appellations disparates ce que le Lecteur de Jacques unifiait à l'échelle d'un quasi-personnage. Ce faisant, il réserve le terme de *lecteur* à une démarche adhérente et amicale, et il lui donne l'avantage sur la scène énonciative. Diderot substitue aux traits archétypaux du Lecteur de *Jacques* une silhouette plus indécise, qui ne s'identifie guère que par sa relation affinitaire à l'œuvre : « Il a usé de toute la licence de la conversation d'un ami avec ses amis, entre lesquels il n'aura pas compté ses censeurs » (DPV, XXV : 423). Étrange résolution d'une œuvre qui cherche à tâtons son public : Diderot convoque ses amis inconnus à l'instant où l'*Essai* cesse de s'énoncer à la première personne, et condamne ses censeurs à s'échiner sur une forme vide...

« C'est un mort qui parle » (DPV, XXV : 370) : l'évasion énonciative de Diderot à l'issue de l'*Essai* ne scénarise pas tant l'impartialité d'un jugement

31. Pierre Hartmann, *Diderot, la figuration du philosophe*, Paris, José Corti, coll. « Les Essais », 2003, p. 338.

où il feint de n'être pas partie prenante qu'il ne soustrait à ses critiques la ressource de l'interpellation critique. C'est qu'il entend désormais réserver les formes de l'interlocution aux seuls lecteurs qui l'aborderont en *amis*. Adresse sélective, relation amicale : le cadre que le dernier Diderot assigne à sa postérité lectrice rappelle à s'y méprendre celui, étroit mais combien sécurisant, dans lequel son œuvre s'est déployée de son vivant. C'est d'ailleurs en se faisant lecteur et ami de Sénèque de Diderot formule son propre vœu de pérennité littéraire : « J'ai aussi quelques droits sur les races futures ; je puis sauver un nom de l'oubli, et partager mon immortalité avec un ami » (DPV, XXV : 241).

« CONVENEZ, LECTEUR, QUE VOUS N'EN SAVEZ RIEN »

Car le lecteur de l'*Essai* n'est plus un « modèle », mais un « exemple vivant »[32] ; loin du capricieux Lecteur de *Jacques*, il est susceptible d'appréciations nuancées et modulables. Ainsi que l'a bien vu Geneviève Cammagre, cet « appel final au jugement intime du lecteur fait entrer l'*Essai* dans la série des cas problématiques qu'exposent, à partir de 1770, les contes et les dialogues »[33] diderotiens ; mais la problématisation du cas moral dont bénéficiait le lecteur empirique contrastait avec la figuration directive du lecteur inscrit, dont les paroles et les jugements émanaient du seul caprice du narrateur. La clausule « morale » des *Deux Amis* est emblématique de ce traitement impératif du lecteur, dont la mise en scène se combine à une injonction thétique :

> Et puis un peu de morale, après un peu de poétique ; cela va si bien ! Félix était un gueux qui n'avait rien ; Olivier était un autre gueux qui n'avait rien ; dites-en autant du charbonnier, de la charbonnière, et des autres personnages de ce conte, et concluez qu'en général il ne peut guère y avoir d'amitiés entières et solides qu'entre des hommes qui n'ont rien : un homme alors est toute la fortune de son ami, et son ami est toute la sienne. De là la vérité de l'expérience que le malheur resserre les liens, et la matière d'un petit paragraphe de plus pour la première édition du livre de l'Esprit (DPV, XII : 456-457).

32. Laurence Mall, « Une autobiolecture : l'*Essai sur les règnes de Claude et de Néron* de Diderot », *Diderot Studies*, vol. 28, 2000, p. 111-122, ici p. 112.
33. « Diderot et la note, de l'*Essai sur la vie de Sénèque* à l'*Essai sur les règnes de Claude et de Néron* », *Littératures classiques*, n° 64, 2007/3, p. 197-214, ici p. 213.

Diderot n'est sans doute pas exempt d'ironie dans cette interprétation catégorique du conte, où il ménage d'ailleurs des nuances exceptives (« [e]n général ») ; elle n'en est pas moins révélatrice de la direction souvent autoritaire, si ludique soit-elle, qu'emprunte sa mise en scène du lecteur. L'incorporation énonciative de ce dernier le réduit à n'être « plus qu'un rouage de la machine narrative ; il est à la merci d'un auteur qui peut, littéralement, lui dicter une conduite »[34]. De telles répliques soufflées au lecteur (« dites », « concluez ») ne trouvent pas place dans l'*Essai* ; directe ou indirecte, l'interrogation est désormais la forme sous laquelle Diderot l'interpelle :

> Lecteur, je vous entends, vous condamnez le moine à prendre l'habit du militaire, et le militaire à prendre l'habit du moine ; mais blâmez-vous celui-ci ? (DPV, XXV : 100)

> J'invite le lecteur à méditer ces lignes, et à nous apprendre si, consulté par le philosophe incertain s'il s'éloignera ou s'il restera, il ne lui dira pas : « Vous éloigner après la mort de votre collègue ! c'est donc afin que la vertu demeure sans protecteur, et que la scélératesse s'exerce sans obstacle ? » (DPV, XXV : 141)

Dans *Jacques le fataliste*, c'était le Lecteur (et non pas l'auteur) qui avait pour figure stylistique la modalité interrogative – et ce, dès l'ouverture fameuse du roman :

> Comment s'étaient-ils rencontrés ? Par hasard comme tout le monde. Comment s'appelaient-ils ? Que vous importe ? D'où venaient-ils ? Du lieu le plus prochain. Où allaient-ils ? Est-ce que l'on sait où l'on va ? Que disaient-ils ? Le Maître ne disait rien, et Jacques disait que son capitaine disait que tout ce qui nous arrive de bien et de mal ici-bas est écrit là-haut (DPV, XXIII : 23).

Le vent a tourné dans l'*Essai* ; il se referme sur une série d'interrogations que Diderot lègue, irrésolues, à son lecteur futur :

> Après tant de comptes opposés que l'on vous a rendus de cet *Essai sur les mœurs et les écrits de Sénèque*, lecteur, dites-moi, qu'en faut-il penser ? [...]
> Ai-je fait un bon ou un mauvais livre ? Lequel des deux ?
> Abstraction faite des qualités personnelles de nos aristarques, convenez, lecteur, que vous n'en savez rien, mais rien du tout, et qu'il serait plus difficile d'accorder les horloges de la capitale que les arbitres de nos productions, quoiqu'il y ait pour eux tous une méridienne commune ; qu'un moyen

34. Franc Schuerewegen, « Réflexions sur le narrataire. *Quidam* et *quilibet* », *Poétique*, n° 70, avril 1987, p. 246-254, ici p. 254.

> sûr d'ignorer l'heure, c'est d'être entouré de pendules ; qu'il n'en faut avoir qu'une réglée par le bon goût et par le jugement, et qu'on n'en peut interroger une autre sans répéter toutes sortes de décisions contradictoires et n'avoir point d'avis à soi. (DPV, XXV : 430-431)

Au vrai, l'*Essai sur les règnes de Claude et de Néron* ne cesse d'osciller entre une apologie directive et un libre appel à l'interprétation du lecteur, et il est difficile de déterminer si ce *finale* questionnant tient de la « simple manœuvre » ou du « vœu sincère »[35]. On peut estimer, avec Jean-Christophe Rebejkow, que l'*Essai* délimite le point où le « déni d'autorité »[36] de Diderot rejoint son « souci de paternité »[37]. En cessant de ventriloquer ses lecteurs, l'écrivain donne à cette postérité dont il n'entend la voix que comme un lointain écho un tour plus favorable que celui que lui promettait le revêche Lecteur de Jacques : comme si, de laisser sa postérité le lire à sa guise, il recevait en retour la lecture familière et intelligente à laquelle il a longtemps rêvé. Plus libéral avec son lecteur en vieillissant, Diderot aligne tardivement sa « pensée questionneuse et investigatrice »[38] et sa pratique littéraire ; mais il ne consent cette latitude interprétative au lecteur que parce qu'il l'a façonné à sa main, à l'image de la réception idéale qu'il désire.

À la réflexion, l'on s'étonne de trouver si directif avec les lecteurs qu'il met en scène celui qui, dès les *Pensées philosophiques*, s'inscrivait dans le sillage de Montaigne et de sa pensée *enquestante*[39] :

35. *Diderot, Sénèque et Jean-Jacques : un dialogue à trois voix*, Amsterdam, Rodopi, coll. « Faux titre », 2007, p. 357.
36. Jean-Christophe Rebejkow, « Diderot, de l'auteur à l'écrivain. Réflexions en marge de l'*Essai sur les règnes de Claude et de Néron* », *Romanische Forschungen*, vol. 122/2, 2010, p. 229-246, ici p. 240.
37. *Ibid.*, p. 246.
38. Roland Mortier, « Diderot et le problème de l'expressivité : de la pensée au dialogue heuristique », *Cahiers de l'Association Internationale des Études Françaises*, n° 13, 1961, p. 283-297, ici p. 293.
39. Le mot de Montaigne est en réalité *enquesteuse*, mais le néologisme diderotien semble si destiné aux *Essais* que Mercier, dans sa néologie, se trompera dans sa paternité : *Néologie* [1801], Jean-Claude Bonnet (éd.), Paris, Belin, coll. « Littérature et politique », 2009, p. 178-179. Diderot usera à nouveau d'*enquêtant* dans l'*Apologie de l'abbé Galiani*, au détour d'un passage très révélateur des gains intellectuels que Diderot escompte de l'interaction dialoguée : « C'est que vous avez beaucoup de morgue et peu de goût ; c'est que vous êtes dogmatique et que l'abbé est enquêtant ; c'est que vous aimez la dispute et qu'il aime la causerie ; c'est que vous êtes toujours sur les bancs de l'école, et que l'abbé est toujours sur un canapé » (DPV, XX : 274-275).

> D'où nous vient ce ton si décidé ? N'avons-nous pas éprouvé cent fois que la suffisance dogmatique révolte ? « On me fait haïr les choses vraisemblables, dit l'auteur des *Essais*, quand on me les plante pour infaillibles. J'aime ces mots qui amollissent et modèrent la témérité de nos propositions, *à l'aventure*, *aucunement*, *quelquefois*, *on dit*, *je pense*, et autres semblables : et si j'eusse eu à dresser des enfants, je leur eusse tant mis en la bouche cette façon de répondre enquestante et non résolutive, *qu'est-ce à dire*, *je ne l'entends pas*, *il pourrait être*, *est-il vrai*, qu'ils eussent plutôt gardé la forme d'apprentifs à soixante ans, que de représenter les docteurs à l'âge de quinze » (DPV, II : 31).

L'âge venu ravive le désir de postérité, ainsi que Diderot le pressentait dès son échange avec Falconet : « je me trompe fort, ou c'est au moment où le bruit du présent s'affaiblit autour de nous, qu'on entend le plus fortement la voix de l'avenir » (DPV, XV : 198). En trouvant le moyen d'une figuration *enquestante et non résolutive* du lecteur, Diderot s'égale à cette postérité qu'il a aussi ardemment espérée que redoutée : après avoir tant mis en scène ses lecteurs inexistants, l'écrivain s'affronte à l'image d'une réception dont, une fois posthume, il ne pourra plus tirer les ficelles à plaisir. Mais est-ce encore dialogue, ou déjà soliloque ? « Il ne composait pas, il n'écrivait pas ; il causait librement avec son lecteur et avec lui-même » (DPV, XXV : 422). Cette étrange coordination livre peut-être la clef de l'*Essai* et des silhouettes fuyantes de lecteurs qui s'y devinent : le reflux des paroles de lecteurs que Diderot s'était pourtant plu à faire sonner sous sa plume vaut aussi reconnaissance de la solitude profonde de l'écrivain, qu'aucune métalepse ne suffit à entamer. Si le dernier Diderot parvient à converser sans artifice avec son lecteur, c'est par la seule vertu de l'« art du soliloque » (DPV, X : 346) ; c'est lui en donnant, de guerre lasse, ses propres traits.

Clara de Courson
Sorbonne Nouvelle, CLESTHIA - EA 7345
clara.de.courson@gmail.com

L'IMAGE DE DIDEROT DANS LES *MÉMOIRES* DE MARMONTEL

Marmontel, redécouvert depuis plus de vingt ans grâce entre autres, aux travaux de Jacques Wagner, de John Renwick et de Pierino Gallo[1], est un acteur important des Lumières. Directeur du *Mercure de France*, historiographe du Roi puis secrétaire perpétuel de l'Académie française à la mort de d'Alembert, il fut un proche de Diderot et un habitué du cercle de d'Holbach. Il rédige une trentaine d'articles pour l'*Encyclopédie* et le chapitre XV de son ouvrage *Bélisaire*, paru en 1767, lui attira les foudres de la Sorbonne. Marmontel est un voltairien, esprit modéré, qui ne partage pas le matérialisme et l'athéisme de Diderot. Il commence ses *Mémoires* probablement à la fin de 1792 alors qu'il est réfugié en Normandie, dans l'Eure et qu'il a pris le parti des contre-révolutionnaires. Le manuscrit fut terminé à la fin de 1796, trois ans avant sa mort, à l'époque de la publication de nombreux ouvrages de Diderot, L'*Essai sur la peinture*, le *Salon de 1765*, *Jacques le fataliste*, *La Religieuse*, le *Supplément au voyage de Bougainville*, *Les Eleuthéromanes*. Or, ces textes sont condamnés par les monarchistes et les nostalgiques de l'Ancien régime dont il fait partie. Si l'on peut comprendre que pour des raisons de fatigue, Marmontel n'évoque pas les éditions de Diderot publiés trois ans avant sa mort, la question de son silence mérite tout de même d'être posée d'autant plus qu'il n'évoque pas non plus dans ses *Mémoires* le contenu des textes de Diderot publiés avant la Révolution et s'en tient au caractère

1. *Jean-François Marmontel, Un intellectuel exemplaire au siècle des Lumières*, sous la direction de Jacques Wagner, Tulle, Mille Sources, 2003. *Marmontel : une rhétorique de l'apaisement*, sous la direction de Jacques Wagner, Leuven, Peeters, 2003 ; John Renwick, « Jean-François Marmontel : the formative years (1753-1765) », *Studies on Voltaire and the Eighteenth Century*, 76, 1970, p. 139-232 ; et Jean-François Marmontel, *Les Incas ou la destruction de l'Empire du Pérou*, Paris, texte établi et présenté par Pierino Gallo, Paris, Société des Textes Français Modernes, 2016.

anecdotique de la vie philosophique à laquelle il a pris part. Celui qui est devenu l'avocat de la religion catholique est-il là en contradiction avec celui qui s'était fait le champion de la tolérance dans *Bélisaire*, et l'un des membres les plus fidèles de la coterie holbachique ? Quelle image donne-t-il de l'*Encyclopédie* et de la coterie holbachique ? Comment comprendre cette phrase extraite de ses Mémoires : « Qui n'a connu Diderot que dans ses écrits ne l'a pas connu » ?[2] Voulant rester fidèle à la mémoire du philosophe, Marmontel n'efface-t-il pas l'auteur ? J'aimerais dans un premier temps rappeler les liens que Marmontel entretient avec Diderot et les philosophes de son temps mais également m'interroger sur la manière dont il en parle dans ses *Mémoires* pour me demander si les descriptions qu'il en donne ne sont pas liées à la Révolution car ses propos sur Diderot et la coterie holbachique s'inscrivent bien évidemment dans le contexte révolutionnaire qui a ruiné sa carrière. Et à l'inverse comprendre les jugements du philosophe de Langres sur le collaborateur de l'*Encyclopédie* ? Les propos de Marmontel font plus ou moins écho aux autres discours sur l'image d'un Diderot pas vraiment écrivain ni auteur qui apparaît dès la disparition du philosophe en 1784. Ils s'inscrivent donc dans une histoire de la construction de l'image de Diderot mais d'un Diderot d'avant la Révolution. C'est la Révolution qui fait surgir Diderot comme écrivain à part entière durant le Directoire, quatre ans avant le décès de Marmontel. Dans un deuxième temps, je m'intéresserais surtout aux analyses de Marmontel sur la Révolution, sur ses causes économiques, sur la religion catholique dont il devient le défenseur, en essayant de les comparer à celles de Diderot. J'interrogerais rapidement la question coloniale car elle est absente des *Mémoires* même si Marmontel évoque Raynal. Je rappellerais enfin que Marmontel est un homme des Lumières et que sa condamnation de la Révolution illustre essentiellement les contradictions entre Lumières et Révolution. Elle place aussi au grand jour les tensions entre les Lumières institutionnelles dont fait pleinement partie Marmontel et les Lumières clandestines qui publient des textes sous de faux noms. Les liens entre les deux sont très complexes car Diderot était à la fois le rédacteur officiel de l'*Encyclopédie* et l'ami de d'Holbach qui publie des textes de manière clandestine.

Marmontel est un homme de province né à Bort les Orgues aux confins du Limousin et de l'Auvergne dans une famille relativement modeste. Il aban-

2. Marmontel, *Mémoires*, Paris, Honoré Champion, Édition critique par John Renwick, p. 481.

donne très vite le projet d'une carrière ecclésiastique pour tenter l'aventure littéraire. Dès 1743, il prend contact avec Voltaire, auquel il envoie quelques poèmes et qui l'invite à se rendre à Paris où il arrive à la fin de l'année 1745. Après un échec journalistique, il publie en 1748 une pièce de théâtre *Denys le tyran* qui eut un certain succès. C'est au début des années 1750 qu'il s'introduit dans le salon de d'Holbach et rencontre Diderot. Il rédige une trentaine d'articles pour l'*Encyclopédie* durant cinq ans avant d'abandonner sa collaboration après l'interdiction de l'ouvrage en 1759. Il connaît ses plus grands succès avec la publication de *Bélisaire* en 1767 condamné par la Sorbonne puis des *Incas* dix ans plus tard. À la veille de la Révolution, il est « du nombre des électeurs nommés par la section des Feuillants et participe à la rédaction des cahiers de doléance »[3]. Mais il rejoint très rapidement le camp des monarchistes et des contre-révolutionnaires. Il quitte Paris en 1792 et se réfugie à Évreux puis à Habloville dans l'Eure. Pour Marmontel qui fut toujours un modéré et un conciliateur, à la recherche de l'harmonie et de l'équilibre, la Révolution qui l'a ruiné constitue une monstruosité morale et politique et il ne cesse de la dénoncer dans ses *Mémoires*, dont il a entrepris la rédaction après la Terreur. Pour tenter d'échapper à ces hordes vulgaires et violentes, Marmontel se réfugie dans ses souvenirs d'avant la Révolution, où la nation était dirigée par un Roi qui donnait sens à la société, où le système monarchique lui a permis de construire une belle carrière. John Renwick rappelle dans l'introduction aux *Mémoires* que Marmontel passa le plus clair de son temps dans les salons. Il doit à l'Ancien régime succès, position et fortune[4]. Face au chaos révolutionnaire, aux clubs révolutionnaires, aux orateurs de l'Assemblée nationale, il se rappelle les charmes des salons de Mme Geoffrin, de Julie de Lespinasse et du baron d'Holbach. Alan Charles Kors remarque que Marmontel est un des plus fidèles de la coterie[5]. Voici la manière dont il décrit le salon du baron :

> Nous n'étions plus menés et retenus à la lisière, comme chez Mme Geoffrin. Mais cette liberté n'était pas la licence, et il est des objets révérés et inviolables qui jamais n'y étaient mis au débat des opinions. Dieu, la vertu, les

3. *Op. cit.*, p. 707.
4. *Op. cit.*, p. 44.
5. A.C Kors, *D'Holbach's coterie and Enlightement in Paris*, Princeton University Press, 1976, p. 319.

> saintes lois de la morale naturelle n'y furent jamais mis en doute, du moins en ma présence ; c'est ce que je puis attester[6].

La restriction est ici de poids. Morellet, dont Marmontel avait épousé la nièce, savait que d'Holbach était l'auteur du *Système de la nature*, de la *Politique naturelle* et de plusieurs ouvrages athées. Il est très improbable que Marmontel ignorait ces faits. Marmontel, dans ses *Mémoires*, tente indirectement d'effacer l'image que les contre-révolutionnaires se sont construites de la société de d'Holbach et de ses proches : des réunions de débauche et d'immoralité dont l'athéisme était la règle de conduite. On saisit la raison pour laquelle il s'en tient au caractère anecdotique de la vie philosophique à laquelle il a pris part. Marmontel comme Morellet restent attachés à une certaine idée de la philosophie découplée de l'action politique, une philosophie de la tolérance et de la modération. Marmontel évoque Diderot à plusieurs reprises de façon très positive sans rentrer dans les détails de ses écrits :

> C'était là surtout qu'avec sa douce et persuasive éloquence, et son visage étincelant du feu de l'inspiration, Diderot répandait sa lumière dans tous les esprits, sa chaleur dans toutes les âmes. Qui n'a connu Diderot que dans ses écrits ne l'a point connu. Ses systèmes sur l'art d'écrire altéraient son beau naturel. Lorsqu'en parlant, il s'animait, et que, laissant couler de source l'abondance de ses pensées, il oubliait ses théories et se laissait aller à l'impulsion du moment, c'était alors qu'il était ravissant. Dans ses écrits, il ne sut jamais former un tout ensemble : cette première opération, qui ordonne et met tout en place, était pour lui trop lente et trop pénible. Il écrivait de verve avant d'avoir rien médité : aussi a-t-il écrit de belles pages, comme il disait lui-même, mais il n'a jamais fait un livre. Or, ce défaut d'ensemble disparaissait dans le cours libre et varié de la conversation. L'un des beaux moments de Diderot, c'était lorsqu'un auteur le consultait sur un ouvrage. [...] Cet homme, l'un des plus éclairés du siècle, était encore l'un des plus aimables[7].

Il faut donc que Diderot oublie ses théories et ses systèmes pour devenir beau et ravissant qu'il cesse donc d'être philosophe pour être agréable. Marmontel rejette le philosophe Diderot pour ne retenir que l'homme. Il va même jusqu'à rejeter l'auteur puisque ce dernier « n'a jamais fait un livre ». Ce qui est le plus surprenant, c'est le rôle très secondaire qu'il attribue à Diderot dans la rédaction de l'*Encyclopédie* :

6. Marmontel, *Mémoires*, *op. cit.*, p. 480.
7. *Op. cit.*, p. 481.

> C'était donc de Genève que Voltaire animait les coopérateurs de l'*Encyclopédie*. J'étais du nombre ; et mon plus grand plaisir, toutes les fois que j'allais à Paris, était de me trouver avec eux. D'Alembert et Diderot étaient contents de mon travail, et nos relations serraient de plus en plus les nœuds d'une amitié qui a duré autant que leur vie ; plus intime, plus tendre, plus assidûment cultivée avec d'Alembert, mais non moins vraie avec ce bon Diderot, que j'étais si content de voir et si charmé d'entendre[8].

Marmontel oublie de préciser que d'Alembert et Voltaire abandonnent leur collaboration en 1759 après l'interdiction du dictionnaire car il ne veut surtout pas apparaître comme un philosophe militant opposé à l'Ancien régime. Il est d'ailleurs fort compréhensible que Marmontel souligne son lien plus important avec d'Alembert car, comme lui, il a arrêté sa collaboration au dictionnaire après son interdiction. La place attribuée par Marmontel à Diderot est pour le moins étrange car elle fait à la fois écho à certains critiques qui ôtent à Diderot son statut d'écrivain mais Marmontel va jusqu'à négliger son rôle de directeur du dictionnaire au bénéfice de Voltaire, ce qui est pour le moins curieux. En effet, des tensions entre Voltaire et Diderot s'étaient fait sentir lors de l'interdiction de l'*Encyclopédie*. Voltaire avait reproché à Diderot de ne pas s'être retiré de l'entreprise, d'avoir voulu poursuivre une aventure éditoriale et intellectuelle menacée par le pouvoir politique et qui allait vouer à la ruine le combat philosophique et détruire la cohésion des frères. Diderot était devenu pour le seigneur de Ferney « le scandaleux fossoyeur de cette unité des philosophes »[9]. Marmontel n'évoque pas les tensions entre les deux philosophes mais Voltaire a tenu une place fort importante dans sa carrière et il reste déiste comme lui. Ses propos sont surprenants car Diderot sera quelques années avant son décès considéré avant tout comme l'auteur principal de l'*Encyclopédie* et non comme un écrivain à part entière[10]. Marmontel ne reconnaît aucune de ses deux qualités à l'écrivain Diderot. Son discours rappelle en même temps ceux tenus par certains défenseurs de Diderot au moment de sa disparition en juillet 1784. Les journalistes qui prennent la défense de l'encyclopédiste insistent sur son caractère

8. *Op. cit.*, p. 342.

9. Voir José-Michel Moureaux, « La place de Diderot dans la correspondance de Voltaire : une présence d'absence » dans *Studies on Voltaire*, Oxford, n° 242, 1986, p. 183.

10. Voir Sabatier de Castres, *Les trois siècles de littérature ou Tableau de l'esprit de nos écrivains, depuis François Ier jusqu'en 1772*, tome premier, article Diderot, p. 385.

affable, généreux mais gardent quasiment le silence sur ses ouvrages. Et ses adversaires minimisent son rôle dans la rédaction de l'*Encyclopédie* au profit de d'Alembert[11]. Diderot décrit comme un second couteau parmi les philosophes des Lumières, réduit à un rôle subalterne est commun à ses adversaires comme à ses défenseurs, du moins jusqu'à la Révolution car la publication de plusieurs de ses ouvrages durant le Directoire change en profondeur les contours de son image. Et ce n'est sans doute pas un hasard si Marmontel emploie les termes systèmes et théories quand il évoque Diderot. Le terme systèmes sous la Révolution prend tout son sens. Ce que Marmontel ne pardonne pas aux révolutionnaires, c'est leur volonté de construire une nouvelle société à partir de systèmes philosophiques, de doctrines[12] empruntés selon eux aux auteurs des Lumières. En refusant de schématiser les idées des philosophes, de les traduire en systèmes, il tente implicitement d'arracher les philosophes aux griffes des révolutionnaires. Morellet écrivait de son côté que « c'est avec l'homme d'esprit, avec l'homme social et doux » que l'on vit, non « avec le métaphysicien »[13]. Or Marmontel n'évoque pas les écrivains des Lumières dans ses chapitres sur la Révolution. Son rejet des systèmes et théories de Diderot va à l'encontre des jugements de ce dernier sur les écrits de d'Holbach auxquels il a participé. Diderot approuvait les thèses et le style du *Système de la nature*. Il écrit dans ses commentaires à l'ouvrage posthume d'Helvétius, *De l'homme* : « J'aime une philosophie claire, nette et franche, telle qu'elle est dans le *Système de la nature* et plus encore dans le *Bon sens* [...] L'auteur du *Système de la nature* n'est pas athée dans une page, déiste dans une autre ; sa philosophie est toute d'une pièce. »[14] Diderot a rédigé le dernier chapitre du *Système de la nature* intitulé *Abrégé du Code de la nature* reparu sous la Révolution avec le titre de *Code de la nature*[15]. Il fait ici son

11. Voir Linguet, *Annales politiques, civiles et littéraires du XVIIIe siècle*, 1784, tome XV, n° 86, p. 361-363. Voir également *Année littéraire*, tome 31, 1784, lettre 14, Genève, Slatkine reprints, 1966, p. 527.
12. Marmontel, *Mémoires, op. cit.*, p. 709.
13. Morellet, *Mémoires sur le dix-huitième siècle et sur la Révolution*, Paris, 1821, tome deuxième, p. 278.
14. Cité par John Lough, « Essai de bibliographie critique des publications du baron d'Holbach » dans *Revue d'histoire littéraire de la France*, 1947, tome 47, p. 314.
15. Voir Pascale Pellerin, *Lectures et images de Diderot de l'*Encyclopédie *à la fin de la Révolution*, Lille, Septentrion, 2000, p. 142.

propre éloge[16]. Morellet, je l'ai déjà souligné, n'ignorait pas la collaboration de Diderot au *Système de la nature*[17] et il est peu probable qu'il n'en ait pas parlé à Marmontel. Ce dernier savait que Diderot était athée et qu'il appréciait peu le déisme de Voltaire. Il demande cependant l'avis de Diderot avant de publier *Bélisaire* : « Diderot fut très content de la partie morale ; il trouva la partie politique trop rétrécie et il m'engagea à l'étendre. »[18] Il ne dit pas s'il suivit le conseil de Diderot et il n'est pas certain que Diderot ait vraiment apprécié le personnage de Bélisaire car il fait part à Falconet de ses doutes sur le talent de Marmontel : « Notre ami disserte, disserte sans fin, et il ne sait ce que c'est que de causer. »[19] Pour le bavard impénitent et incontrôlable qu'était Diderot qui pensait qu'on ne pouvait parler avec force que du fond de son tombeau[20], le verbe causer a une signification forte. Son appréciation de *Bélisaire* rejoint la critique de la *Correspondance littéraire* qui est également sévère[21]. Lorsque paraissent *Les Incas,* en 1778, devant l'accueil peu chaleureux de la presse, Diderot prend cependant la défense de l'ouvrage dans la *Correspondance littéraire* : « On a jugé *Les Incas* avec une sévérité extrême. [...] Il est peu d'ouvrages dont l'objet soit plus essentiellement moral, plus digne du philosophe et du citoyen ; et *Les Incas* méritent au moins autant d'éloges que le patriarche de Ferney en a procuré depuis dix ans au quinzième chapitre de *Bélisaire.* »[22] Dans ce jugement, Diderot prend une fois de plus de la distance avec Voltaire qui avait encensé *Bélisaire* tout en rendant hommage au travail de Marmontel. Il faut rappeler qu'à la fin de cette même année, Marmontel fait un compte-rendu élogieux de l'*Essai sur Sénèque* dans le *Mercure de France* de décembre 1778[23]. Par ailleurs James Kaplan a

16. Voir Pascale Pellerin, « Diderot et l'appel à la postérité : une certaine relation à l'œuvre », *Recherches sur Diderot et l'Encyclopédie*, Société Diderot, n° 35, octobre 2003, p. 25-39.
17. Pascale Pellerin, *Lectures et images de Diderot*, *op. cit.*, p. 69.
18. Marmontel, *Mémoires*, *op. cit.*, p. 501.
19. *Op. cit.*, et Marmontel, *Bélisaire*, Paris, Société des textes français modernes, 1994, édition établie, présentée et annotée par Robert Granderoute, p. XXXV.
20. Voir Pascale Pellerin, « Diderot et l'appel à la postérité : une certaine relation à l'œuvre », *op. cit.*
21. Marmontel, *Bélisaire*, *op. cit.*, annexe IV, p. 229.
22. Voir Monique Delhoume-Sanciaud, *Les Incas ou la destruction du Pérou de Jean-François Marmontel*, Paris, Honoré Champion, tome I, p. 293.
23. Voir James M. Kaplan, « *L'Avis aux Gens de Lettres de Marmontel* : une versification du *Neveu de Rameau* ? » dans *Recherches sur Diderot et l'Encyclopédie*, n° 11, 1991, p. 73-82.

rapproché un court texte de Marmontel, *L'Avis aux Gens de Lettres*, du *Neveu de Rameau*. Le ton ironique pris par Marmontel pour se moquer quelque peu des philosophes courbant l'échine devant les puissants pousse à penser qu'il avait lu quelques extrais du *Neveu*. Hypothèse probable si l'on prend en compte le style et le contenu de ce court texte. Il faut aussi garder à l'esprit que Marmontel a compilé un grand nombre d'ouvrages pour la rédaction des *Incas*. Et Diderot a sans aucun doute été sensible aux recherches effectuées par l'écrivain. C'est l'encyclopédiste qui s'exprime ici, conscient de l'énorme labeur de Marmontel pour réaliser son ouvrage, de la documentation consultée. Diderot pense très certainement à l'influence du roman de Marmontel sur l'*Histoire des deux Indes* de Raynal auquel il a apporté sa collaboration[24].

Les Mémoires de Marmontel contiennent huit chapitres sur vingt consacrés à la Révolution. Cette place très importante consacrée aux dix dernières années de sa vie témoigne du traumatisme vécu par notre auteur. La Révolution l'a ruiné, l'a obligé à l'exil, a mis fin à sa vie littéraire. C'est la raison pour laquelle il ne cite quasiment aucune publication durant cette période. Ce silence ne l'empêche nullement d'analyser les causes de la chute de l'Ancien régime et l'incapacité des ministres de Louis XVI à l'empêcher. Le jugement qu'il porte sur la rivalité entre Necker et Turgot est particulièrement intéressant car il touche à un problème économique de premier plan, la libre exportation du blé et la réglementation de l'État en ce domaine. Turgot faisait parti du clan des économistes qui prônaient une liberté totale dans ce domaine. Il était proche des écrivains des Lumières mais Marmontel lucide à la veille de la Révolution met en garde l'économiste sur les risques encourus à maintenir ce système économique et ne cache pas ses doutes envers Turgot :

> Son système de liberté pour toute espèce de commerce n'admettait dans son étendue ni restrictions ni limites, et à l'égard de l'aliment de première nécessité, quand même cette liberté absolue n'aurait eu que des périls momentanés, le risque de laisser tarir pour tout un peuple les sources de la vie n'était point un hasard à courir sans inquiétudes. L'obstination de Turgot à écarter du commerce des grains toute espèce de surveillance ressemblait trop à de l'entêtement[25].

24. Voir Pierino Gallo, « Une source philosophique de l'*Histoire des deux Indes*, (1780) : *Les Incas* de Jean-François Marmontel » dans revue *Dix-huitième siècle*, Paris, La Découverte, n°49, p. 677-692. On remarquera que Marmontel n'évoque guère *Les Incas* dans ses *Mémoires* car il a été dépité par leur échec. Il est beaucoup plus disert sur *Bélisaire*.

25. Marmontel, *Mémoires*, *op. cit.*, p. 651.

Ce débat a agité les écrivains des Lumières. Qu'on se souvienne des réponses que Diderot donne à l'abbé Morellet sur la liberté d'exporter le blé dans l'*Apologie de l'abbé Galiani* :

> L'abbé Galiani craint le peuple ; et quand il s'agit de pain, il n'y a qu'un homme ivre qui n'en ait pas peur. On voit bien que M. l'abbé Morellet vit à Paris, et qu'il ne l'a pas vu menacé de la disette dans nos provinces[26].

L'*Apologie de l'abbé Galiani* ne constitue nullement une négation des thèses libérales de Diderot. Cet essai montre surtout le réalisme du philosophe en matière socio-économique. Turgot était proche des encyclopédistes et rédigea plusieurs articles pour le dictionnaire[27]. Marmontel est conscient que les excès de libéralisme en matière économique peuvent mettre en péril un système politique. Sur cette question, il n'est pas moins ou plus libéral que Diderot ou que la plupart des philosophes. Diderot a toujours défendu la propriété privée. Il écrit dans les *Observations sur le Nakaz* : « J'avoue seulement que je suis dans le préjugé que le gouvernement ne doit aucunement se mêler du commerce, ni par règlement, ni par prohibitions, et que gêner le commerçant ou le commerce, c'est la même chose. »[28] De cette liberté résulte donc inévitablement une inégalité sociale que notre philosophe ne remet nullement en cause. Il reste attaché à une certaine forme d'inégalité qu'il juge naturelle. Diderot ne conçoit pas de liberté sans propriété et sans inégalité. Quand on lit la description que Marmontel fait des paysans dans ses *Mémoires* auxquels il rend hommage, on pense à ce que Diderot écrit sur les travailleurs de la terre. Quelle devrait être la source de la richesse ? L'utilité publique dont le paysan est le symbole puisqu'il procure la nourriture. Il écrit dans les *Observations sur le Nakaz* : « Je suis affligé de voir ici ces gens d'art et de métiers préférés aux paysans, sans lesquels tous ces gens-là mouraient de faim, faute de pain, et leurs enfants, faute de lait. »[29] Sur le plan économique, rien ne distingue Diderot de Marmontel. Sur la question coloniale, en revanche, on constate des divergences importantes entre l'*Histoire des deux Indes* et *Les Incas*. Comme le souligne María José Villaverde, Marmontel ne condamne

26. Diderot, *Œuvres politiques*, Paris, Robert Laffont, t. III, p. 154.

27. Voir Gerald J. Cavanaugh, « Turgot and the *Encyclopedie* », *Diderot Studies*, Genève, Droz, volume 10, 1968, p. 23-33.

28. Diderot, *Observations sur le Nakaz*, dans *Œuvres politiques*, Paris, Éditions Garnier-Frères, 1963, p. 416.

29. *Op. cit.*, p. 431.

pas radicalement la colonisation espagnole dans son ouvrage[30]. Mais il n'est pas question des colonies dans ses *Mémoires*. Il évoque juste son vieil ami Raynal[31] qui lui aussi condamne la Révolution. Marmontel devient le défenseur des prêtres persécutés et de la royauté. Au début du livre 19 de ses *Mémoires*, il rappelle l'utilité de la croyance religieuse : « Les opinions religieuses, la croyance en un Dieu, la pensée d'un avenir pouvaient retenir l'homme sur la pente du crime. »[32] Marmontel n'a jamais été athée. Jacques Wagner rappelle très justement que ce que Marmontel réprouve dans la Révolution, « c'est l'autonomie d'une politique qui invente ses propres normes en s'émancipant de tout contrôle religieux »[33]. Il rêvait de « réconcilier religion et philosophie »[34]. En cela il s'écarte complètement du matérialisme de Diderot et de ses acolytes, d'Holbach et Naigeon. Ce triumvirat athée ne recule pas devant l'idée d'une collusion entre la religion, la royauté et la noblesse pour abrutir, persécuter et exploiter le peuple. Ils dénoncent l'image d'un Dieu rémunérateur qui console dans une autre vie des souffrances du bas-monde, un Dieu qui prêche la patience et la soumission aux malheureux. C'est une des thèses développées par d'Holbach et Diderot dans le *Système de la Nature* et le *Bon sens*, thèse dont les accents pré-jacobins répugnent aux déistes comme Marmontel et Voltaire. Et Marmontel, au nom de la tolérance, prend la défense des prêtres persécutés durant la Révolution par le despotisme du fanatisme démocratique[35]. Il existe donc pour lui une continuité entre *Bélisaire* et ses *Mémoires*.

À la lecture des Mémoires de Marmontel, on constate une certaine incompatibilité entre certaines Lumières et la Révolution. Il ne cite jamais Naigeon dans ses *Mémoires* alors que ce dernier a été un ami intime de d'Holbach et de Diderot et qu'il a soutenu la Révolution. Cette absence est

30. María José Villaverde, « L'idéal de colonisation et la leyenda negra dans *Les Incas* de Marmontel », dans *Relire les Incas de Jean-François Marmontel*, Études réunies et présentées par Pierino Gallo, Clermont-Ferrand, Celis, p. 197.
31. Marmontel, *Mémoires, op. cit.*, p. 382.
32. *Op. cit.*, p. 807.
33. Voir Anne Quennedey, « Marmontel orateur, Discours politique de l'an V », dans *Marmontel, une rhétorique de l'apaisement, op. cit.*, p. 75.
34. Monique Delhoume-Sanciaud, « L'Amérique » dans *Jean-François Marmontel, Un intellectuel exemplaire au siècle des Lumières, op. cit.*, p. 111.
35. Marmontel, *Mémoires, op. cit.*, p. 726.

significative. Il faut certes prendre en compte que les ouvrages de Diderot sont parus en 1795 et 1796, année où Marmontel cesse d'écrire ses *Mémoires*. Buisson, un journaliste qui collaborait aux *Annales patriotiques et littéraires*[36], fait paraître en 1795 deux textes de Diderot, le *Salon de 1765* et l'*Essai sur la peinture* qui se moquaient de la religion chrétienne. En 1796 paraissent la *Religieuse*, *Jacques le Fataliste*, le *Supplément au voyage de Bougainville* et les *Eleuthéromanes*. Si Marmontel ne cite jamais ces publications, il n'évoque pas non plus les textes des contre-révolutionnaires. Il semble ne plus s'intéresser à ce qui se passe autour de lui. La littérature semble pour lui appartenir à l'Ancien régime car il ne conçoit pas de carrière littéraire sous la Révolution, et c'est le cas de tous les amis de Diderot, sauf Naigeon, qui ont traversé la Révolution. Raynal, Morellet, Suard, Grimm et Meister choisissent le camp des contre-révolutionnaires. Mais les révolutionnaires, à la recherche de précurseurs et de prophètes, et les monarchistes catholiques menant la guerre contre Diderot, refuseront de saisir les contradictions entre Lumières et Révolution. La philosophie n'était plus leur affaire. Leur bataille était nécessairement politique et tout ce qui venait briser leurs schémas simplistes était mis de côté. Les ruptures historiques violentes ne s'embarrassent pas de nuances et de contradictions. Marmontel, qui avait le conflit en horreur, se veut l'homme de la continuité culturelle et politique. Il défend la hiérarchie sociale. D'où son mépris de la populace envieuse du mode de vie des couches aisées qui revient comme un leitmotiv dans ses *Mémoires* : « Il y a dans Paris une masse de peuple qui, observant d'un œil envieux et chagrin les jouissances qui l'environnent, souffre impatiemment de n'avoir en partage que le travail et la pauvreté... »[37] Un peu plus loin, il exprime son dégoût de la « populace égarée, vagabonds », « horde sanguinaire »[38]. Sa compassion pour les pauvres s'arrête là lorsque ces derniers commencent à revendiquer des droits de façon collective. La marche des femmes sur Versailles le 5 octobre 1789 lui inspire la même répugnance, « une foule de ces femmes immondes que l'on fait marcher en avant dans toutes les émeutes. Le prétexte de leur mission était d'aller se plaindre de la cherté du pain »[39]. Marmontel est un homme

36. Journal républicain fondé le 5 octobre 1789 par Jean-Louis Carra exécuté en 1793 et repris par Louis-Sébastien Mercier en 1795.

37. Marmontel, *Mémoires*, *op. cit.*, p. 689 et 769. *9 Voir aussi p. 769.

38. *Op. cit.*, p. 763 et 796.

39. *Op. cit.*, p. 796.

de l'Ancien régime, ce régime qui lui a permis d'accéder aux places les plus honorifiques et assuré des revenus confortables détruits par la Révolution[40]. L'effroyable calamité qu'a été la chute de la monarchie pour les intellectuels du dix-huitième siècle, la manière dont ils la qualifient, met à mal le mythe d'un siècle des Lumières précurseur de la Révolution, ou d'une Révolution fille des Lumières. Plusieurs chercheurs ont, depuis quelques années, remis en cause cette filiation[41]. Le refus par Marmontel de la Révolution s'inscrit dans son parcours social et son engagement pour la tolérance, pas pour la justice sociale. Par ailleurs, Marmontel n'a jamais pris part aux pratiques de la littérature clandestine et sa collaboration à l'*Encyclopédie* cesse dès que le Dictionnaire est interdit. Monument de savoir et manifeste philosophique, le statut du dictionnaire était double. Il appartenait et n'appartenait pas à la littérature militante. C'était un outil difficile à manier. Certains intellectuels qui supportent difficilement le poids de la censure se tournent vers d'autres modes d'intervention militante. Ils remanient ou traduisent des textes du début du siècle. Ils attaquent l'institution ecclésiastique dans des ouvrages anonymes, ils se camouflent derrière des noms d'emprunt[42]. Marmontel s'est tenu à l'écart de ces pratiques militantes. Il a publié ses œuvres sous son nom, de manière totalement officielle. Ce qui le distingue profondément de Diderot mais aussi de Voltaire.

Les *Mémoires* de Marmontel constituent un document passionnant pour comprendre les rouages d'une carrière littéraire sous l'Ancien régime, la construction des réseaux sociaux, les liens entre les intellectuels et le pouvoir, la sociologie des salons. Il analyse aussi de près les raisons de l'effondrement de l'Ancien régime dont il rend responsable les ministres de Louis XVI, en particulier Maurepas : « Quoique depuis longtemps la situation des affaires publiques parussent la menacer d'une crise prochaine, il est vrai cependant qu'elle n'est arrivée que par l'imprudence de ceux qui se sont obstinés à la

40. Marmontel, *Mémoires*, *op. cit.*, p. 810.

41. Jean-Marie Goulemot, « Propositions pour une réflexion sur l'épistémologie des recherches dix-huitièmistes », revue *Dix-huitième siècle*, n° 5, Garnier-Frères, 1973, p. 67-80. Roger Chartier, *Les origines culturelles de la Révolution française*, Paris, Seuil, 1990.

42. On pense à d'Holbach bien entendu mais aussi à Voltaire. Mais Voltaire déiste comme Marmontel n'a jamais éprouvé beaucoup de sympathie pour les chantres de l'athéisme qu'il condamne. Après 1960, l'*Encyclopédie* a perdu de son souffle et est dépassée par d'autres ouvrages beaucoup plus audacieux qui empruntent la voie de la clandestinité.

croire impossible. »[43] Marmontel fait preuve de lucidité et son mépris du peuple ne l'empêche pas de juger de façon sévère les responsables politiques qui ont conduit à la Révolution. La place qu'il accorde à Diderot n'est pas très importante mais il rend hommage à la générosité de celui qui fut son ami tout en rejetant ses idées et ses systèmes. Sa modération, son esprit conservateur, son respect des hiérarchies sociales et littéraires[44] et son déisme l'éloignent de l'anticonformisme de Diderot, de son matérialisme et de sa remise en cause du système social. Bien qu'il témoigne de son amitié pour le philosophe, il minimise son talent d'écrivain et même son rôle au sein de l'*Encyclopédie*. C'est la preuve qu'il ne tenait pas à voir associer son nom aux écrits-systèmes du philosophe de Langres.

Pascale Pellerin
CNRS, UMR IRHIM
pascale.pellerin2@orange.fr

43. Marmontel, *Mémoires*, *op. cit.*, p. 645.

44. Voir Marc Buffat, « L'âme les sens ou l'esthétique spiritualiste des Éléments de littérature » dans *Marmontel, une rhétorique de l'apaisement*, *op. cit.*, p. 39.

À LA RENCONTRE DU CORPS DE L'AUTRE, *LA LETTRE SUR LES AVEUGLES* DE DIDEROT

Parue au début de juin 1749, *La lettre sur les aveugles* s'inscrit dans une série de réflexions sur la nature de la connaissance humaine. Ainsi que le rappelle Gerhardt Stenger[1], elle prend place dans un contexte de remise en question du rationalisme cartésien et d'un avènement sur la scène philosophique française de l'empirisme anglais. La *Lettre* fait ainsi suite à la parution, trois ans auparavant, de l'*Essai sur l'origine des connaissances humaines* de Condillac, qui reprend lui-même l'*Essay Concerning Humane Understanding* de Locke paru en 1690, pour l'orienter dans une direction sensualiste, et en discute les thèses. Ainsi peut-on lire dans la *Lettre* :

> Je n'ai jamais douté que l'état de nos organes et de nos sens n'ait beaucoup d'influence sur notre métaphysique et sur notre morale, et que nos idées les plus purement intellectuelles, si je puis parler ainsi, ne tiennent de fort près à la conformation de notre corps[2].

On ne peut guère être plus clair : les idées tirent leur origine des sens, ou plutôt dans notre nature incarnée, y compris les idées métaphysiques et morales. L'existence de l'âme et l'existence de Dieu ne tiennent plus qu'à la présence bien fragile d'un adverbe (*beaucoup* d'influence), et ce texte mènera Diderot droit à Vincennes.

Stenger montre dans son article que Diderot diverge de Condillac sur un point important, qui se manifeste à propos de la fameuse question de

1. Gerhardt Stenger, « La théorie de la connaissance dans la *Lettre sur les aveugles* », *Recherches sur Diderot et sur l'Encylopédie*, 26, 1999, p. 99-111.
2. Diderot, *Supplément au voyage de Bougainville, Pensées philosophiques, Lettre sur les aveugles*, Paris, Garnier-Flammarion, 1972, p. 86.

Molyneux qui agite les philosophes à l'époque : un aveugle-né qui recouvrerait la vue distinguerait-il immédiatement un globe d'un cube, c'est-à-dire verrait-il le monde directement tel qu'un non-aveugle le voit ? La réponse à cette question a un enjeu de taille, c'est celle de l'existence d'un réel commun et de notre accès à lui. Si pour Condillac la réponse est oui, ce qui « sauve » l'existence objective d'une réalité extérieure à nous et l'adéquation à elle de nos perceptions, pour Diderot les choses sont plus nuancées, et Stenger montre que le philosophe rejoint plutôt, paradoxalement, les conclusions de l'idéaliste Berkeley. Ainsi peut-on lire dans la *Lettre* : « les sensations n'ayant rien qui ressemble essentiellement aux objets, c'est à l'expérience à nous instruire sur des analogies qui semblent être de pure institution. »[3] C'est à dire que pour Diderot, qui en outre remplace l'âme de Berkeley, qui sauvait sinon un monde objectif du moins un monde commun, par un « sens interne » éventuellement voyageur[4], nous n'avons aucune garantie que nous avons réellement accès à la réalité[5].

Cependant, il faut prendre en compte le fait que Diderot n'écrit pas un traité de philosophie qui procèderait de manière logique et énoncerait en toutes lettres ses conclusions. Ou plutôt, il faut prendre toute la mesure du présupposé matérialiste de Diderot, et voir dans la *Lettre* même une forme de réponse à la question qui en découle logiquement, à savoir : qu'est-ce qui fait monde commun en l'absence d'une garantie extérieure à nous-même ? Quel monde commun institue la *Lettre* ? La réponse à cette question relève alors d'une poétique et d'une éthique, plus que d'une métaphysique.

MISE EN SCÈNE

La *Lettre* n'est pas un traité abstrait, elle met en scène une situation d'interlocution. Le philosophe s'adresse à une femme, « madame », qui, si

3. *Ibid.*, p. 114.

4. « Si jamais un philosophe aveugle et sourd de naissance fait un homme à l'imitation de celui de Descartes, j'ose vous assurer, madame, qu'il placera l'âme au bout des doigts ; car c'est de là que lui viennent ses principales sensations, et toutes ses connaissances » *Lettre sur les aveugles*, *op. cit.*, p. 91.

5. Pour une autre étude des implications épistémologiques de la *Lettre*, voir Adrien Paschoud, « Penser l'origine de la connaissance par les sens : la *Lettre sur les aveugles* de Diderot », *Figurationen*, 02/2017, p. 88-100.

l'on en croit l'incipit, s'intéresse aux opérations de la cataracte réalisées par Réaumur. Le philosophe s'excuse ainsi dans les premières phrases de n'avoir pu malgré ses efforts lui obtenir une place à la dernière opération effectuée en public par le chirurgien. On notera tout d'abord que le genre repris par Diderot renvoie directement aux *Entretiens sur la pluralité des mondes*, de Fontenelle, dans lequel ce dernier exposait dans un dialogue galant entre un philosophe et une marquise le fonctionnement du cosmos copernicien. Il s'agissait pour Fontenelle, dès 1686, de présenter un monde sans point fixe et un univers que nous avons qualifié ailleurs de perspectiviste[6]. Mais si la marquise était présente dans l'ouvrage de Fontenelle, à titre d'interlocutrice tour à tour naïve et philosophe, la nature de l'ouvrage présent, une lettre, renvoie la destinataire dans l'extériorité ; elle n'aura pas de « droit de réponse » aux apostrophes du philosophe. Elle sera cependant bien présente, destinataire muette d'une pédagogie dans le boudoir aux accents parfois érotiques. Ainsi, le philosophe relève le fait que l'œil et l'oreille ont chacun leur langage, mais qu'il n'en n'est pas de même du toucher, ce qui est préjudiciable aux personnes aveugles et sourdes. Il revient cependant sur cette assertion, concédant qu'il y a « une manière propre de parler à ce sens, et d'en obtenir des réponses » p. 92. Il poursuit un peu plus loin : « Ce langage, madame, ne vous paraît-il pas aussi commode qu'un autre ? N'est-il pas même tout inventé ? Et oseriez-vous nous assurer qu'on ne vous a jamais rien fait entendre de cette manière ? » L'hypothèse d'un langage du toucher, qui refera surface plus avant dans l'ouvrage, donne lieu ici à un sous-entendu que l'on peut interpréter comme une insinuation plutôt leste, et dont nous verrons ultérieurement comment elle infléchit la question du commun.

Deuxième commentaire, ce début de lettre inscrit le discours philosophique dans un contexte, celui de la curiosité pour la science expérimentale. Curiosité, science et expérience, trois notions clé pour ce qui concerne Diderot, et les Lumières en général ; trois notions essentielles également pour comprendre la suite de l'exposé. Si Stenger montrait que sur le plan philosophique Diderot critiquait les sciences abstraites, et ce au profit de l'expérience et d'un basculement de positionnement de la métaphysique à la physiologie, le cadre est ici d'emblée posé, ou plutôt la scène montée. Mais cette curiosité est à double tranchant. Si elle annonce la devise des Lumières énoncée par Kant, le fameux « *sapere aude* » repris d'Horace, elle

6. Isabelle Mullet, *Fontenelle ou la machine perspectiviste*, Paris, Champion, 2011.

a potentiellement pour conséquence de changer l'autre en objet. Il s'agissait ainsi d'assister à l'opération de la cataracte d'une aveugle-née, genre de spectacle couru à l'époque par les amateurs éclairés, et qui ne va pas sans le risque d'entamer la dignité de la personne concernée en la changeant en un « cas ». D'une manière plus générale, comment ne pas changer les aveugles, qui sont le sujet de la réflexion de Diderot dans cette lettre, en *objets* de la philosophie autant que de la science ?

Ce qui appelle un dernier commentaire : le « spectacle » n'a pas eu lieu. Diderot, s'affirmant dans un premier temps désolé de ne pas avoir pu obtenir une place pour la destinataire de la lettre, ne semble pas tant le regretter :

> Si vous êtes curieuse de savoir pourquoi cet habile académicien fait si secrètement des expériences qui ne peuvent avoir, selon vous, un trop grand nombre de témoins éclairés, je vous répondrai que les observations d'un homme aussi célèbre ont moins besoin de spectateurs, quand elles se font, que d'auditeurs, quand elles sont faites. Je suis donc revenu, madame, à mon premier dessein ; et, forcé de me passer d'une expérience où je ne voyais guère à gagner pour mon instruction ni pour la vôtre, [...] je me mis à philosopher avec mes amis sur la matière importante qu'elle a pour objet[7].

Le philosophe de conclure : « Que je serais heureux, si le récit d'un de nos entretiens pouvait me tenir lieu, auprès de vous, du spectacle que je vous avais trop légèrement promis ! » La scène initiale, qui sert de contexte à la lettre, est donc rapidement escamotée pour laisser place à un autre « spectacle » : non plus une expérience scientifique, mais une expérience proprement philosophique, dans lequel l'objet du regard ne sera plus l'opération de la cataracte, mais l'opération de la pensée elle-même.

Cela ne résout que partiellement le problème. En effet, la première partie de la *Lettre* relatera des entretiens avec un aveugle-né, qui sera désigné non par son nom, mais par le générique « l'aveugle du Puisaux », ou par le possessif « notre aveugle ». La « volonté de faire science », pour reprendre une expression d'Isabelle Stengers[8], passe-t-elle nécessairement par la réification de l'autre en cas ? Nous verrons que Diderot, qui cède ici à une forme d'instrumentalisation, va néanmoins accorder à « notre aveugle » le statut de philosophe.

7. Diderot, *Lettre sur les aveugles*, *op. cit.*, p. 79.

8. Je reprends ici le titre de l'un de ses ouvrages sur Freud, *La volonté de faire science*, Paris, Seuil, 1992.

« ON NE SAIT PAS CE QUE PEUT UN CORPS » (SPINOZA) : S'APPROCHER DU CORPS DE L'AUTRE

Parmi les entretiens rapportés qui constituent la première partie des *Lettres*, l'anecdote du miroir nous semble révélatrice d'une pratique de l'analogie qui permet de s'approcher au plus près de l'expérience de l'autre. Cette analogie est proposée par l'aveugle du Puiseaux.

> Je lui demandai ce qu'il entendait par un miroir : « Une machine, me répondit-il, qui met les choses en relief loin d'elles-mêmes, si elles se trouvent placées convenablement par rapport à elle. C'est comme ma main, qu'il ne faut pas que je pose à côté d'un objet pour le sentir. »[9]

La manière dont l'aveugle rend compte de la notion de miroir constitue une transposition d'un univers perceptif dans un autre. Cela passe par l'usage d'un paradoxe « en relief loin d'elles-mêmes », qui désigne le point d'impensabilité de ce que c'est qu'un miroir pour l'aveugle. On pourrait également considérer que ce qui est créé ici est un énoncé métaphorique, dans la mesure où il s'agit d'un rapprochement de plusieurs signifiants qui créent quelque chose de neuf par leur rapprochement même. Cette figure est en outre suivie d'une comparaison, qui rétablit du lien (« C'est comme »). Ici c'est l'aveugle qui fait un effort d'analogie pour comprendre l'univers du clairvoyant.

Le philosophe, quant à lui, prend le temps de souligner la finesse de pensée qui a mené à une telle proposition.

> Descartes, aveugle-né, aurait dû, ce me semble, s'applaudir d'une pareille définition. En effet, considérez, je vous prie, la finesse avec laquelle il a fallu combiner certaines idées pour y parvenir. Notre aveugle n'a de connaissance des objets que par le toucher. Il sait, sur le rapport des autres hommes, que par le moyen de la vue on connaît les objets, comme ils lui sont connus par le toucher du moins, c'est la seule notion qu'il s'en puisse former. Il sait, de plus, qu'on ne peut voir son propre visage, quoiqu'on puisse le toucher. La vue, doit-il conclure, est donc une espèce de toucher qui ne s'étend que sur les objets différents de notre visage, et éloignés de nous. D'ailleurs, le toucher ne lui donne l'idée que du relief. Donc, ajoute-t-il, un miroir est une machine qui nous met en relief hors de nous-mêmes[10].

9. *Ibid.*, p. 81.
10. *Ibid.*

Diderot fait l'éloge du raisonnement de l'aveugle, pour sa finesse logique, qui réside dans sa capacité à « combiner ». Il détaille les présupposés et le parcours logique qui ont amené l'aveugle à sa conclusion. Celui-ci est sans faille, même si, ajoute, Diderot, il amène à une idée erronée. « Combien de philosophes renommés ont employé moins de subtilité, pour arriver à des notions aussi fausses ! »[11]

Diderot serait-il dupe de ses propres présupposés philosophiques ? Car si comme on l'a vu en introduction, rien ne nous garantit que nous avons accès au réel sinon notre expérience sensible, qu'est-ce qui nous autorise à déclarer la notion de l'aveugle comme « fausse » ? N'est-elle pas parfaitement valide dans son univers perceptif, qui n'est pas moins vrai que celui du clairvoyant, mais tout simplement minoritaire ?

Il est difficile ici de déterminer si Diderot fait preuve de « clairvoyocentrisme », ou s'il s'agit de l'une des nombreuses pirouettes du philosophe pour ménager ironiquement nos croyances et nos représentations. Il est fort possible que Diderot, dans ce texte dont on reviendra sur la labilité, se moque ici de son personnage de philosophe et de son enthousiasme un peu condescendant.

Plutôt que de trancher cette question, il nous semble plus productif pour l'instant de considérer l'avènement ici de ce que l'on pourrait appeler un personnage conceptuel, celui d'un « Descartes aveugle-né », qui va permettre à Diderot de mettre à distance toute une série d'évidences, dans une scénographie de la pensée proprement perspectiviste.

Tout comme la métaphore vive au sens de Paul Ricoeur[12], l'image de la machine qui mettrait les choses en relief à distance d'elle-même a pour effet, en proposant un objet impossible, de créer une ligne de fuite dans le réel partagé (le sens commun) et ainsi de le repotentialiser. Aérer la pensée, tel est bien l'effet de ce texte, et la machine impossible n'est que le début de toute une série de déplacements du point de vue visant à mettre à distance nos représentations habituelles et nos évidences sensibles. S'approcher du corps de l'autre, c'est alors décoller le réel de lui-même, se déprendre d'un « faire-corps » qui régit l'impensé de nos représentations, au profit d'une danse analogique qui détricote les évidences tout en retricotant du commun – nous verrons lequel.

11. *Ibid.*, p. 81-82.
12. Voir Paul Ricoeur, *La métaphore vive*, Paris, Seuil, 1975.

Mais écoutons à nouveau le « Descartes aveugle » et ses interventions disruptives.

> Quelqu'un de nous s'avisa de demander à notre aveugle s'il serait content d'avoir des yeux : « Si la curiosité ne me dominait pas, dit-il, j'aimerais bien autant avoir de longs bras : il me semble que mes mains m'instruiraient mieux de ce qui se passe dans la lune que vos yeux ou vos télescopes ; et puis les yeux cessent plus tôt de voir que les mains de toucher. Il vaudrait donc bien autant qu'on perfectionnât en moi l'organe que j'ai, que de m'accorder celui qui me manque. »[13]

Si l'aveugle avait dans un premier temps semblé bien à plaindre, s'esquisse ici l'idée d'une supériorité du toucher sur les yeux. En outre, l'aveugle continue d'ouvrir des mondes possibles. Après la machine à relief, il propose ici de longs bras qui iraient potentiellement jusqu'à la lune, ouvrant ainsi par l'imagination – une imagination « autre » – un nouvel univers, dans lequel le toucher serait le sens principal. Se dessine ici sous nos yeux un univers d'aveugles, avec leur propre idée de perfection. On se rappelle que c'est la présence de cette idée de perfection qui permettait à Descartes dans son poêle de conclure à l'existence de Dieu. Cette idée est ici relativisée, ramenée à une démarche imaginative émanée des sens. Il n'y a pas d'altérité absolue mais seulement des altérités relatives, et seul le pouvoir de l'imagination est infini. L'aveugle vit fort bien dans son monde, mais la concession initiale, « si la curiosité ne me dominait pas », ramène la possibilité d'un monde commun. On remarque d'abord le renversement : si c'est l'aveugle qui faisait l'objet de la curiosité des philosophes et autres « amateurs éclairés » au début du texte, c'est lui à présent qui se montre curieux des clairvoyants. Devenant mutuelle, la curiosité perd son caractère potentiellement réifiant, pour devenir l'essence de ce qui nous lie. Dans un monde qui a perdu ses garanties extérieures, métaphysiques, mais aussi morales – la *Lettre* exprime l'absence d'un fondement moral universel – il demeure la curiosité pour l'expérience de l'autre, et son corollaire, la possibilité de *penser ensemble*. Contrairement à la démarche de Descartes, qui s'essayait à repenser la philosophie à partir de lui-même, il s'agit ici de s'entretenir philosophiquement pour recréer ensemble le réel, en toute urbanité – nous reviendrons sur ce concept.

Le philosophe poursuit :

> Je conclus de là que nous tirons sans doute du concours de nos sens et de nos organes de grands services. Mais ce serait tout autre chose encore si nous

13. Diderot, *Lettre sur les aveugles*, *op. cit.*, p. 84.

> les exercions séparément, et si nous n'en employions jamais deux dans les occasions où le secours d'un seul nous suffirait. Ajouter le toucher à la vue, quand on a assez de ses yeux c'est à deux chevaux, qui sont déjà fort vifs, en atteler un troisième en arbalète qui tire d'un côté, tandis que les autres tirent de l'autre[14].

La réflexion de l'aveugle-né a fait naître un monde possible dans lequel le toucher serait d'une certaine manière autonome. Idée apparemment séduisante pour le philosophe. Mais cette curiosité pour l'expérience de l'altérité est tempérée chez lui par un solide pragmatisme : les sens fonctionnent comme un attelage – on retrouve ici une métaphore platonicienne mais aussi cartésienne – dont il serait mal pratique de modifier l'équilibre. C'est donc une pensée de l'utile qui devient l'aune du jugement, et permet d'échapper à la fois à l'essentialisation de la norme et à la fascination pour l'altérité.

Cette pragmatique se retrouve à l'occasion d'une réflexion sur le beau.

> A force d'étudier par le tact la disposition que nous exigeons entre les parties qui composent un tout, pour l'appeler beau, un aveugle parvient à faire une juste application de ce terme. Mais quand il dit : *cela est beau*, il ne juge pas ; il rapporte seulement le jugement de ceux qui voient : et que font autre chose les trois quarts de ceux qui décident d'une pièce de théâtre, après l'avoir entendue, ou d'un livre, après l'avoir lu ? La beauté, pour un aveugle, n'est qu'un mot, quand elle est séparée de l'utilité ; et avec un organe de moins, combien de choses dont l'utilité lui échappe ![15]

Le philosophe conclut ironiquement : « Les aveugles ne sont-ils pas bien à plaindre de n'estimer beau que ce qui est bon ? Combien de choses admirables perdues pour eux ! » Diderot achève ici de démanteler la triade platonicienne Bon Bien Beau, en résorbant au moyen de l'ironie le beau dans le bon, c'est à dire l'utile. Le Bon n'est d'ailleurs pas essentialisable, car il n'est pas le même pour tous (« Combien de choses dont l'utilité lui échappe ! »). Le point de vue du personnage conceptuel qu'est l'aveugle permet de démonter une notion du beau et d'en marquer la nature conventionnelle. Qu'il s'agisse du Quaker de Voltaire ou des Persans de Montesquieu, on retrouve ici un procédé propre à la pensée critique des Lumières : utiliser un point de vue autre pour relativiser les mœurs et les idées érigées en dogme ou en vérité.

14. *Ibid.*, p. 86.
15. *Ibid.*, p. 80-81.

Ce mécanisme est explicité dans un passage qui concerne cette fois-ci Saunderson, le second aveugle mis en scène par Diderot.

> Saunderson n'eût pas manqué de supposer qu'il règne un rapport géométrique entre les choses et leur usage ; et conséquemment il eût aperçu, en deux ou trois analogies, que sa calotte était faite pour sa tête : il n'y a là aucune forme arbitraire qui tendît à l'égarer. Mais qu'eût-il pensé des angles et de la houppe de son bonnet carré ? A quoi bon cette touffe ? Pourquoi plutôt quatre angles que six ? Se fût-il demandé ; et ces deux modifications, qui sont pour nous une affaire d'ornement, auraient été pour lui la source d'une foule de raisonnements absurdes, ou plutôt l'occasion d'une excellente satire de ce que nous appelons le bon goût[16].

Par ce renversement final, qui ajoute à l'aveugle philosophe la qualité de potentiel satiriste de nos mœurs, Diderot montre que l'on est toujours l'autre de quelqu'un. L'humoristique « A quoi bon cette touffe ? » présente comme absurde la houppe qui orne le bonnet, annonçant déjà que la « foule de raisonnements absurdes » de l'aveugle peut se renverser en satire, selon le mécanisme de l'arroseur arrosé. Par ailleurs, si l'on retrouve ici ce qui peut sembler être une morale de l'utile et une dénonciation des ornements arbitraires, nous verrons ultérieurement que l'utilitarisme de Diderot se complexifie d'une morale de la sensibilité, où ce qui est conventionnellement beau s'oppose à ce qui touche authentiquement. Enfin, on voudrait relever ici, comme on l'a vu d'ailleurs dans les passages précédents, le vocabulaire de l'analogie et de la géométrie, omniprésent au XVIIIe siècle et qui en constitue selon nous l'un des socles épistémologiques.

RAPPORTS, COMBINAISONS, ANALOGIES, OU LA TEXTURE DU COMMUN

C'est par la production d'une analogie créative que l'aveugle du Puiseaux avait pu se rapprocher de l'expérience du clairvoyant. On se rappelle l'éloge que faisait le philosophe de sa capacité à « combiner » finement des idées pour arriver à sa propre notion du miroir. Combinatoire et analogie sont des processus clé pour sauver un monde commun en l'absence de certitude extérieure.

16. *Ibid.*, p. 122.

Saunderson, le second aveugle (athée) évoqué par la *Lettre*, et auquel le philosophe semble vouer une grande admiration, est mathématicien. Diderot, au cours de la *Lettre*, remet en cause les mathématiques, comme quelque chose de « trop au-dessus de nous »[17], de trop abstrait. Le philosophe le laisse, non sans ironie, à l'être suprême. Cependant, le vocabulaire de la géométrie est omniprésent (à l'époque de Diderot, « géométrie » désigne également les mathématiques, comme on le voit dans le passage en question). Ainsi, « L'unité pure et simple est un symbole trop vague et trop général pour nous. »[18] Se trouve ici balayé avec une insolente désinvolture tout un pan du débat théologique d'origine platonicienne, celui qui porte sur l'Un. Ce que nous faisons entre humains, c'est parler, grâce à l'invention des signes du langage.

> Nos sens nous ramènent à des signes plus *analogues* à l'étendue de notre esprit et à la conformation de nos organes. Nous avons même fait en sorte que ces signes pussent être communs entre nous, et qu'ils servîssent, pour ainsi dire, d'entrepôt au commerce mutuel de nos idées[19].

Le langage est un artefact culturel, à notre mesure, qui nous sert à communiquer, c'est à dire éventuellement à nous entretenir philosophiquement.

Par ailleurs, et c'est ici que Diderot se distingue de Condillac comme de Berkeley, les perceptions, comme le langage et la pensée, sont le fruit d'un développement dans le temps, d'un *apprentissage*. À propos du problème de Molyneux, que nous avons évoqué en introduction, le philosophe répond :

> Il faut donc convenir que nous devons apercevoir dans les objets une infinité de choses que l'enfant ni l'aveugle-né n'y aperçoivent point, quoiqu'elles se peignent également au fond de leurs yeux ; que ce n'est pas assez que les objets nous frappent, qu'il faut encore que nous soyons attentifs à leurs impressions ; que, par conséquent, on ne voit rien la première fois que l'on se sert de ses yeux ; qu'on n'est affecté, dans les premiers instants de la vision, que d'une multitude de sensations confuses qui ne se débrouillent qu'avec le temps et par *la réflexion habituelle de ce qui se passe en nous* ; que c'est l'expérience seule qui nous apprend à *comparer* les sensations avec ce qui les occasionne ; que les sensations n'ayant rien qui ressemble essentiellement aux objets, c'est à l'expérience à nous instruire sur des *analogies* qui semblent être de pure institution[20].

17. *Ibid.*, p. 92.
18. *Ibid.*
19. *Ibid.*, nous soulignons.
20. *Ibid.*, les italiques sont les nôtres.

Ce thème de la combinatoire était apparu déjà à propos de l'imagination : « [...] l'imagination d'un aveugle n'est autre que la faculté de se rappeler et de *combiner* des sensations de points palpables, et celle d'un homme qui voit, la faculté de se rappeler et de *combiner* des points visibles ou colorés. »[21]

Le philosophe est celui qui est capable de rendre compte de ces processus de manière fine. Ainsi, affirme le philosophe à propos de l'expérience de Molyneux, « l'expérience doit toujours être censée se faire sur un philosophe, c'est-à-dire sur une personne qui saisisse, dans les questions qu'on lui propose, tout ce que le raisonnement et la condition de ses organes lui permettent d'y apercevoir »[22]. Et plus loin, il faut prémunir le sujet de l'expérience « de connaissances philosophiques qui le rendent capable de comparer les deux conditions par lesquelles il est passé, et de nous informer de la différence de l'état d'un aveugle et de celui d'un homme qui voit »[23]. C'est par sa capacité à mettre en perspective sa propre expérience que l'aveugle devient philosophe. Et Diderot de poursuivre : « Encore une fois, que peut-on attendre de précis de celui qui n'a aucune habitude de réfléchir et de revenir sur lui-même ? »[24]

De même que l'œil doit apprendre à voir, en combinant les sensations et la mémoire et en en tirant des conclusions par le raisonnement, de même la pensée doit se délier, s'affiner, par une dialectique constante de comparaison et de mise à distance. Les processus cognitifs et réflexifs évoqués ici ne sont pas sans rappeler le début de la *Lettre* et l'enthousiasme pour les machines perspectivistes qui étaient évoquées par les philosophes.

> Combien son étonnement [il s'agit ici de l'étonnement de l'aveugle du Puiseaux] dut-il augmenter, quand nous lui apprîmes qu'il y a de ces sortes de machines qui agrandissent les objets ; qu'il y en a d'autres qui, sans les doubler, les déplacent, les rapprochent, les éloignent, les font apercevoir[25].

Plus loin, le philosophe recommandait à sa destinataire de regarder les planches de Descartes dans la *Dioptrique* : « vous y verrez les phénomènes de la vue rapportés à ceux du toucher, et des planches d'optique pleines de figures d'hommes occupés à voir avec des bâtons. » Tracer des perspectives,

21. *Ibid.*, p. 91. Nous soulignons.
22. *Ibid.*, p. 111-112.
23. *Ibid.*, p. 118.
24. *Ibid.*
25. *Ibid.*, p. 82.

c'est à dire mettre à distance autant que mettre en lien, c'est ce que font nos perceptions et nos jugements, et c'est aussi bien ce que fait ce texte de Diderot. « Et toujours des écarts, me direz-vous. Oui madame, c'est la condition de notre traité. »[26]

Le texte de Diderot est finalement un artefact qui opère précisément ce que décrit l'aveugle : il met le réel en relief hors de nous. La pensée expérimentale et imaginative permet de sortir d'une logique du miroir, où la réalité comme la pensée « collent », « adhèrent » à elles-mêmes. Perspectivisme généralisé où il n'y a plus de point fixe, finesse et vitesse de la pensée qui crée des lignes de fuite tout en tissant du commun. Mais s'il est question de point de vue, quel est celui du philosophe, ou plutôt, au sein de cette scénographie perspectiviste, quel est son *ethos* ?

POUR UNE NOUVELLE URBANITÉ, ENTRE PARRHESIA *ET* MÈTIS

L'urbanité est un concept défini par Quintilien dans l'*Institution oratoire*. Le tour de pensée et de manière qu'il décrit serait spécifique à la ville de Rome, d'où son étymologie, de *urbs, urbis* : la ville, Rome étant à l'époque de Quintilien la ville par excellence. Il la définit ainsi, citant lui-même Domitius : « L'*urbanité*, dit-il, *est une certaine perfection de la langue renfermée dans un tour bref et concis, également propre à plaire et à toucher, et qui sert merveilleusement pour l'attaque et pour la défense, suivant ce qu'exige chaque personne et chaque chose.* »[27] Cette définition ne semble pas dans un premier temps s'appliquer au texte de Diderot. Loin d'être « renfermée dans un tour bref et concis », son écriture est au contraire marquée par un art constant de la digression, ce que le philosophe revendiquait lui-même, on l'a vu, par le terme d'« écarts ». Par ailleurs, il ne s'agit pas dans la *Lettre* de « plaire », mais plutôt d'exercer un mélange de franc-parler (*parrhesia*) et de séduction (*mètis*). L'urbanité, poursuit Quintilien, sert « merveilleusement pour l'attaque et pour la défense, suivant ce qu'exige chaque personne et chaque chose ». On pourrait se sentir ici plus proches de l'*ethos* diderotien dans le texte qui nous occupe. Il s'agit bien d'attaquer, et rien moins que la

26. *Ibid.*, p. 119.
27. Quintilien, *Institution oratoire, LIV. VI.*

croyance dans une réalité et une morale partagées, garanties par l'existence de Dieu et par l'existence en nous d'une conscience immatérielle (la syndérèse chrétienne, partie « divine » de l'âme humaine). Le terme de « défense » semble également adéquat, puisque Diderot, pour exercer son attaque philosophique, se retranche derrière les discours des deux aveugles que sont l'aveugle du Puiseaux et Saunderson, que l'on avait qualifiés de personnages conceptuels. Ce n'est pas le philosophe mais bien Saunderson qui, sur son lit de mort, déclare avec regret qu'il ne peut souscrire à la foi, et que pour lui la nature est « une succession de formes éphémères qui se poussent et bientôt disparaissent »[28]. La *mètis* (la ruse) consiste à placer la *parrhesia* (le franc-parler) du côté de l'aveugle, qui n'est pas sans parenté avec les figures grecques de la liberté de parole et de pensée. On notera la présence en toutes lettres de Diogène le cynique dans le texte : ainsi, à propos de l'absence de pudeur de l'aveugle du Puiseaux, qui n'en voit pas l'utilité, le philosophe affirme : « Diogène n'aurait point été pour lui un philosophe. »[29] Ce qui peut se renverser en : tous les aveugles sont des philosophes cyniques potentiels, potentiellement nus dans un tonneau, c'est à dire étrangers aux usages qui ne servent que d'affectation de vertu[30]. Autre notation intéressante, l'aveugle du Puiseaux est hermétique à l'intimidation des autorités. Si l'aveugle a eu affaire à la police, le philosophe note que « Les signes extérieurs de la puissance, qui nous affectent si vivement, n'en imposent point aux aveugles. Le nôtre comparut devant le magistrat comme devant son semblable »[31]. Enfin, Sauderson, malgré son athéisme, n'a rien à envier aux clairvoyants : « Ils ont des yeux, dont Saunderson était privé ; mais Saunderson avait une pureté de mœurs et une ingénuité de caractère qui leur manquent. Aussi ils vivent en aveugles, et Sauderson meurt comme s'il eût vu. »[32] Ce retournement quasi-pascalien désigne dans un style presque prédicatoire de quel côté se loge la vertu véritable.

28. Cité par Antoine Adam, « Introduction » à la *Lettre sur les aveugles*, *op. cit.* p. 22.

29. *Ibid.*, p. 87.

30. « La *parrêsia* philosophique de Diogène consiste essentiellement à se montrer dans sa nudité naturelle, hors de toutes les conventions et hors de toutes les lois artificiellement imposées par la cité. » Michel Foucault, *Le Gouvernement de soi et des autres*, Paris, Gallimard, Seuil, p. 265.

31. Diderot, *Lettre sur les aveugles*, *op. cit.*, p. 84.

32. *Ibid.*, p. 106.

Mais poursuivons avec la définition de Quintilien : « suivant ce qu'exige chaque personne et chaque chose » invoque la notion de convenance. La « convenance », au sens commun de l'adjectif, n'est pas la qualité première de ce texte, dont on a souligné le caractère leste de certaines apostrophes à l'interlocutrice, relayé par des commentaires qui peuvent sembler déplacés sur la vie conjugale des aveugles[33], dont on a souligné également l'insolente désinvolture et le caractère satirique. Mais qu'en est-il de la convenance interne, ou plutôt de l'adéquation du discours à la situation ? Attaque et défense semblent appropriées à un contexte dans lequel le pouvoir est encore absolu, adossé à la foi chrétienne et au pouvoir séculier de l'institution religieuse, où la liberté d'expression est loin d'être un droit acquis, et où le lecteur n'est pas nécessairement – pas encore – philosophe. Si l'on prend en considération le fait que la destinataire de la *Lettre* modélise en creux la position du lecteur, on comprendra peut-être mieux la stratégie de Diderot. L'incipit nous fait comprendre qu'elle fait partie des « amateurs éclairés », curieux de science. C'est un bon début, mais cet intérêt peut risquer de se limiter à une curiosité mondaine, à un effet de mode, à un « spectacle ». D'où les pointes contre le beau conventionnel, le bon goût, les ornements, tout ce qui peut nous maintenir à la surface des choses et nous empêcher de philosopher. Mais en même temps Diderot doit capter l'intérêt de son lectorat, et le texte se fait brillant, séducteur, conducteur d'affects. Diderot met en scène émotions, surprises, enthousiasme, que ce soit celles de la petite équipée de philosophe allant interroger l'aveugle du Puiseaux (par exemple : « Cette réponse nous fit tomber des nues ; et tandis que nous nous entre-regardions avec admiration » p. 82), ou celle du philosophe face à Saunderson (Par exemple : « Mais ne nous éloignons plus de Saunderson, et suivons cet homme extraordinaire jusqu'au tombeau. »[34]). Le philosophe promettait, pour dédommager son interlocutrice du spectacle de l'opération de la cataracte, un autre « spectacle », celui des entretiens. Celui-ci doit donc se conformer à ce que l'on attend d'un spectacle : de la mise en

33. « Le poli des corps n'a guère moins de nuances pour lui que le son de la voix, et il n'y aurait pas à craindre qu'il prît sa femme pour une autre, à moins qu'il n'y gagnât au change. Il y a cependant bien de l'apparence que les femmes seraient communes chez un peuple d'aveugles, ou que leurs lois contre l'adultère seraient bien rigoureuses. Il serait si facile aux femmes de tromper leurs maris, en convenant d'un signe avec leurs amants. » Diderot, *Lettre sur les aveugles, op. cit.*, p. 85.

34. *Ibid.*, p. 102.

scène, de l'intérêt, du piquant, de la surprise. D'où un double positionnement : Diderot malmène son lecteur à la manière des cyniques grecs, par son insolence ; tout en même temps il le séduit, par son brio. La fin de la *Lettre* est révélatrice à cet égard. Elle se termine en effet par une profession de foi sceptique, invoquant Montaigne, qui vient frapper de nullité tout ce qui a été dit auparavant.

> Hélas ! madame, quand on a mis les connaissances humaines dans la balance de Montaigne, on n'est pas éloigné de prendre sa devise. Car, que savons-nous ? [...] Nous ne savons donc presque rien ; cependant combien d'écrits dont les auteurs ont tous prétendu savoir quelque chose ! Je ne devine pas pourquoi le monde ne s'ennuie point de lire et de ne rien apprendre, à moins que ce ne soit par la même raison qu'il y a deux heures que j'ai l'honneur de vous entretenir, sans m'ennuyer et sans vous rien dire. Je suis avec un profond respect, Madame, Votre très humble et très obéissant serviteur, ***[35].

Ce passage, marqué par un trope déceptif, peut apparaître de plusieurs manières : comme une provocation, éventuellement insultante pour la destinataire et le lecteur, qui viennent de passer du temps à lire pour s'entendre dire que l'interlocuteur retire tout ce qu'il a dit. Les formules de « profond respect » clôturant la lettre ne viennent ici que souligner l'ironie. Il y a là une forme d'agressivité envers l'interlocuteur, la même selon nous que l'on trouvait dans les allusions que l'on peut qualifier de galantes. En effet, les allusions sexuelles à une femme qui ne peut pas répondre, tout comme ce retrait final qui vient frustrer l'interlocutrice de la jouissance promise, dessinent une forme d'éducation à la philosophie que nous avions qualifiée à dessein de pédagogie dans le boudoir. Il peut également s'agir de prudence, dans la mesure où les thèses avancées sentent quand même fortement le fagot, et où donc un aveu final de l'impuissance de notre entendement peut venir sinon dédouaner, du moins en atténuer la portée – dans une sorte d'épanorthose inversée. Enfin, on peut prendre au sérieux la référence à Montaigne : dans un monde où rien n'est fixe, l'exercice de la pensée et de l'écriture constitue une pratique de soi qui a sa justification en elle-même, son partage permettant la mise en scène d'une pensée en acte apte à produire du commun. Elle peut mettre l'autre en mouvement, l'inciter à lui aussi tenter d'épouser les contours de son expérience, bref à philosopher. Si l'adage de Voltaire, selon

35. *Ibid.*, p. 124.

qui « quiconque pense fait penser »[36] est exact, le texte de la *Lettre* vise aussi à produire des interlocuteurs potentiels, qui pourront s'exercer à leur tour au doux commerce du penser ensemble, dans un idéal enfin reconquis d'urbanité. Cet horizon qui peut paraître comme utopique est confirmé par les *Additions à la lettre sur les aveugles*, écrites une trentaine d'années plus tard, et sur lesquelles nous reviendrons en dernière partie.

Mais dans cette première partie, le concept d'urbanité demanderait à être gauchi, ou plutôt pris dans un sens littéral : l'urbanité, c'est aussi un art de la navigation qui s'acquiert quand on quitte sa province et que l'on se dégourdit au contact de la ville. Il prendrait un nouveau sens : le sens propre d'un philosophe des villes rompu à la débrouillardise, à l'adaptation, à la ruse, à l'attaque et à la défense nécessaires dans un monde qui n'est pas donné d'emblée. Portrait du jeune Diderot en nouveau Jacob[37], « monté à Paris » depuis sa province de Langres en 1728, qui entre 1736 et 1740 vit d'expédients, accumulant les petits emplois pour lesquels il n'est pas qualifié – il enseigne les mathématiques sans les maîtriser, fait, nous rapporte Antoine Adam[38], des sermons pour des prédicateurs sans maîtriser l'éloquence, invente des stratagèmes pour obtenir de l'argent de ses parents, se fait interner de force par sa famille dans un monastère en 1743 après avoir annoncé son intention d'épouser Antoinette Champion, s'en évade, se réfugie à Paris où il connait la misère, se marie en secret… Son père fabrique des couteaux, et le jeune Diderot a dû apprendre à forger ses armes pour faire son chemin dans la capitale et les milieux intellectuels. Ces techniques sont aussi bien celles de la *mètis*, que Marcel Detienne et Jean-Pierre Vernant définissent ainsi :

> La mètis est bien une forme d'intelligence et de pensée, un mode du connaître ; elle implique un ensemble complexe, mais très cohérent, d'attitudes mentales, de comportements intellectuels qui combinent le flair, la sagacité, la prévision, la souplesse d'esprit, la feinte, la débrouillardise, l'attention vigilante, le sens de l'opportunité, des habiletés diverses, une expérience longuement acquise ; elle s'applique à des réalités fugaces, mouvantes, décon-

36. *Voltaire, Fragments sur l'Histoire, in Œuvres complètes*, Vol. XVIII, Paris Hachette, 1860, p. 266.

37. Nous faisons allusion ici au *Paysan parvenu*, paru en 1735, de Marivaux, qui met en scène les aventures d'un jeune homme à la fois naïf et rusé, parfaitement débrouillard, qui apprend à naviguer les complexités de la vie parisienne avec un certain brio tout en restant éminemment sympathique pour ses qualités de franc-parler et de finesse d'observation, dans lesquelles il se moque volontiers de sa propre naïveté.

38. Diderot, *Lettre sur les aveugles*, *op. cit.*, p. 7.

> certantes et ambigües, qui ne se prêtent ni à la mesure précise, ni au calcul exact, ni au raisonnement rigoureux.

Et plus loin,

> L'individu doué de mètis [...] lorsqu'il est confronté à une réalité multiple, changeante [...] ne peut la dominer, c'est-à-dire l'enclore dans la limite d'une forme unique et fixe, sur laquelle il a prise, qu'en se montrant lui-même plus multiple, plus mobile, plus polyvalent encore que son adversaire[39].

Cette attitude se retrouve dans l'écriture de Diderot, qui implique la pointe, la satire, le déplacement et la dissimulation. La *mètis* est nécessaire dans la mesure où le danger de la *parrhesia* est bien réel. Au lendemain de la publication de la *Lettre*, Diderot sera emprisonné pour trois mois à Vincennes.

Cela ne l'empêche pas de rêver à une nouvelle urbanité, une urbanité de l'avenir, dans une société de philosophes. Une urbanité qui ne serait plus réservée à la cour et son univers fermé (l'urbanité est un concept présent dans les définitions de l'honnête homme et de l'art de la conversation si importante dans les milieux aristocratiques à l'orée des Lumières), et qui pourrait se passer des armes de la critique et du combat – c'est à dire autant de la *parrhesia* et de ses risques que de la *mètis* et de ses ruses[40]. Celle-ci, qui apparaît dans les *Additions*, se base alors sur le partage des affinités, une véritable rencontre de l'autre, et une résonance des sensibilités.

« LE PLUS PROFOND DANS L'HOMME, C'EST LA PEAU » (PAUL VALÉRY) : DEVENIR SENSIBLE

Une trentaine d'années après la parution de la *Lettre sur les aveugles*, Diderot en rédige une addition, publiée dans les *Correspondances littéraires* en 1782. Elle ne rejoindra la *Lettre* initiale en volume qu'au XXe siècle, sous le titre, *Additions à la lettre sur les aveugles*. Dans cette addition, le philosophe présente sa rencontre avec une jeune fille aveugle, Mlle Mélanie de Salignac.

39. Marcel Detienne et Jean-Pierre Vernant, *Les ruses de l'intelligence, la mètis des Grecs*, Paris, Flammarion, 1974, p. 10-11.

40. À noter que l'on trouvera chez le dernier Diderot une réflexion sur la notion de *prudentia*, qui peut recouper la « catégorie mentale » qu'est la *mètis*. Voir à ce sujet Esra Arici, *Imaginaires de l'Antiquité (1770-1800), Résurgences et effacements*, Paris, Le Manuscrit, 2013, p. 50-60.

L'auteur précise que cette rencontre a donné lieu à un véritable « commerce d'intimité qui a commencé avec elle et avec sa famille en 1760, et qui a duré jusqu'en 1765, l'année de sa mort »[41]. La tonalité des additions est très différente de celle de la *Lettre*. D'une part la vie et les capacités de cette jeune femme aveugle sont présentées de manière descriptive et peu commentées par le philosophe, comme s'il laissait cette fois aux faits le soin de parler pour eux-mêmes. Par ailleurs, une très large place est laissée aux propos de la jeune femme, rapportés par le philosophe. Ces propos sont insérés la plupart du temps dans un dialogue avec ce dernier, des dialogues simples dans lequel le philosophe pose des questions concises et rapporte les réponses plus développées de la jeune femme, sans la plupart du temps les commenter. La sobriété de la mise en scène laisse apparaître l'affection du philosophe pour la jeune fille, et se produit dans les derniers moments du dialogue une véritable résonance des sensibilités. L'aveugle ne semble plus être ici un personnage conceptuel servant des fins philosophiques, mais une vraie personne, véritablement rencontrée, et présentée par Diderot comme un modèle d'intelligence et de délicatesse. Le philosophe se fait ici témoin, et rapporteur discret d'une existence digne d'être connue. Ainsi termine-t-il les *Additions* :

> Je ne vous ai pas dit, sur cette jeune aveugle, tout ce que j'en aurais pu observer en la fréquentant davantage et en l'interrogeant avec du génie ; mais je vous donne ma parole d'honneur que je ne vous en ai rien dit que d'après mon expérience[42].

C'est, plus que le génie du philosophe, la fiabilité du témoignage qui est mise en avant. Il conclut :

> Elle mourut, âgée de vingt-deux ans. Avec une mémoire immense et une pénétration égale à sa mémoire, quel chemin n'aurait-elle pas fait dans les sciences, si des jours plus longs lui avaient été accordés ! Sa mère lui lisait l'histoire, et c'était une fonction également utile et agréable pour l'une et l'autre[43].

On a ici une manière d'éloge funèbre, on note ici la sobriété de la première phrase, puis le développement encomiastique, qui se termine sur le tableau touchant de la mère et la fille lisant et écoutant l'histoire. Tableau de la trans-

41. Diderot, *Lettre sur les aveugles*, *op. cit.*, p. 129.
42. *Ibid.*, p. 137.
43. *Ibid.*

mission du savoir, selon les valeurs de l'utile et de l'agréable, entre personnes douces et parfaitement urbaines.

Ce texte ne pratique plus les procédés de la défense et de l'attaque, mais plutôt de l'harmonie, au sens musical. Ainsi lorsqu'il est question de la délicatesse de la peau, thème qui avait déjà été évoqué à propos de Saunderson :

> Saunderson voyait donc par la peau ; cette enveloppe était donc en lui d'une sensibilité si exquise, qu'on peut assurer qu'avec un peu d'habitude, il serait parvenu à reconnaître un de ses amis dont un dessinateur lui aurait tracé le portrait dans la main [...] Il y a donc aussi une peinture pour les aveugles, celle à qui leur propre peau servirait de toile[44].

Le philosophe, un peu plus loin, fait une distinction importante ; il oppose « la mémoire de la manière dont on est affecté par des choses que l'on sent, et celle dont on est affecté par les choses que l'on s'est contenté de voir et d'admirer ». Il y a une profondeur du sentir, qui résonne dans les *Additions* avec la capacité de toucher et d'être touché, au sens propre comme au sens figuré[45].

On retrouve cette mise en parallèle de l'œil et de la peau dans l'entretien avec la jeune fille. Ce sont ses paroles à elle qui sont cette fois-ci rapportées :

> Si vous aviez tracé sur ma main, avec un stylet, un nez, une bouche, un homme, une femme, un arbre, certainement je ne m'y tromperais pas ; je ne désespèrerais pas même, si le trait était exact, de reconnaître la personne dont vous m'auriez fait l'image : ma main deviendrait pour moi un miroir sensible. [...] Je suppose donc que l'œil soit une toile vivante d'une délicatesse infinie ; l'air frappe l'objet, de cet objet il est réfléchi vers l'œil, qui en reçoit une infinité d'impressions diverses selon la nature, la forme, la couleur de l'objet et peut-être les qualités de l'air qui me sont inconnues et que vous ne connaissez pas plus que moi ; et c'est par la variété de ces sensations qu'il vous est peint. [...] Si la peau de ma main égalait la délicatesse de vos yeux, je verrais par ma main comme vous voyez par vos yeux[46].

44. *Ibid.*, p. 102.

45. Sur la question du toucher au XVIIIe siècle, y compris chez Diderot, voir aussi Aurélia Gaillard, « Le toucher des Lumières : toucher, être touché au croisement des sciences et des arts », in Géraldine Puccini (dir.), *Le Débat des cinq sens de l'Antiquité à nos jours, Eidôlon*, no 109, Presses Universitaires de Bordeaux, 2014 ; « Approches croisées des disciplines (art, science, littérature, philosophie) : la question du toucher des Lumières », *Dix-huitième Siècle*, no 46, 2014, p. 309-322 ; « Connaître sans savoir : esthétique de l'émotion et *mimèsis* au siècle des Lumières », in A. Gefen et B. Vouilloux (éd.), *Empathie et esthétique*, Paris, Hermann, 2013, p. 311-327.

46. Diderot, *Lettre sur les aveugles*, *op. cit.*, p. 136.

Le philosophe se contente de relancer le dialogue par des questions brèves : (« – Et le miroir ? ») pour finir, répondant à son affirmation pleine de modestie (« Au reste ne m'en demandez plus rien, je ne suis pas plus savante que cela ») par affirmer la supériorité de la jeune fille sur ses propres capacités de philosophe « – Et je me donnerais bien de la peine inutile pour vous en apprendre davantage »[47]. La sensibilité et la pertinence de la jeune femme forcent à l'humilité et à la modestie, et produisent un effacement du philosophe derrière ses propos à elle. Il semble qu'ici soit réalisé le rêve d'une nouvelle urbanité philosophique, un penser ensemble qui ne requiert plus la *mètis*. Il n'y a plus à mettre en scène et en œuvre une pédagogie, dans la mesure où l'interlocutrice est elle-même le modèle d'une pensée déliée, à la fois analytique et sensible. Ses qualités sont évoquées par le philosophe de manière explicite : « Elle avait un grand fond de raison, une douceur charmante, une finesse peu commune dans les idées, et de la naïveté »[48] ; « Elle était passionnée pour la lecture et folle de musique. »[49] « Elle disait qu'il n'y avait que les qualités du cœur et de l'esprit qui fussent à redouter pour elle »[50] ; « De toutes les qualités, c'était le jugement sain, la douceur et la gaîté qu'elle prisait le plus. »[51] « Elle ne me pardonnait pas d'avoir écrit que les aveugles, privés des symptômes de la souffrance, devaient être cruels. »[52] « Quelles étaient ses opinions religieuses ? Je les ignore ; c'est un secret qu'elle gardait par respect pour une mère pieuse. »[53]

On pourrait convoquer ici des éléments que donne Jaucourt sur la notion d'urbanité dans l'*Encyclopédie* :

> URBANITÉ ROMAINE, (*Hist. rom.*) ce mot désignait la *politesse* de langage, de l'esprit & des manières, attachée singulièrement à la ville de Rome.
>
> Il paraît d'abord étrange que le mot *urbanité* ait eu tant de peine à s'établir dans notre langue [...] il est vraisemblable que les François qui examinent rarement les choses à fond, n'ont pas jugé ce mot fort nécessaire, ils ont cru

47. *Ibid.*, p. 137.
48. *Ibid.*, p. 130.
49. *Ibid.*, p. 131.
50. Au sens où elles peuvent seules la séduire.
51. *Ibid.*, p. 133.
52. *Ibid.*, p. 131.
53. L'évocation du respect pour une mère pieuse semble bien signaler que la jeune fille est à compter au rang des libres penseurs.

> que leurs termes *politesse* & *galanterie* renfermaient tout ce que l'on entend par *urbanité* ; en quoi ils se sont fort trompés, le terme d'*urbanité* désignant non seulement beaucoup plus, mais quelquefois toute autre chose, [...]. Quintilien & Horace en donnent l'idée juste, lorsqu'ils la définissent un goût délicat pris dans le commerce des gens de lettres, & qui n'a rien dans le geste, dans la prononciation, dans les termes de choquant, d'affecté, de bas & de provincial. Ainsi le mot *urbanité* qui d'abord n'était affecté qu'au langage poli, a passé au caractère de politesse qui se fait remarquer dans l'esprit, dans l'air, & dans toutes les manières d'une personne, & il a répondu à ce que les Grecs appelaient ἤθη, *mores.*
>
> Il en est de cette *urbanité* comme de toutes les autres qualités ; pour être éminentes, elles veulent du naturel & de l'acquis. Cette qualité prise dans le sens de politesse & de mœurs, d'esprit & de manières, ne peut, de même que celle du langage, être inspirée que par une bonne éducation, & dans le soin qui y succède. [...] Quelque bonne éducation que l'on ait eue, pour peu que l'on cesse de cultiver son esprit & ses mœurs par des réflexions & par le commerce des honnêtes gens de la ville & de la cour, on retombe bientôt dans la grossièreté.
>
> [...] Entre les défauts qui lui sont opposés, le principal est une envie marquée de faire paraître ce caractère d'*urbanité*, parce que cette affectation même la détruit.
>
> Pour me recueillir en peu de paroles, je crois que la bonne éducation perfectionnée par l'usage du grand monde, un goût fin, une érudition fleurie, le commerce des savants, l'étude des lettres, la pureté du langage, une prononciation délicate, un raisonnement exact, des manières nobles, un air honnête, & un geste propre, constituaient tous les caractères de l'*urbanité romaine. (D. J.)*[54]

La jeune fille rencontrée par Diderot a tous les caractères de l'urbanité, et l'on peut voir ce concept comme un concept prospectif définissant un idéal à l'horizon des Lumières. Il rejoindrait alors le cosmopolitisme de Kant[55], une fois accomplie la démocratisation de l'éducation, et l'émancipation dont parle l'auteur dans son autre texte *Qu'est-ce que les Lumières*. Il diffuse l'idée d'une forme de douceur et de politesse apprises et entretenues par la culture de soi et faisant l'objet d'un apprentissage constant. Il ne s'agit pas d'une question de naissance, et il s'agit d'une faculté à entretenir : « [...] pour peu

54. *L'Encyclopédie*, Vol. XVII, p. 487-488. Édition numérique : http://enccre.academie-sciences.fr/encyclopedie/article/v17-965-0/ Dernière consultation le 17 juillet 2023.

55. Voir l'*Idée d'une histoire universelle au point de vue cosmopolitique,* Paris, Nathan, 1994.

que l'on cesse de cultiver son esprit & ses mœurs par des réflexions & par le commerce des honnêtes gens de la ville & de la cour, on retombe bientôt dans la grossièreté. » Jean Dagen remarquait, à propos de la galanterie que « dans cette désinvolture contrôlée, cette gaieté sans indulgence, cette subtilité sans fausse profondeur [...] nous reconnaissons les outils et les armes de ce que, pour l'opposer à la barbarie, on commence à nommer civilisation »[56]. Cette galanterie « sévère en son fond, affiche une sérénité joyeuse. Elle se contente de dissoudre dans une dérision sans amertume les formes récurrentes et nouvelles de la barbarie : métaphysique, pathos, libertinage doctrinaire »[57]. On voit que, sous la plume de Jaucourt, l'urbanité va plus loin que la galanterie, pour finir par s'égaler au terme grec d'éthè (éthos au pluriel), traduit en latin par *mores*. Par ailleurs Kant, dans son ouvrage, critiquait la notion même de civilisation comme superficielle. On peut ainsi lire dans la septième proposition : « Si en effet l'idée de la moralité appartient bien à la culture, en revanche l'usage de cette idée, qui aboutit seulement à une apparence de moralité dans l'honneur et la bienséance extérieure, constitue seulement la civilisation. »[58] Que faire pour que la civilisation ne soit pas seulement un vernis masquant une incapacité à considérer l'autre comme vraiment mon semblable ? Il semble que l'urbanité remplisse ici la fonction de maillon vers la possibilité du cosmopolitisme. Urbanité aux deux sens, capacité de défense et d'attaque rusée dans un contexte où la philosophie n'a pas encore triomphé ; capacité de raisonner par résonnance avec l'autre quand il a acquis finesse de pensée et délicatesse. On notera enfin que c'est sur la notion de respect que Kant appuiera la morale dans les *Fondements de la métaphysique des mœurs*, parue en 1785.

La sensibilité et la pénétration de la jeune fille lui permettent d'émettre des jugements sur Diderot lui-même, rapportés à leur tour par le philosophe :

> Vous pensiez juste lorsque vous assuriez de la musique que c'est le plus violent des beaux-arts, sans en excepter ni la poésie ni l'éloquence ; que Racine même ne s'exprimait pas avec la délicatesse d'une harpe ; que sa mélodie était lourde et monotone en comparaison de celle de l'instrument, et que vous aviez souvent désiré de donner à votre style la force et la légèreté des tons de Bach[59].

56. Jean Dagen, Préface de Crébillon, *La Nuit et le Moment : Le Hasard du coin du feu*, Flammarion, 1993, p. 26.

57. *Ibid.*

58. Kant, *Idée d'une histoire universelle*, *op. cit.*, p. 42.

59. Diderot, *Lettre sur les aveugles*, *op. cit.*, p. 131.

Il ne s'agit plus de se défendre, mais de laisser à l'autre la possibilité de me voir, de me tendre ce « miroir sensible » évoqué ailleurs par la jeune fille. Le modèle devient alors musical, celui de la fugue de Bach, un texte dans lequel les voix reprennent le même thème et qui fonctionne en contrepoint. Non plus spectacle, dont on avait vu les ambiguïtés et ambivalences, mais musique harmonique du *penser ensemble*.

Isabelle Mullet-Blandin
IHRIM
im343@nyu.edu

LES FILS NATURELS DE DORVAL ET DE GRANDISON : LES LEÇONS DE LA RÉÉCRITURE

DIDEROT ENTRE GOLDONI ET RICHARDSON

On connaît l'accusation de plagiat qui a marqué la première réception critique du *Fils naturel*. La reprise par Diderot d'*Il vero amico* de Goldoni est si flagrante qu'elle a longtemps occulté la présence d'un autre hypotexte, dont la réécriture régit non seulement la pièce elle-même mais la poétique du drame qui l'accompagne et la sous-tend. Plusieurs indices permettent en effet de considérer que le choix fait par Diderot de ce qu'il considère comme une « farce » pour servir de base à sa première expérimentation dramaturgique a été motivé par la compatibilité entre l'intrigue de la pièce goldonienne et celle du dernier roman de Richardson, l'*Histoire de sir Charles Grandison*, lu très tôt par le cercle encyclopédiste dans une obscure traduction suisse parue dès la fin 1755[1].

Le projet d'effacement des frontières génériques porté par la poétique diderotienne du drame rendait en effet particulièrement intéressant cet exercice de « transmodalisation » à hypotextes multiples, et l'on peut considérer qu'aux trois versions du *Fils naturel* esquissées par Dorval *in praesentia* dans les *Entretiens* (« La pièce dont nous nous sommes entretenus a presque été faite dans les trois genres »), correspond, *in absentia*, dans la pièce elle-même, un travail hypertextuel de superposition de « sources ». Il se serait alors agi pour Diderot d'interpréter le schéma amoureux de la comédie de Goldoni dans « le genre grave », d'en magnifier les acteurs et les enjeux en

1. Traduction de Gaspard-Joël Monod, Göttingue et Leide, Elie Luzac, Fils, 1756, VII vol. Toutes nos citations renvoient à cette édition. Voir S. Charles, « Les mystères d'une lecture : quand et comment Diderot a-t-il lu Richardson ? », *Recherches sur Diderot et sur l'Encyclopédie*, n° 45 (2010), p. 23-39.

recourant au roman épistolaire de Richardson dont le héros éponyme est un homme à la stature morale exceptionnelle, pris entre deux femmes : Clémentine, une Italienne, catholique, déjà promise au comte de Belvedere, et pourtant littéralement folle d'amour pour le héros, et Harriet, libre, tolérante et raisonnable. Grandison finira par épouser la seconde, mais veillera à soulager les souffrances de la première en la conduisant à transformer son amour passionnel en une affection fraternelle et en la ramenant de la sorte vers son prétendant légitime.

Nous voyons ainsi, dans *Le Fils naturel*, Florinde, le héros goldonien fidèle en amitié, transformé en un Dorval/Grandison, figure du bienfaiteur universel. Lélio, son ami, le prétendant de Rosaure, intéressé par la fortune de son père, devient un Clairville/Belvedere, amoureux discret et désintéressé. L'inconstante Rosaure est remplacée par Rosalie, une impressionnable ingénue, une fragile Clémentine incapable de dominer ses émotions. Enfin, Béatrice, la grotesque tante de Lélio, dont l'amour sert à Florinde de simple prétexte pour ramener Rosaure vers Lélio, se métamorphose en une Constance/Harriet, femme supérieure, compagne idéale d'un héros philosophe, être d'exception unanimement adulé.

Cette glorification du personnage principal ouvre sur l'exploitation d'une nouvelle problématique portée par une série de traits propres au héros richardsonien. Dorval, « fils naturel », est torturé dans sa filiation comme Grandison, qui a, pour sa part, été rejeté par un père adultère et envoyé à l'étranger, loin de sa famille. Après la mort de son père, ce fils banni se comportera en un frère modèle, partageant généreusement son héritage avec ses sœurs. En offrant sa fortune à Rosalie, Dorval répète le geste magnanime de son modèle anglais. Les deux femmes amoureuses de Dorval, comme les deux femmes amoureuses de Grandison, sont, l'une, très jeune et passionnée, incapable, malgré son sens moral, d'assumer l'interdit, et l'autre, un peu moins jeune et surtout beaucoup plus réfléchie et raisonnable. Le choix de cette femme aux hautes qualités morales s'impose au héros, et le rôle formateur qu'elle doit jouer par rapport à sa jeune rivale est lui aussi directement tiré du roman anglais. Enfin, le choix d'un dénouement radicalement différent de celui de Goldoni, à savoir la découverte du lien familial qui unit Dorval et Rosalie, est en cohérence avec cette même démarche : un substrat dramaturgique conventionnel investi d'une dimension « compatible » avec la problématique richardsonienne de la concorde des âmes supérieures. En optant pour une scène de reconnaissance qui fait de Rosalie la sœur de Dorval dans le sens littéral du terme, Diderot la rapproche de Clémentine, qui apprend progressivement à renoncer à sa passion interdite et à se considérer comme la sœur d'élection de sir Charles Grandison, puis de son épouse Harriet.

Si le parallèle entre les configurations amoureuses traitées par Richardson et par Diderot n'a pas pu être envisagé, c'est d'abord parce que, à cette date, les lecteurs français ignoraient, dans leur grande majorité, l'existence de ce roman et de toute façon ne connaissaient pas sa traduction intégrale. Prévost n'avait alors publié que les deux premiers volumes de ses *Nouvelles lettres anglaises, ou Histoire du chevalier Grandisson*[2]. Or, pour s'apercevoir des liens qui unissent *Grandison* et *Le Fils naturel*, il fallait connaître en entier ce que Diderot appelait « l'épisode de Clémentine ». Ce dernier ne sera publié dans la célèbre traduction-adaptation de Prévost qu'en 1758, autrement dit, *après* la parution du texte de Diderot. À plus long terme, cet argument chronologique aura aussi suffi pour freiner toute intuition allant dans ce sens chez les historiens de la littérature, qui croyaient jusqu'à une date récente que Diderot n'avait pu lire alors *Grandison* que dans la traduction qu'avait faite Prévost des deux premiers volumes.

Cependant, l'identification, dans *De la Poésie dramatique*, d'une citation tirée du roman anglais dans la traduction du pasteur suisse Gaspard-Joël Monod[3], montre non seulement la fréquentation précoce par Diderot de la version intégrale de Monod, mais aussi, et surtout, le lien établi dans son esprit entre le roman richardsonien et le théâtre. La citation d'une réplique de Clémentine, l'héroïne italienne de *Grandison,* s'y enchaîne en effet à des répliques tirées de Racine (*Phèdre* et *Iphigénie*), nous prouvant que Diderot n'a pas attendu 1762, date de la parution de son *Éloge de Richardson*, pour reconnaître dans *Pamela*, *Clarisse* et *Grandison* « trois grands drames », et pour en tirer les principes d'une dramaturgie nouvelle. Dans l'« espèce de roman » qu'était pour lui *Le Fils naturel* (autrement dit, la pièce encadrée, en amont, par l'histoire des événements qui ont permis au narrateur de la connaître et, en aval, par ses entretiens avec Dorval sur sa poétique), il est ainsi devenu possible de lire à la fois une réécriture de *Grandison*, et un dialogue

2. Amsterdam, 1755. Prévost écrit « Grandisson » et c'est cette orthographe qui sera généralement reprise par ses contemporains.

3. « *Ma mère était une bonne mère ; mais elle s'en est allée, ou je m'en suis allée. Je ne sais lequel* » (DPV. X : 394, *G,* IV : 75).

avec Richardson « romancier dramatique »[4] – la transition étant assurée par la conception d'un personnage-auteur, Dorval, qui partage à la fois les qualités et les choix moraux exceptionnels du héros romanesque anglais et la réflexion esthétique inspirée par le créateur de ce dernier[5].

Mais cette dimension hypertextuelle complexe resta-t-elle vraiment ignorée des lecteurs de Diderot tout au long du dix-huitième siècle ? Deux pièces prouvent explicitement le contraire et, tout en confortant nos hypothèses sur la présence de Richardson dans *Le Fils naturel*, mettent aussi en lumière l'effet rétrospectif de l'*Éloge de Richardson* sur la réception et la fortune de la pièce : l'étroite association qui se construit, à partir des années 1760, entre la poétique richardsonienne – telle qu'elle est précocement interprétée par Diderot dans *Le Fils naturel* – et les pratiques nouvelles du théâtre. Enfin, un singulier effet de retour sur le destin du roman richardsonien lui-même n'est pas à exclure : c'est le rôle qu'a pu jouer la lecture diderotienne de *Grandison* dans le dénouement apocryphe que donnera Prévost au roman anglais, quand, un an après la parution du *Fils naturel*, il publiera la suite de sa célèbre adaptation…

LES AVATARS DRAMATIQUES DU FILS NATUREL

Nous observerons ici le cas de deux hypertextes générés par *Le Fils naturel* dans les décennies qui suivent sa parution. Il s'agit de *Gésoncour et Clémentine*, « tragédie bourgeoise » en cinq actes, en prose, de Jean-François de Bastide (1766)[6], d'une part, et de *Clémentine et Désormes*, « drame » en cinq actes, en prose, de Jacques-Marie Boutet de Monvel (1780)[7], d'autre part.

4. Voir Ira Konigsberg, *Samuel Richardson & the Dramatic Novel*, Lexington, University of Kentucky Press, 1968, puis Mark Kinkead-Weekes, *Samuel Richardson: Dramatic Novelist*, London, Methuen, 1973.

5. Voir S. Charles, « Du roman au drame : *Grandison* et *Le Fils naturel* », *Eighteenth-Century Fiction*, vol. 24, n° 4 (2012), p. 549-565 et « Richardson et Moi : du *Fils naturel* à l'*Éloge de Richardson* », *Recherches sur Diderot et sur l'Encyclopédie*, n° 57 (2022), p. 231-244.

6. Représentée pour la première fois par les comédiens ordinaires de son altesse royale, Monseigneur le Duc Charles de Lorraine et de Bar, le 4 novembre 1766 ; publiée la même année dans son *Journal de Bruxelles ou le Penseur*, Bruxelles, Imprimerie Royale, 1766. Les références sont données dans le corps du texte, précédées de *G&C*.

7. Représenté par les Comédiens Français ordinaires du Roi, le jeudi 14 décembre 1780 ; publié à Paris, chez la Veuve Duchesne, 1781. Ce drame bourgeois aura son temps de

Ces pièces, qui couplent le personnage richardsonien de Clémentine à un personnage masculin associé à Dorval, témoignent clairement de la perception du *Fils naturel* par les auteurs contemporains, où la référence à *Grandison* finit par l'emporter sur le souvenir d'*Il vero Amico*.

« Le titre de bâtard eût été plus convenable » : Gésoncour et Clémentine

Si la pièce de Bastide n'affiche pas dès le titre la présence de Diderot auprès de Richardson, l'« Avis » de l'auteur ne tarde pas à nous mettre sur la bonne voie : « Le titre de *bâtard* eût été plus convenable que celui que j'ai adopté ; mais ce mot est devenu ignoble. La sévérité des lois a contribué à cette rigueur ; la dureté des hommes y a contribué davantage » (*G&C*, 183). Voilà pour la réminiscence implicite du *Fils naturel* ; quant à l'allusion explicite à la désormais célèbre héroïne de *Grandison*, elle aussi passe bientôt par Diderot : « M. Diderot a dit : "quel est le moment où Clarisse et Clémentine sont deux créatures plus sublimes ? le moment où l'une perd l'honneur et l'autre la raison." M. Diderot, par ce seul mot, eût enflammé mon âme sensible, si la lecture du roman ne l'avait déjà fait » (184)[8].

Sans entrer dans les détails de cette double réécriture, voyons les grandes lignes de la lecture qu'offre Bastide d'un Diderot lecteur de Richardson. L'auteur de *Gésoncour et Clémentine*, en nous expliquant que sa pièce aurait pu (aurait même dû) s'intituler *Le Bâtard*, suggère de fait un titre « fantôme » comme *Le Bâtard et Clémentine*, autrement dit, *Le Fils naturel et Clémentine*. Prenant au sérieux l'affirmation de Diderot selon laquelle « la naissance illégitime de Dorval est la base du *Fils naturel* », Bastide met cette naissance au centre de sa pièce et développe notamment l'histoire par l'amont : Gésoncour est élevé par ses parents aux côtés de Clémentine qu'il croit être sa sœur, laquelle est destinée au baron de Rosières. Les deux jeunes gens s'aiment en silence, lorsque, à l'occasion de l'arrivée de son grand-père paternel, le comte de Rosainville, Gésoncour découvre à la fois que Clémentine n'est pas sa sœur (mais sa cousine) et que lui-même est un fils naturel, issu d'une union

gloire pendant la période révolutionnaire avec une quarantaine de représentation entre 1791 et 1799. Les références sont données dans le corps du texte, précédées de *C&D*.

8. *Éloge de Richardson*, DPV, XIII : 207. Lire : « Et quel est le moment où Clémentine et Clarisse deviennent deux créatures sublimes ? », etc.

clandestine que le grand-père n'a jamais autorisée et qu'il vient dissoudre. Déchiré entre passion et devoir, Gésoncour se résout à partir et à confier Clémentine, dont l'esprit commence déjà à s'égarer, au compatissant baron de Rosières. Mais le sévère grand-père finira par céder devant les sentiments de vertu et de devoir dont font preuve tous les personnages. Il légitimera le mariage des parents et bénira celui de Gésoncour et Clémentine.

Déplacés, inversés même, les ingrédients du texte diderotien sont néanmoins là, dans une redistribution qui permet à Bastide de développer l'analogie entre sa propre Clémentine et l'original richardsonien. L'interdit initial qui pèse sur la passion de l'héroïne diderotienne (la fidélité à son fiancé) reprend chez l'héroïne de Bastide, qui croit être la sœur de Gésoncour, les dimensions criminelles et tragiques de l'interdit religieux qui pèse sur la Clémentine de Richardson, et les effets ne tardent pas à suivre : une véritable folie, qu'elle vit, comme cette dernière, auprès de sa mère (d'adoption) et de son amant. Bastide construit ainsi, avec les éléments du *Fils naturel*, une situation qui lui permet de réécrire notamment le célèbre épisode de la saignée de Clémentine, où il retrouve, dans son détail, le texte source que Diderot adapte dans l'*Éloge*[9]. Il réunit ainsi Clémentine, Mindane (la mère) et Gésoncour dans une scène où la jeune fille égarée arrive, le bras sanglant, et tenant des propos décousus :

> O ma mère ! je vous cherchais... (*montrant son bras*). Voyez... est-ce par votre ordre !... voudriez-vous ma mort ! [...] les cruels ! ... si vous aviez vu leur fureur !... je ne me défendais pas ; ils m'ont liée, mes cris excitaient leur rage. (*à Gésoncour*) Gésoncour ! vous m'abandonniez dans cet état ! vous me laissiez périr. [...] Maman ! souvenez-vous de vos promesses ; hâtez-vous de les remplir. J'ai souffert beaucoup... Je ne veux pas qu'on me tienne renfermée ; je suis douce, et je ne ferai de mal à personne : fiez-vous à moi ; défendez qu'on me fasse violence (*G&C*, III, 7).

Bastide se tourne directement vers *Grandison* (*G*, III : 371), mais il reprend aussi certaines expressions du *Fils naturel* au sujet de Rosalie : « votre malheur vous rend sacrée », disait Constance à cette dernière (*FN*, IV, 2) ; « Clémentine ! objet sacré ! objet malheureux ! », s'exclame Gésoncour

9. « Je ne me rappelle point sans frissonner l'entrée de Clémentine dans la chambre de sa mère, pâle, les yeux égarés, le bras ceint d'une bande, le sang coulant le long de son bras et dégouttant du bout de ses doigts, et son discours : "Maman, voyez, c'est le vôtre." Cela déchire l'âme » (DVP, XIII : 207).

(*G&C*, III, 6). Les excès de Rosalie congédiant son amant (« Laissez-moi... Je vous hais... Laissez-moi, vous dis-je », *FN*, III, 4) sont ainsi réintégrés dans les manifestations cliniques de la pathologie de Clémentine : « Partez, je vous l'ordonne ; je ne veux plus vous voir ; je vous vis trop longtemps... je vous jure une haine éternelle... » (*G&C*, IV, 6).

Enfin, si Bastide choisit pour sa pièce diderotienne un dénouement qui autorise *in extremis* l'amour de Clémentine pour Gésoncour, et l'éloigne de fait du dénouement du *Fils naturel* – et de celui de *Grandison* –, il n'en garde pas moins la relation amicale profonde qui unit les « rivaux » chez les deux auteurs, et retourne pour l'exprimer au texte-source richardsonien. « Nous admirerons ensemble, avec une égale affection, le meilleur de tous les hommes dont la bonté n'est pas plus l'objet de son amour que de ma vénération », promet à Grandison le comte de Belvedre (*G*, VII : 328). « Je l'aimerai pour pleurer votre perte avec elle », promet le baron de Rosières à un Gésoncour qui se croit encore condamné à s'éloigner et qui encourage curieusement son rival dans ces termes : « Il est glorieux de pouvoir la distraire de l'objet qu'elle a perdu. Ce bonheur vous attend ; il élèvera votre âme » (*G&C*, V, 3).

La « grande magie » de Clémentine et Désormes

Ce même principe d'une allusion implicite au *Fils naturel* associée à une allusion explicite à *Grandison via* Clémentine se retrouve quinze ans plus tard dans le drame de Monvel, *Clémentine et Désormes*, dont le succès, confirmé surtout pendant la dernière décennie du siècle, perpétue l'héritage direct du *Fils naturel*.

Désormes, notre nouveau Dorval, y figure un jeune homme mélancolique dont les qualités morales sont unanimement reconnues. Écarté par un père remarié, il est devenu l'intendant de M. de Sirvan et l'amant de Clémentine, fille de son employeur. Ne pouvant y prétendre, du fait de son déclassement, il s'apprête, malgré lui, malgré elle, à quitter son emploi pour ne pas faire obstacle au mariage imminent de Clémentine avec le fils de M. de Franval. Dans sa précipitation, il omet de ranger en lieu sûr l'argent qu'il venait de recevoir des fermiers de M. de Sirvan et, peu après son départ, cet argent disparaît, volé par Valville, le frère de Clémentine. Désormes, rattrapé, est injustement accusé, et Clémentine, au désespoir, en perd la raison. Mais l'aveu de Valville, et surtout l'arrivée de M. de Franval, qui n'est autre que le père dénaturé de Désormes, assurent l'heureux dénouement. Clémentine peut désormais épouser son amant, elle revient de sa folie et son promis, qui est donc le frère de Désormes, prend part à leur bonheur.

Ici, le héros n'est ni bâtard ni frère (réel ou supposé) de l'héroïne, mais sa haute vertu, sa mélancolie, et surtout son lourd secret d'enfant banni, le rattachent clairement à un Dorval/Grandison. Ainsi, la première scène du drame présente un personnage « que l'infortune poursuit dès le berceau » et pour qui « la douleur est un sentiment d'habitude », en train de se préparer péniblement, comme le faisait Dorval, à quitter un séjour où il est apprécié de tous, mais où il a éveillé une passion illicite (« il est temps encore, en fuyant cette maison, de lui rendre la paix que j'en ai bannie... »). Sur le point de partir, il retrouve Clémentine, qu'il sermonne, comme Dorval sermonnait Rosalie :

> [...] l'âme est libre ; mais elle doit immoler sa liberté à des devoirs de convention, quand ces devoirs intéressent le bonheur de la société. Surmonter ses passions est son emploi continuel : elle le doit, elle le peut. Si l'effort est pénible, ah ! qu'il est doux de se dire, je suis environné d'êtres dont la félicité est en moi : il m'en a coûté pour la leur procurer ; mais j'ai combattu, j'ai triomphé, ils sont heureux, et leur bonheur est mon ouvrage (*C&D*, I, 7).

Ici encore, le personnage féminin ne se prénomme pas Clémentine pour rien. « Mélancolique » comme l'héroïne diderotienne, elle pousse le désespoir de l'amour interdit jusqu'à la folie, comme son modèle richardsonien. « *Sa raison commence à s'égarer* », dit une didascalie, et l'écriture dramatique de Monvel reproduit justement les manifestations de l'égarement selon le romancier anglais. Suivant à la lettre les « symptômes » relevés par Richardson, Monvel trace la folie de son héroïne dans son regard, dans les modulations de sa voix, dans sa pantomime – autant d'indices traduits en indications scéniques dont il accompagne chacune de ses répliques : « *avec éclat* », « *plus doucement* », « *après un silence, et de l'air le plus sombre, en portant la main sur son cœur* », « *se levant et disant avec la plus grande force, et le débit le plus rapide* », « *se calmant un peu* », « *avec effroi* ». Ces notations mettent en évidence la leçon de Diderot lecteur de Richardson. Monvel, plus que Bastide, applique à une réécriture du théâtre diderotien l'enseignement de ses écrits esthétiques et de leur hypotexte anglais. C'est ainsi que l'on peut entendre l'écho de telle description par Grandison de l'état de Clémentine dans une didascalie de Monvel :

> O quelle éloquence irrésistible dans son désordre ! Elle me suivit, et me tenant le bras d'une de ses mains, elle regardait fixement mon visage, le suivant à mesure que je le détournais, comme si elle n'eût pas voulu souffrir que je le cachasse (*G*.III : 376),
>
> *Clémentine regarde M. de Franval d'un œil égaré, fait un geste qui marque le désordre de ses idées ; elle revient à elle, s'approche de son père, à qui elle prend la main avec vivacité, la lui baise, le regarde, soupire et sort...* (*C&D*, II, 2).

L'hommage que lui rend la *Correspondance littéraire*, dans sa livraison de décembre 1780, est éloquent : « Quelques reproches qu'on puisse faire à l'auteur de ce drame, on ne lui refusera point le mérite de connaître la perspective du théâtre. Il est peu d'ouvrages dramatiques où l'illusion de la scène soit portée plus loin et produise un plus vif intérêt ». Et ailleurs : « C'est à la pantomime que [la pièce] doit sans contredit sa plus grande magie. »

La reprise du *Fils naturel* dans *Clémentine et Désormes* dévoile également l'intérêt de Monvel pour l'ensemble d'un réseau intertextuel comique que Diderot a retravaillé en drame sous l'effet du modèle anglais. Monvel perçoit ainsi la transformation par Diderot du substrat moliéresque de Goldoni[10] et s'inspire de sa démarche, qu'il rend, là encore, plus explicite. L'effet n'a pas échappé au critique de la *Correspondance littéraire* : « la fable de ce drame si larmoyant, si noir, est calqué de tout point sur la fable de *L'Avare* de Molière [...]. Ainsi le canevas de la comédie du monde la plus gaie a fourni le sujet et pour ainsi dire toutes les situations du drame le plus tragique qu'on ait vu depuis longtemps. »

Là où Diderot avait donné à sa Rosalie un père naufragé qui était une version tragique d'Anselme[11] (tandis que Rosaure était la fille d'un Octave-Harpagon), Monvel revient en effet plus directement et plus amplement à Molière. Il donne à son héroïne un frère à court d'argent, qui vole les recettes encaissées par l'intendant Désormes, mettant ainsi ce dernier dans la position de Valère. Il permet ensuite à M. de Franval de jouer le rôle d'un Anselme corrigé : père du jeune Franval, le prétendant de Clémentine, il reconnaîtra en Désormes son fils aîné banni, conduira à sa disculpation et à son mariage avec

10. Voir S. Charles, « Réécritures fictionnelles et réécritures réelles : de la conception du *Fils naturel* de Diderot », *RHLF*, n° 3 (2011), p. 558-563.

11. Dont le lien avec le Philoctète de Sophocle, personnage emblématique des *Entretiens*, a déjà été montré (Barbara G. Mittman, « Some sources of the André scene in Diderot's *Fils naturel* », *Studies on Voltaire and the Eighteenth-Century*, 1973, n° 116, p. 211-219).

l'héroïne. Cette adhésion évidente au schéma de Molière permet à Monvel de systématiser, pour ainsi dire, la transposition intramodale. Ses personnages paternels (M. de Sirvan et M. de Franval), loin d'être de vieux barbons, sont des « pères de famille » respectables et humains. La scène du vol commis par Valville est exemplaire pour sa réécriture d'un motif comique emblématique en motif de drame bourgeois : digne frère de la fragile Clémentine, Valville, acculé au vol pour payer des dettes de jeu dont le remboursement ne saurait tarder, n'y recourt que la mort dans l'âme, « *abattu par le désespoir* », « *tremblant, pâle, la voix éteinte* » (*C&D*, II, 6), dans une scène qui renvoie directement au célèbre *Joueur* d'Edward Moore, cher à Diderot et déjà cité dans *Les Entretiens*. La « cassette » volée de *L'Avare* est, quant à elle, remplacée par l'argent des fermiers, encaissé par Désormes dans une scène qui en fait, à l'exemple de Grandison et de Dorval, un modèle de l'homme utile à la société : « Vous êtes bon, compatissant ; si jamais vous êtes riche, et si vous avez des terres, heureux ceux qui seront vos fermiers ! [...] Vous serez leur père, et ils vous béniront. Que tous les gens riches vous ressemblent » (I, 5).

Le retour à l'*anagnôrisis* de *L'Avare* est enfin habilement utilisé par Monvel pour mieux rapprocher la biographie de son héros, fils banni par un père remarié, de celle Grandison, dont le « grand tour » en Europe est sans cesse prolongé par un père adultère qui, ayant contracté une nouvelle liaison et fondé une nouvelle famille, choisit d'écarter son fils aîné. À l'instar de Grandison, fils exemplaire (comme son nom l'indique), Désormes continue de protéger la réputation de son père, au prix de son propre bonheur :

> J'ai dû me taire, souffrir en silence, et ne point révéler un secret dont la connaissance eût fait rougir celui de qui j'ai reçu le jour. Une belle-mère a causé toute mon infortune... Mon père l'adorait ; il me sacrifia à sa tranquillité personnelle. [...] Mon père me bannit de sa présence, et m'accabla de sa malédiction. [...] Je suis loin des lieux qui m'ont vu naître. Après avoir longtemps erré, j'arrive enfin dans ce séjour ; je vous vois, je vous adore. (*C&D*, I, 6).

Un retour à *Grandison* donc, mais un retour qui n'empêche pas le héros de Monvel d'épouser Clémentine, tandis que celui de Richardson a fini par épouser Harriet. Le « drame » de Monvel retrouve ici la « tragédie bourgeoise » de Bastide : dans leurs pièces respectives, où il n'y a qu'une seule figure féminine, la passion interdite n'est pas transformée en sentiment fraternel et remplacée par un nouvel attachement, fondé sur la raison. Elle est, au contraire, rendue licite grâce à la découverte de la véritable nature des liens familiaux.

La leçon de ces réécritures explicites est double. Tout en confirmant la présence de Richardson dans *Le Fils naturel* et la place de son esthétique dans la conception diderotienne du théâtre, elles révèlent l'exceptionnelle fidélité de Diderot au projet de son texte source. Adhérant au message éthique du dernier roman de Richardson, *Le Fils naturel* en a, d'une certaine manière, le même sort critique mitigé et sollicite les mêmes réécritures correctives. L'« amour double ou partagé » vécu par Grandison (*G*, VI : 146) et la sagesse un peu froide de sa résolution ont de tout temps déconcerté les lecteurs. Peu sensibles au personnage « raisonnable » et « raisonneur » de Harriet, ces lecteurs admiraient Clémentine, la « noble enthousiaste » (*G*, V : 208), et auraient été plus satisfaits par une union ultime entre l'homme idéal et leur héroïne préférée[12]... Bastide et Monvel, eux, suppriment d'emblée la femme philosophe et réinterprètent *Le Fils naturel* à travers le filtre de l'admiration évidente de Diderot pour Clémentine, telle qu'elle s'exprime dans ses références au roman dans *De la Poésie dramatique* et l'*Éloge*. Ils s'inscrivent enfin dans une lignée préromantique où le dernier roman de Richardson est réduit à son héroïne italienne. *Grandison* devient *Clémentine*[13], un hymne à la raison se transforme en un éloge de la folie.

FAUT-IL COMPTER LE GRANDISON DE PRÉVOST PARMI LES FILS DE DORVAL ?

Entre le dénouement du *Fils naturel* et celui de l'*Histoire de Sir Charles Grandison* il existe cependant une différence non négligeable : la pièce de Diderot se termine par l'assurance de deux futurs mariages : celui de Dorval et Constance et celui de Rosalie et Clairville, que « l'histoire véritable de la pièce » présente comme ayant déjà eu lieu. Or, la particularité du roman de Richardson, sur ce plan, est de laisser la perspective de l'union entre Clémentine et Belvedere ouverte : Clémentine, pratiquement guérie, promet de considérer favorablement la proposition réitérée de son fidèle prétendant et de donner sa réponse pour l'année suivante – qui se situe malheureusement

12. Voir *Selected Letters of Samuel Richardson*, ed. John Carroll, Oxford, Clarendon Press, 1964, p. 119.

13. Wieland écrit, dès 1760, une tragédie bourgeoise intitulée *Clementina von Porretta*. Dans sa préface à *Delphine*, Mme de Staël parle des « romans que l'on ne cessera jamais d'admirer, *Clarisse, Clémentine, Tom Jones, La Nouvelle Héloïse...* ».

hors du cadre temporel du roman. Qu'il l'ait voulu ou non, en réécrivant *Grandison*, Diderot répond au plus grand reproche fait au roman anglais, à savoir l'impression d'inachèvement qu'il laisse à ses lecteurs, frustrés de ne pas connaître le sort ultime de leurs idoles.

Quand, un an plus tard, Prévost achève enfin sa traduction de l'*Histoire du chevalier Grandisson*, il ne se satisfait pas non plus de la fin ouverte proposée par l'original et il lui substitue un dénouement apocryphe, présenté dans les termes suivants :

> On se croit obligé d'apprendre au lecteur que l'ouvrage anglais ayant été fini sur de faux mémoires, qui en rendent la conclusion fort insipide, on s'en est heureusement procuré de plus fidèles et de plus intéressants : ils forment environ le tiers de la seconde partie du dernier tome. Les soins que cette recherche a demandés, surtout dans un temps de guerre, sont une assez bonne excuse pour le délai de la publication (*Avertissement*).

Concluant son adaptation par le mariage de Clémentine avec Belvedere, Prévost n'aurait-il pas été le premier à avoir identifié l'hypotexte richardsonien de la pièce de Diderot ? La question peut se poser. Outre le double mariage, son nouveau dénouement, donné pour plus « fidèle » à la vérité, partage surtout avec l'œuvre diderotienne les motifs de la commémoration et de la mise en abyme portés par un héros transformé en créateur. Les documents « plus fidèles » trouvés par le traducteur montrent en effet Grandison agir en artiste inspiré à la manière de Dorval. Il bâtit ainsi, au sein de ce « théâtre de la mémoire » qu'est le parc de son domaine[14], un monument destiné à célébrer, en les gravant dans la pierre, les événements mémorables vécus par lui-même et par ses amis. Et la découverte qu'il leur réserve de leur histoire devenue œuvre d'art est proprement spectaculaire. On entre en calèche, après divers détours, dans une route ouverte face à l'« ouvrage » dont la vue s'organise progressivement jusqu'à ce qu'apparaisse, aux sons d'une musique produite par des instruments « cachés dans l'épaisseur du bois », un « temple de l'amitié » dont

> les peintures, les bas-reliefs et les statues représentent l'amitié sous diverses formes, et sont autant d'allusions à tous les événements que vous avez appris par mes lettres. Les plus mémorables circonstances y sont même au naturel avec un air de force et de vérité, que des connaisseurs italiens ne s'attendaient point de trouver dans notre patrie.

14. Voir J. Dixon Hunt, « Les jardins comme théâtres de la mémoire » dans *Le Jardin, art et lieu de mémoire*, sous la dir. de M. Mosser et Ph. Nys, Paris, Les Édition de l'Imprimeur, 1995, p. 229-242.

Puis, « levant les yeux vers le dôme, où ses chers amis étaient répétés dans plusieurs groupes », le héros paraît « saisi d'une sorte d'enthousiasme, qui semblait donner une splendeur extraordinaire à son visage ». C'est avec cet enthousiasme – celui du Dorval du second entretien – qu'il entame son discours inspiré :

> Murs naissants ! a-t-il repris d'une voix plus forte, avec cette éloquence dont il semble, comme de tous ses autres talents, que la nature l'ait partagé dans un jour de profusion ; voûte muette ! témoins de ma reconnaissance de tant de bienfaits, et de mon admiration pour tant de vertus, c'est à ces divinités que je vous consacre sous le tendre et respectable nom d'amitié. Elles y seront honorées jusqu'à mon dernier soupir[15].

Singulière rencontre entre Prévost et Diderot, les deux inventeurs de Richardson.

Shelly Charles
CNRS/Sorbonne Université
Shelly.Charles@paris-sorbonne.fr

15. *Nouvelles Lettres anglaises, ou Histoire du chevalier Grandisson*, dans *Œuvres choisies de l'abbé* Prévost, Amsterdam, 1784, t. 28, p. 393-394.

L'ALLÉGORIE CHEZ (LE JEUNE) DIDEROT : UNE FIGURE COLOSSALE ?

Inscrits dans le sillage de l'article fondateur de Georges May, plusieurs travaux ont étudié l'allégorie chez Diderot[1]. Cependant, et malgré les éclairages précieux qu'elle offre, la critique moderne se heurte généralement à deux écueils. En premier lieu, la réflexion demeure aimantée par les écrits esthétiques de Diderot, dont les *Salons*. Comme on le sait, Diderot se montre sévère à l'encontre d'une figure qu'il considère comme artificielle et inutilement obscure ; il reprend à son compte les critiques de l'abbé Du Bos dans ses *Réflexions critiques sur la poésie et sur la peinture* (1713). Tributaire de ce jugement dépréciatif, la critique a étendu l'analyse aux écrits philosophiques et fictionnels (dont *Jacques le Fataliste* qui exhibe au frontispice d'un château allégorique une inscription dénoncée comme « fausse »), s'interdisant par endroits une approche plus nuancée. En second lieu, le paradigme de la rhétorique restreinte tend à être privilégié : l'allégorie est envisagée de manière ciblée dans le texte comme une métaphore continuée. Or, et telle que la conçoivent les traités de poétique de l'Ancien Régime, l'allégorie est figure *et* fable. Elle peut ainsi, par cette double composante, « donner l'intelligence d'un autre sens », comme l'écrit Du Marsais dans ses *Tropes* (1730)[2]. Notre enquête se propose de visiter à nouveaux frais le dossier, en situant le propos en amont de la production esthétique et fictionnelle des années 1760-1770.

1. Georges May, « Diderot et l'allégorie », *SVEC* 89 (1972), p. 1049-1076 ; Michel Delon, « La mutation de l'allégorie au XVIIIe siècle. L'exemple de Diderot », *Revue d'histoire littéraire de la France* 112 (2012/2), p. 355-366 ; Stéphane Lojkine, « De la figure à l'image : l'allégorie dans les *Salons* de Diderot », *SVEC* 7 (2003), p. 331-342 ; Olivier Tonneau, « La représentation de l'idée : désir et refus de l'allégorie chez Diderot », *SVEC* 7 (2003), p. 455-464 ; Pascal Fiaschi, « Réalisme, parodie et allégorie dans *L'Oiseau blanc* », *SVEC* 1 (2003), p. 29-64.
2. Du Marsais, *Des Tropes*, Paris, Jean-Baptiste Brocas, 1730, p. 145.

Dès ses premiers écrits, Diderot travaille l'allégorie au corps, pourrait-on dire, pour porter le processus de désenchantement de celle-ci, amorcé à la fin du XVIIe siècle[3], à un point d'aboutissement remarquable. Il s'approprie ce procédé littéraire afin d'en explorer le potentiel critique, mais aussi et surtout épistémologique. On voudrait suivre ici les usages pluriels de l'allégorie chez Diderot, au moment où il s'engage dans le projet de l'*Encyclopédie*.

ALLÉGORIE ET SAVOIRS : UN DISPOSITIF PARA-ENCYCLOPÉDIQUE

Entre les *Pensées philosophiques* (1746) et le début de la parution de l'*Encyclopédie* en 1751, Diderot mobilise l'allégorie dans plusieurs ouvrages dont *La Promenade du sceptique* (1747) et *Les Bijoux indiscrets* (1748)[4]. Ces deux récits[5] offrent à des pratiques d'écriture contemporaines des échos à la fois attendus et surprenants. Attendus en cela que l'allégorie fait pleinement partie de l'horizon culturel du premier XVIIIe siècle, aussi bien sur le plan littéraire que visuel. Surprenants, néanmoins, car Diderot reproduit les procédés de l'allégorie pour aussitôt les déconstruire. À la manière de l'apologue, de la fable et de la parabole, *La Promenade du sceptique* et *Les Bijoux indiscrets* présentent un sens littéral auquel le lecteur est invité à apposer, dans un second temps, une signification abstraite. Mais, en réalité, Diderot bat en brèche l'illusion qui voudrait que l'allégorie constitue le point d'accès privilégié à une vérité supérieure. S'il convoque le cadre allégorique, c'est d'abord pour lui prêter une dimension qui lui est *a priori* étrangère : il s'agit alors de dessiner en creux une critique rationaliste des mœurs, de la religion

3. « Ce qui compte désormais, [...] ce n'est plus le sens voilé mais le travail du dévoilement, voire le leurre du sens », Aurélia Gaillard, « Fable et allégorie à la fin du XVIIe siècle », dans Marie-Christine Pioffet et Anne-Élisabeth Spica (dir.), *S'exprimer autrement : poétique et enjeux de l'allégorie à l'Âge classique*, Tübingen, Narr, 2016, p. 87.

4. L'*Oiseau blanc, conte bleu* (1749) témoigne également de l'attention de Diderot pour l'allégorie. Ce conte forme un prolongement des *Bijoux indiscrets* par la mise en scène de la sultane comme figure destinataire de contes, lesquels s'étendent sur sept « soirées » (ce dispositif renvoie aussi bien aux « soirs » des *Entretiens sur la pluralité des mondes* de Fontenelle qu'en négatif, peut-être, aux sept jours de la Création). Il présente notamment des similitudes avec *La Promenade du sceptique* (voir Pascal Fiaschi, *art. cit.*, p. 63).

5. Diderot, *Les Bijoux indiscrets*, DPV, III : 31-281 et *La Promenade du sceptique ou les allées*, DPV, II : 71-161.

et de la politique par le truchement de l'éloignement temporel (au travers des noms aux consonances antiques dans *La Promenade du sceptique*) et géographique (un Orient de fantaisie dans *Les Bijoux indiscrets*). Reposant sur un registre satirique, les deux ouvrages s'apparentent à un exercice de déniaisement philosophique[6]. Par-delà cependant un artifice éprouvé dont nul lecteur n'est dupe, Diderot fait du cadre allégorique un puissant embrayeur épistémologique.

D'emblée, le « Discours préliminaire » de *La Promenade du sceptique* inscrit l'allégorie au cœur des enjeux philosophiques du récit : « [...] les ouvrages de la nature étaient [aux] yeux [de Cléobule] un livre allégorique où il lisait mille vérités qui échappaient au reste des hommes. »[7] Les « ouvrages de la nature » sont autant d'énigmes susceptibles de délivrer, à qui sait les déchiffrer, « mille vérités ». Il convient de s'arrêter sur une formulation qui relève *a priori* d'un lieu commun de la culture chrétienne. S'inspirant de saint Augustin, puis de la tradition thomiste, les théologiens ont établi une analogie entre le « livre de vie », la Bible, et le « livre de la nature », celui qui s'offre dans son immédiateté à la perception[8]. Contempler les « ouvrages de la nature », c'est remonter à la Création et à la Révélation : le monde visible rend intelligibles les vérités divines. Un argument sur lequel s'appuie la physico-théologie dont l'essor est remarquable à partir du second tiers du XVIIe siècle en Angleterre, dans les pays protestants de langue allemande, puis en France[9]. Or, au moment où Diderot écrit *La Promenade du sceptique*, l'approche historique des faits religieux s'est substituée à l'interprétation

6. Cléobule répond ainsi à Ariste qui voudrait l'inviter à la prudence : « Imposez-moi silence sur la religion et le gouvernement, et je n'aurai plus rien à dire » (*La Promenade du sceptique*, éd. cit., p. 81). Ce propos a parfois été perçu comme la marque d'un nouvel *ethos*, celui du Philosophe affichant ouvertement le combat pour la raison, loin de la clandestinité. Une lecture qu'il faut cependant nuancer, comme le souligne Mitia Rioux-Beaulne (« Diderot face à la clandestinité : le cas de *La Promenade du sceptique* », *La Lettre clandestine* 19 (2011), p. 95-118).

7. Diderot, *La Promenade du sceptique*, éd. cit., p. 76-77.

8. Voir Hans Blumenberg, *La lisibilité du monde*, Paris, Cerf, 2007 [1981], Antoine Grandjean, « Lisibilité du monde et mondanéité de la lecture (à partir de Blumenberg) », *Cahiers philosophiques* 128 (2012), p. 85-97 et Fernand Hallyn, « Pour une poétique des idées : le livre du monde, ou les ramifications d'une métaphore », *Bibliothèque d'Humanisme et Renaissance* 67/2 (2005), p. 225-245.

9. Voir Andreas Gipper, « L'ordre de la nature dans la physico-théologie européenne », dans Adrien Paschoud et Nathalie Vuillemin (dir.), *Penser l'ordre naturel (1680-1810)*, Oxford, SVEC, 2012, p. 37-50.

allégorique, parfois au sein même de l'Église catholique[10]. La métaphore du « livre du monde » demeure, mais elle est soumise chez Diderot à une réduction immanentiste, celle de la philosophie naturelle. De fait, ce « livre allégorique » n'enferme plus son objet dans une vérité univoque ou dogmatique, construite *a priori*. Il offre « mille vérités » auxquelles l'observateur attentif accèdera par la seule force de l'entendement. Il y a là un substrat philosophique évident : la multiplication des « vérités » est au cœur de la démarche sceptique[11]. Le monde est saturé de thèses concurrentes, dont aucune ne prévaut. Bien qu'obéissant à une forte structuration, le jardin de Cléobule est aussi apparenté à « une espèce de labyrinthe »[12], terme qui traduit métaphoriquement l'incertitude de nos connaissances. Nous devons suspendre notre jugement étant donné les faiblesses de la raison ; notre savoir demeure tributaire d'un temps et d'un espace donnés. Du scepticisme, Diderot retient une méthode, non une fin en soi, afin de se défaire de la généralité stricte du concept. À cet égard, le motif littéraire et philosophique de la promenade (emprunté au libertinage érudit)[13] offre un cadre allégorique de premier plan pour traduire le cheminement de l'esprit humain. Les trois allées embrassent les savoirs, sans exclusion mutuelle : l'allée des Épines renvoie le lecteur à la théologie, celle des Marronniers à la philosophie, tandis que celle des Fleurs met en scène la puissance de l'imagination.

Trois espaces, donc, qui laissent libre cours à l'exercice de la pensée, mais aussi à la question de la représentation des savoirs. En effet, le cadre allégorique de *La Promenade du sceptique* entre en résonance avec un projet alors en gestation : l'entreprise encyclopédique dans laquelle Diderot s'est engagé en juin 1746 avec D'Alembert. Une analogie pourrait être menée entre les trois

10. Voir Sébastien Drouin, *Théologie ou libertinage ? L'exégèse allégorique à l'âge des Lumières*, Paris, Honoré Champion, 2010, p. 157-186.

11. Voir Jean-Claude Bourdin, « Matérialisme et scepticisme chez Diderot », *Recherches sur Diderot et sur l'Encyclopédie* 26 (1999), p. 85-97.

12. Diderot, *La Promenade du sceptique*, éd. cit., p. 75.

13. Diderot connaît *La Promenade* de La Mothe Le Vayer, ouvrage qui aborde la morale (dont le débat sur le suicide), la religion (dont l'argument finaliste), la philosophie, les sciences (notamment la médecine) dans une écriture des « détours » et de la « variété » (*La Promenade*, dans *Œuvres*, Dresde, Michel Groell, 1666, IV, I, p. 109). La Mothe Le Vayer reprend la critique des « systèmes » au regard de la « petitesse de l'esprit humain » (p. 31). Voir Francine Markovits, « De quelques formes modernes des arguments sceptiques. *La Promenade* de Diderot ou : Comment suspendre ses pensées ? », dans Annie Ibrahim (dir.), *Diderot et la question de la forme*, Paris, PUF, 1999, p. 37-60.

allées du jardin de Cléobule et l'arbre des connaissances inspiré de Bacon, doté, quant à lui, de trois branches, et sur lequel reposera l'*Encyclopédie* (du moins était-ce là l'intention exprimée dans le *Discours préliminaire*)[14]. Il n'est certes pas question d'envisager l'efficience épistémologique de cet imaginaire végétal – allées d'un côté, arbre de l'autre –, mais de souligner qu'au-delà de leurs différences évidentes, les deux ouvrages proposent une classification des savoirs : ordre alphabétique et système des renvois, d'une part, numérotation des articles et allées, d'autre part, constituent les trames qui unissent les connaissances. Bien que *La Promenade du sceptique* privilégie « un désordre toujours nouveau à la symétrie qu'on sait en un moment »[15], les trois allées (dont l'importance est soulignée dans le titre) instituent une distinction entre les lieux du savoir. L'allée des Marronniers fait écho à la branche de la « Raison » et celle des Fleurs à l'« Imagination ». Resteraient la « Théologie » d'une part, la « Mémoire » d'autre part. Or, la connotation négative des « Épines » dit assez combien peu le Philosophe affectionne cette allée : on ne s'étonnera pas de voir cette voie de connaissance si mal fréquentée être reléguée au second plan dans le projet encyclopédique. On sait que le *Système figuré des connaissances* subordonne la théologie aux trois facultés de l'« Entendement » : à la « Mémoire » (la branche de la « Mémoire » se subdivise en quatre branches : « Histoire sacrée », « Histoire ecclésiastique », « Histoire civile » et « Histoire naturelle »), à la « Raison » (la « Métaphysique générale », la « Science de Dieu », la « Science de l'homme » et la « Science de la nature » constituent la « Philosophie ») ainsi qu'à l'« Imagination » (dont la matière est la « Poésie profane » et « sacrée »). Encore reine des sciences, en apparence, par sa position inaugurale dans *La Promenade du sceptique*, la théologie se voit ainsi démantelée dans l'*Encyclopédie* en une série d'articles et de désignants[16].

Autre trait structurel qui pourrait unir le cadre allégorique de *La Promenade du sceptique* et la configuration des savoirs dans l'*Encyclopédie* : les doc-

14. Il existe un écart considérable entre le projet encyclopédique inspiré de Bacon, tel qu'il fut projeté par Diderot et D'Alembert dans les avant-textes, et la réalisation matérielle de l'ouvrage. Voir Alain Cernuschi, *Penser la musique dans l'*Encyclopédie. *Étude sur les enjeux de la musicographie des Lumières et sur ses liens avec l'encyclopédisme*, Paris, Honoré Champion, 2000, p. 23-53.

15. Diderot, *La Promenade du sceptique*, éd. cit., p. 75.

16. Par exemple : « (*Théol.*) », « (*Théologie payenne*) », « (*Théol. rabbin.*) », « (*Théol. myst.*) », etc.

trines philosophiques sont présentées en synchronie. Le principe narratif de la promenade fait défiler une galerie de personnages qui incarnent une école ou une pensée, comme l'indique la « Table des matières qui servira de clef à ceux qui pourraient en avoir besoin » : « Alcméon, nom d'un spinoziste », « Athéos, nom d'un athée », « Diphile, nom d'un sceptique », « Philoxène, nom d'un déiste », « Zénoclès, nom d'un Pyrrhonien »[17]. Ce procédé allégorique, instaurant l'allée des marronniers en espace de débat, réduit la profondeur des temps jusqu'à la nier, dans le dessein de faire dialoguer les doctrines. Ainsi les écoles de l'Antiquité sont-elles mises en relation avec la pensée moderne – scepticisme de Montaigne, cartésianisme, spinozisme, immatérialisme de Berkeley… Diderot refuse d'inscrire les systèmes philosophiques dans une conception téléologique – ce que fait *a contrario* la théologie au regard des doctrines antiques. *La Promenade du sceptique* se rapproche ainsi du simple exposé doxographique, puisque, précisément, la notion de perfectibilité en matière de philosophie est exclue. Dès lors qu'il n'y a pas de dépassement d'une doctrine par une autre, la philosophie ouvre à des actualisations, des transferts, des emprunts. Dans *La Promenade du sceptique*, Diderot élabore les linéaments d'une philosophie qui procède par agrégats : les idées sont indépendantes des contextes ; elles constituent des éléments susceptibles d'être réinvestis en d'autres lieux et d'autres époques. Diderot ébauche ce qui sera, dans l'*Encyclopédie*, une histoire déhistoricisée et modulaire de la philosophie. L'ouvrage, en effet, consacre une véritable combinatoire qui procède par arborescences en lieu et place d'un système figé. De fait, le cadre allégorique de la *Promenade du sceptique* paraît entrer en résonance avec la doctrine de l'éclectisme que Diderot développe dans l'*Encyclopédie*, sur la base de l'*Historia critica philosophiae* (1742-1744) du théologien protestant Brucker[18]. L'éclectisme affirme l'autonomie de la raison individuelle, anticipant le célèbre *sapere aude* de Kant ; il s'exerce en dialogue avec la pensée d'autrui et montre de quelle manière le passé ensemence le présent[19]. Pour autant, il ne s'agit pas de construire une pratique philosophique qui serait dénuée de toute axiologie, mais d'étendre le

17. Diderot, *La Promenade du sceptique*, éd. cit., p. 156-161.

18. L'histoire de la philosophie est une discipline en voie d'autonomisation au XVIIIe siècle. Diderot s'inspire de Brucker pour rédiger la quasi-totalité des articles de l'*Encyclopédie* sur ce domaine. Voir Leo Catana, « The concept "System of philosophy": The case of Jacob Brucker's historiography of philosophy », *History and Theory* 44 (2005), p. 72-90.

19. Voir Mitia Rioux-Beaulne, « Diderot, l'éclectisme et l'histoire de l'esprit humain », *Canadian Philosophical Review / Revue canadienne de philosophie*, 57/4 (2018), p. 719-743.

doute à l'esprit de système et d'écarter des doctrines dont les axiomes sont philosophiquement intenables. Dans l'allée des Marronniers, le pyrrhonisme est condamné car il exclut toute possibilité de construire un discours généralisable, une expérience partagée, un simple débat, à l'instar de cette « épée courte, à deux tranchant »[20] que manient ses représentants. Poussé à son point le plus extrême, le pyrrhonisme postule que rien n'existe en dehors de la sensation : tout ce que nous croyons relever d'une réalité n'est que le produit de nous-mêmes. La condamnation du pyrrhonisme conduit à réfuter l'athéisme, qui en découle, de même que l'idéalisme de Berkeley.

Le cadre allégorique des *Bijoux indiscrets* se plie également, et toutes proportions gardées, à une structuration des savoirs à la faveur de la méthode systématique du sultan qui multiplie les « essais » de l'anneau[21], « essais » numérotés, à la manière de l'entreprise de Montaigne, l'un des intertextes du roman. Mangogul revêt ainsi les traits d'une figure ordonnatrice, dans une appropriation comique, de la *libido sciendi*[22]. Ses divers « essais » sur les « bijoux » esquissent une typologie des caractères, à la manière des moralistes (la coquette, la dévote, etc.), qui permettent d'établir des catégories de jugement. La cour du sultan devient le lieu où l'on dispute du sens à donner au « caquet » des bijoux. Éloignée *a priori* de toute matière sérieuse, cette trame narrative arpente ainsi divers territoires du savoir : la morale bien entendu, mais aussi les arts (par exemple l'opéra dans le chapitre XIII), la religion (le matérialisme au travers de la vision du brahmine dans le chapitre XV), les sciences physique et médicale (les débats à l'Académie des sciences de Banza sur les tourbillons dans le chapitre IX et les expériences anatomiques d'Orcotome au chapitre XIV), ou encore la philosophie (la question de la localisation de l'âme dans le chapitre XXIX et la représentation du temple des systématiques dans le songe de Mangogul au chapitre XXXII). Le cadre allégorique chez Diderot laisse ainsi entrevoir le mouvement, la circulation, l'élaboration d'une pensée qui doit être partagée, soumise à la discussion, à la contradiction.

20. Diderot, *La Promenade du sceptique*, éd. cit., p. 86.

21. Des liens étroits existent entre *Les Bijoux indiscrets* et les articles publiés dans le *Mercure* attribués à Diderot (voir Johannes Th. De Booy, *Écrits inconnus de jeunesse (I, 1737-1744)* et *Écrits inconnus de jeunesse (II, 1745)*, Oxford, SVEC, 1978 et 1979). Voir la « Notice des *Bijoux indiscrets* » par Jean-Christophe Abramovici, dans Diderot, *Contes et romans*, Michel Delon (dir.), Paris, Gallimard, Bibliothèque de la Pléiade, 2004, p. 918, n. 1.

22. Voir Odile Richard-Pauchet, « Mangogul "odysséen" dans *Les Bijoux indiscrets* : le découvreur et le poète », *Recherches sur Diderot et sur l'Encyclopédie* 46 (2011), p. 119-126.

ENTRE DISPARITION ET DISCORDE, UN IMAGINAIRE INQUIET DU COLOSSE

Comme on le voit, l'allégorie potentialise, sur un plan philosophique, différentes formes littéraires alors en vogue (la promenade, le conte libertin) pour mener un questionnement épistémologique. *La Promenade du sceptique* et *Les Bijoux indiscrets* forment d'une certaine manière l'envers ludique dont l'avers sérieux est l'*Encyclopédie* : il s'agit toutefois des deux faces d'une même médaille, d'une même quête philosophique. Il est en ce sens une figure qui occupe une place singulière dans l'imaginaire diderotien du savoir : le colosse. Sa taille extraordinaire fonctionne comme une invitation à renouveler en permanence une réflexion sur la « juste proportion » des choses. Au cœur de l'article hautement programmatique ENCYCLOPÉDIE, Diderot compare en effet l'entreprise encyclopédique à une « statue colossale », image dont il tire aussitôt un parti allégorique en questionnant le déploiement de ses « membres » :

> Comment établir une juste proportion entre les différentes parties d'un si grand tout ? Quand ce tout seroit l'ouvrage d'un seul homme, la tâche ne seroit pas facile ; qu'est-ce donc que cette tâche, lorsque le tout est l'ouvrage d'une société nombreuse ? En comparant un Dictionnaire universel & raisonné de la connaissance humaine à une statue colossale, on n'en est pas plus avancé, puisqu'on ne sait ni comment déterminer la hauteur absolue du colosse, ni par quelles sciences, ni par quels arts, ses membres différents doivent être représentés[23].

Malgré son origine architecturale, l'image du colosse affirme moins la dimension monumentale du projet encyclopédique que la nécessité d'en délimiter les proportions qui permettraient de rendre cet ouvrage accessible et pérenne. Or l'entreprise n'est pas aisée : « établir une juste proportion entre les différentes parties d'un si grand tout » implique une réflexion sur l'identification et l'organisation des champs du savoir (« par quelles sciences », « par quels arts »). La voie méthodologique que Diderot privilégie, on l'a dit, relève du scepticisme, mais le chemin est sinueux et le scepticisme s'expose à son tour à deux écueils : le pyrrhonisme et l'idéalisme. S'agissant de dénoncer ces excès, Diderot convoque également la figure du colosse. Dans les *Pensées philoso-*

23. Diderot, article ENCYCLOPÉDIE, dans *Encyclopédie, ou Dictionnaire raisonné des sciences, des arts et des métiers, par une société de gens de lettres*, Paris, Briasson, David, Le Breton, Durand, t. V, 1755, p. 641r.

phiques (1746), le colosse apparaît comme une métaphore de l'objection susceptible de faire obstacle, de manière hyperbolique, à l'établissement d'une vérité :

> Qu'on apporte cent preuves de la même vérité, aucune ne manquera de partisans. Chaque esprit a son télescope. C'est un colosse à mes yeux que cette objection qui disparaît aux vôtres : vous trouvez légère une raison qui m'écrase[24].

Dans *La Promenade du sceptique*, c'est un imaginaire similaire du colosse que mobilise Diderot, se référant à Condillac, pour donner corps à une figure antithétique, celle du sceptique confinant à l'idéaliste : « *soit que je m'élève jusque dans les nues, soit que je descende dans les abîmes, je ne sors point de moi-même, et ce n'est jamais que ma propre pensée que j'aperçois.* »[25] Un colosse fantomatique, sans étendue réelle, incarne ici cette chimère philosophique.

Aussi la figure du colosse, trop vaste pour être appréhendée par l'esprit humain avec exactitude, constitue-t-elle – comme le jardin de Cléobule dans ses aspects labyrinthiques – une image inquiète de la Vérité, devant laquelle le Philosophe s'évertue, tel un nain devant le géant. À cet égard, cette figure trouve un point d'ancrage allégorique privilégié dans le chapitre XXXII des *Bijoux indiscrets* (« Rêve de Mangogul, ou voyage dans la région des hypothèses ») à la faveur d'un enfant qui se métamorphose en colosse pour personnifier l'avènement de l'empirisme. Cet enfant apparaît au sultan Mangogul alors que celui-ci a été emporté en songe dans le temple « qui fut autrefois celui de la philosophie » :

> [...] j'entrevis dans l'éloignement un enfant qui marchait vers nous à pas lents, mais assurés. Il avait la tête petite, le corps menu, les bras faibles et les jambes courtes ; mais tous ses membres grossissaient et s'allongeaient à mesure qu'il avançait. Dans le progrès de ses accroissements successifs, il m'apparut sous cent formes diverses. Je le vis diriger vers le ciel un long télescope, estimer à l'aide d'un pendule la chute des corps, constater avec un tube

24. Diderot, *Pensées philosophiques*, XXIV, DVP, II : 31.

25. Diderot, *La Promenade du sceptique*, éd. cit., p. 88. Cette citation renvoie, comme l'indique l'éditeur, à Condillac, *Essai sur l'origine des connaissances humaines*, I^e^ partie, I, i, § 1, Amsterdam, P. Mortier, 1746. L'imaginaire diderotien du colosse s'inscrit dans la fascination de l'âge classique pour la statue comme point d'articulation entre l'animé et l'inanimé, voir notamment Aurélia Gaillard, *Le corps des statues. Le vivant et son simulacre à l'âge classique (de Descartes à Diderot)*, Paris, Honoré Champion, 2003. Sa taille hors norme singularise toutefois le colosse en lui conférant une double dimension paradoxale, exemplaire *et* menaçante.

> rempli de mercure la pesanteur de l'air, et, le prisme à la main décomposer la lumière. C'était alors un énorme colosse ; sa tête touchait aux cieux, ses pieds se perdaient dans l'abîme, et ses bras s'étendaient de l'un à l'autre pôle. Il secouait de la main droite un flambeau dont la lumière se répandait au loin dans les airs, éclairait au fond des eaux, et pénétrait dans les entrailles de la terre. « Quelle est, demandai-je à Platon, cette figure gigantesque qui vient à nous ? – Reconnaissez l'Expérience, me répondit-il ; c'est elle-même. » À peine m'eut-il fait cette courte réponse, que je vis l'Expérience approcher, et les colonnes du portique des hypothèses chanceler, ses voûtes s'affaisser, et son pavé s'entrouvrir sous nos pieds. « Fuyons, me dit encore Platon, fuyons : cet édifice n'a plus qu'un moment à durer. » À ces mots, il part, je le suis. Le colosse arrive, frappe le portique, il s'écroule avec un bruit effroyable, et je me réveille[26].

La portée de ce passage, comme l'ont souligné ses commentateurs[27], est militante : l'accroissement stupéfiant de la figure de l'enfant représente le développement historique d'une démarche de connaissance qui procède par tâtonnements, en lieu et place d'un système défini *a priori*. Diderot, pourtant, n'est en rien le chantre naïf de l'empirisme. À la faveur d'un geste de réappropriation similaire à celui de la réécriture philosophique du « livre du monde », le songe de Mangogul invite le lecteur à discerner, derrière l'allégorie de l'empirisme, un épisode – lui aussi allégorique – de l'Ancien Testament : le colosse « aux pieds d'argile » qui s'effondre et disparaît dans le songe par Nabuchodonosor (*Daniel* 2.31-35)[28].

26. Diderot, *Les Bijoux indiscrets*, DPV, III : 133-134.

27. Voir par exemple Luc Ruiz : « Le rêve contient une allégorie si transparente qu'on peut se demander si elle en est encore une : l'enfant-colosse, pourvu des attributs de grands savants expérimentateurs (Galilée, Pascal et Newton), n'est rien d'autre que l'empirisme (« l'Expérience ») qui réduit en miettes l'édifice, aussi fragile que dépourvu d'assises, des hypothèses. L'épisode rapporté par Mangogul opère ainsi la mise en récit (de rêve) d'un combat philosophique et, très clairement, permet de dire la faillite des systèmes et de la métaphysique », (« Diderot : le roman comme expérience », *Littérature* 171/3 (2013), p. 16).

28. « 31. Voici donc, ô Roi, ce que vous avez vû. Il vous a paru comme une grande statuë : cette statuë grande & haute extraordinairement se tenoit debout devant vous, & son regard étoit effroyable. 32. La tête de cette statuë étoit d'un or tres-pur, la poitrine & les bras étoient d'argent, le ventre & les cuisses étoient d'airain. 33. Les jambes étoient de fer, & une partie des pieds étoit de fer, & l'autre d'argile. 34. Vous étiez attentif à cette vision, lors qu'une pierre se détacha d'elle-même & sans la main d'aucun homme, de la montagne, & que frappant la statuë dans ses pieds de fer & d'argile, elle les mit en piéces. 35. Alors le fer, l'argile, l'airain, l'argent & l'or se briserent tout ensemble, & devinrent comme la menuë paille que le vent emporte hors de l'aire pendant l'été, & ils disparurent

Informant peut-être en filigrane le conte philosophique, l'épisode biblique lui confère une dimension pour le moins inquiétante. Les deux figures colossales[29] apparaissent en songe – structure allégorique par excellence – et, à l'instar du songe de Nabuchodonosor, l'allégorie des *Bijoux indiscrets* se clôt sur un effondrement : mais alors que la statue aux pieds d'argile, immobile, s'abîme sur elle-même avant de se désagréger et de disparaître, l'« énorme colosse » de Diderot, engagé dans un mouvement destructeur, provoque la ruine du temple de l'ancienne philosophie, contraignant Platon et Mangogul à la fuite – avant de disparaître à son tour au moment où le sultan se réveille. Ce parallèle figural se double d'un dialogue exégétique, contradictoire en apparence : au minutieux commentaire de Daniel (*Daniel* 2 : 36-45) s'oppose la réponse lapidaire de Platon (« Reconnaissez l'Expérience [...] ; c'est elle-même »), et tandis que le prophète Daniel interprète le songe de Nabuchodonosor comme une préfiguration de la chute de son empire, Platon annonce en rêve à Mangogul l'avènement de l'empirisme – qui préfigure aussi (on appréciera l'ironie de Diderot) la chute de l'empire néo-platonicien. L'aspect inquiétant des deux allégories, les commentaires auxquelles elles donnent lieu et la récurrence des motifs de la disparition font planer sur la célébration de l'empirisme un doute : et si cette philosophie nouvelle était appelée à devenir à son tour un système clos, un royaume parmi d'autres, également voué à la disparition ? Pire : un système destructeur ?

C'est que l'allégorie de l'Expérience dans *Les Bijoux indiscrets* a également partie liée avec un imaginaire de la Discorde. Le *Salon de 1767* livre à cet égard, *a posteriori*, des indications suggestives. Dans un développement sur la façon dont le poète doit susciter une image mentale efficace, la figure de la Discorde, telle qu'Homère la dépeint dans l'*Iliade*[30], revêt une importance

sans trouver plus aucun lieu [...] », *La Sainte Bible* [...], *Par Mr de Sacy*, À La Haye, Chez Van Lom, Gosse & Alberts, 1722, t. VIII, p. 270-271.

29. Les traductions françaises de la Bible et les commentaires du livre de Daniel évoquent une « statue ». Le terme « colosse » ne lui est pas systématiquement associé, mais François Humblot utilisait dès 1615 indifféremment « statue » et « colosse » pour désigner la statue du songe de Nabuchodonosor (*Conceptions admirables sur tous les dimanches de l'année*, Paris, Pierre Chevalier, 1615, p. 189). On retrouve également en ce sens le terme « colosse » chez François Joubert (*Concordance et explication des principales prophéties de Jérémie, d'Ezéchiel, et de Daniel*, Paris, s.n., 1745, p. 39).

30. Voir Julie Boch, « La question de l'allégorie dans la Querelle d'Homère (1714-1716) », *SVEC* 7 (2003), p. 311-322.

singulière. Commentant le texte grec[31], Diderot décompose la Discorde en figures successives : « Il y a trois images dans ces deux vers : on voit la Discorde s'accroître ; on la voit appuyer sa tête contre le ciel ; on la voit marcher rapidement sur la terre. »[32] Cette dynamique allégorique donnée, Diderot opère un détournement original de la figure homérique en assimilant son apparition (« faible d'abord ») à la figure d'un jeune enfant : « [...] et l'imagination a passé, malgré qu'elle en ait, de l'image d'un enfant de quatre ans, à l'image d'un colosse épouvantable. »[33] Souvenir des *Bijoux indiscrets* ou modèle sous-jacent ayant présidé vingt ans plus tôt à l'élaboration de l'allégorie de l'Expérience ? L'importance culturelle du texte d'Homère, ravivée par la querelle dont il avait fait l'objet au début du XVIIIe siècle, mais surtout l'immense admiration de Diderot pour l'*Iliade* qu'il fréquente intensivement depuis sa jeunesse[34], rendent probable l'hypothèse selon laquelle cette figure de la Discorde aurait servi de modèle à la fois littéraire et « visuel » à l'élaboration du songe de Mangogul. Dès lors, l'allégorie de l'Expérience, envisagée au prisme de la Discorde, invite à interroger l'émergence de l'empirisme selon une perspective qui n'est pas uniquement laudative[35]. Or plutôt qu'à l'anéantissement des systèmes concurrents, qui s'effectue au prix de sa propre disparition, la figure de cet enfant n'est-elle pas avant toute chose une invitation à *s'entretenir* de philosophie – à l'instar d'Ariste et de Cléobule et du « peuple [...] naturellement grave et sérieux, sans être taciturne et

31. Diderot traduit ainsi l'*Iliade* (IV 442-443) : « "La Discorde, faible d'abord, s'élève et va appuyer sa tête contre le ciel, et marche sur la terre" » dans Diderot, *Salon de 1767*, VS, IV : 782.

32. *Ibid.*

33. *Ibid.*

34. Raymond Trousson, « Diderot et Homère », *Diderot Studies* 8 (1960), p. 185-216.

35. Dans l'article JÉSUITE (*Hist. eccles.*) de l'*Encyclopédie* attribué à Diderot, la statue du songe de Nabuchodonosor soutient la figuration du grand corps des jésuites qui, pour avoir voulu atteindre le ciel en profitant des richesses de la terre, est voué à disparaître : « Il falloit que ceux qui avoient fondé leur durée sur la même base qui soutient l'existence & la fortune des grands, passassent comme eux ; la prospérité des Jésuites n'a été qu'un songe un peu plus long. Mais en quel tems le colosse s'est-il évanoui ? au moment même où il paroissoit le plus grand & le mieux affermi. Il n'y a qu'un moment que les Jésuites remplissoient les palais de nos rois [...] ; il n'y a qu'un moment que la religion les avoit portés à la confiance la plus intime du monarque, de sa femme & de ses enfans ; moins protégés que protecteurs de notre clergé, ils étoient l'ame de ce grand corps. Que ne se croyoient-ils pas ? J'ai vû ces chênes orgueilleux toucher le ciel de leur cime ; j'ai tourné la tête, & ils n'étoient plus », [Diderot], JÉSUITE (*Hist. eccles.*), dans *Encylopédie*, éd. cit., 1765, t. VIII, p. 515r.

sévère »[36] qui habite l'Allée des Marronniers, ou encore de la « Société des gens de lettres » utopiquement regroupée autour du projet encyclopédique ?

Diderot, au début de sa carrière, ne s'est pas tourné vers l'allégorie par hasard : certes, il était encore sans doute imprégné de l'éducation des jésuites, grands promoteurs de la pensée allégorique, et assurément, il ne disposait pas encore de l'érudition encyclopédique qui sera bientôt la sienne. Aussi, le recours à l'allégorie à l'orée de son œuvre tient certainement du choix d'un dispositif culturel à portée de main, si l'on peut dire, dont les codes sont largement partagés. Pour autant, c'est déjà en philosophe que Diderot manie l'allégorie dès ses premiers textes, explorant les possibilités expressives du lien entre sens propre et sens figuré, évidence et dissimulation, cohérence de l'image et pluralité des significations, à rebours « d'un autre sens qu'on n'exprime point »[37], un sens supérieur, dont le déchiffrement univoque consacre le triomphe du dispositif allégorique. L'allégorie est sollicitée pour asseoir l'incertitude sur le plan des doctrines, bien entendu, mais aussi pour pointer la faiblesse de tout système philosophique, y compris l'empirisme : ici se lit l'empreinte du scepticisme ou plutôt d'une rhétorique sceptique – laquelle consiste à affirmer que les mots, comme les concepts, relèvent de la non-assertion (contre tout usage dogmatique). Un positionnement qui ne cède pourtant pas à une sophistique, laquelle reviendrait à affirmer que les tropes sont dépourvus de tout pouvoir de référentialité – une position philosophiquement intenable dont témoigne le rejet du pyrrhonisme radical. En cela, Diderot soumet l'allégorie à une injonction contradictoire : conduire le lecteur vers un « plus haut sens », tout en le maintenant dans une position d'indétermination, étape indispensable au cheminement vers la vérité. Diderot fait ainsi un usage philosophique et « para-encyclopédique » de l'allégorie dans ses écrits de jeunesse, usage qui trouvera sans doute une dernière figuration « colossale » dans le frontispice allégorique ajouté en 1772 au tome I de l'*Encyclopédie*, avant d'être congédiée, semble-t-il, au frontispice de l'improbable château allégorique dans *Jacques le Fataliste*.

Adrien Paschoud et Barbara Selmeci Castioni
Université de Lausanne
adrien.paschoud@unil.ch et barbara.selmecicastioni@unil.ch

36. Diderot, *La Promenade du sceptique*, éd. cit., p. 114.
37. Du Marsais, *Des Tropes*, éd. cit., p. 145.

MISOLOGIE DES LUMIÈRES

Quatre ans après l'attaque meurtrière qui a frappé une partie de sa rédaction, le journal satirique *Charlie Hebdo* signait un numéro spécial en guise d'état des lieux. Son titre ? « Le retour des anti-Lumières »[1]. En première page, on peut y voir un dessin de Riss où, sur un fond noir, un prêtre et un imam soufflent tous deux violemment une simple chandelle. Si l'image ne fait pas rire, elle a le mérite d'être claire. Elle tient à nous mettre en garde contre la menace des intégrismes et des fanatismes qui pèse plus que jamais sur la philosophie des Lumières[2].

Conscient de ce retour en force, Gérard Biard, rédacteur en chef du journal, assure que « toutes les valeurs, tout ce qui a permis de construire toutes les sociétés modernes, sont aujourd'hui attaquées. » Et de citer comme cibles, pêle-mêle, la tolérance, la raison, la laïcité, l'universalisme, l'esprit scientifique. Mais le plus inquiétant, tient-il à souligner, est que les valeurs des Lumières ne sont plus uniquement attaquées par « leurs ennemis traditionnels, que l'on classe plutôt à droite, mais par une partie d'intellectuels, de politiques, de militants, qui se classent eux-mêmes à gauche »[3]. Même constatation du côté de l'universitaire Yves Citton dans son tout dernier opus *Altermodernités des Lumières* : « Il se trouve toutefois que cet idéal républicain voit aujourd'hui se regrouper (et se crisper) autour de lui des courants politiques que nous avions pris l'habitude d'opposer, depuis

1. « Le retour des anti-Lumières », *Charlie Hebdo* 1381 (5 janvier 2019).

2. Sur le rapport entre l'attaque contre *Charlie Hebdo* et les Lumières, la revue *Dix-Huitième Siècle* a consacré en 2016 un dossier intitulé « Les attentats contre *Charlie Hebdo* au prisme des Lumières ». On peut notamment y lire : « A bien des égards, on pourrait dire que les journalistes assassinés le 7 janvier 2015 étaient des représentants des Lumières. On pourrait dire aussi qu'ils ont été assassinés en tant que représentants des Lumières. » Lorenzo Rustighi, « Pour une théologie politique du contemporain : la perspective de Boulainvilliers », *Dix-Huitième Siècle* 48 (2016), p. 369.

3. Entretien avec Gérard Biard, *Europe 1* (7 janvier 2019). https://www.europe1.fr/societe/gerard-biard-redacteur-en-chef-de-charlie-hebdo-il-est-de-plus-en-plus-complique-de-rire-y-compris-de-soi-meme-3833774

une certaine gauche jacobine (réputée progressiste) jusqu'à une certaine droite souverainiste (affichée conservatrice). »[4] C'est sans aucun doute la singularité d'un discours de haine des Lumières que l'on entend depuis ces dernières années. En effet, aux critiques traditionnelles dans les rangs de la droite ou de l'extrême droite viennent s'ajouter désormais féministes, anticapitalistes, déclinistes, adeptes de la décroissance, postcoloniaux et même « décoloniaux »[5], tous prêts à renverser une fois pour toutes ce « fétiche identitaire occidental »[6] que sont devenues à travers les siècles les Lumières. Des Lumières, non plus attaquées seulement de l'extérieur, mais aussi de l'intérieur. Bien mieux, ou bien pire, des Lumières contre elles-mêmes[7].

L'objet de notre réflexion n'est pas de refaire ici l'histoire des anti-Lumières, intrinsèquement liée à l'histoire des Lumières, et qui donnèrent naissance à une autre modernité comme l'a démontré Zeev Sternhell dans son ouvrage de référence[8]. Il s'agit plutôt de s'interroger sur les formes les plus saillantes du discours actuel des anti-Lumières, sur les raisons et les conséquences de cette haine nourrie par nombre d'intellectuels de gauche comme de droite. Il s'agit de comprendre comment, dans une société issue des valeurs

4. Yves Citton, *Altermodernités des Lumières*, Paris, Seuil, 2022, p. 11-12. Citton s'explique ainsi sur le but de son nouvel ouvrage : « Ce livre se propose de casser le verrou que constitue l'opposition binaire – réelle mais trompeuse – entre modernité et antimodernité. » Pour ajouter : « C'est également pour casser cette opposition binaire entre Lumières modernisatrices et anti-Lumières passéistes que cet ouvrage proposera un voyage d'exploration en terres d'altermodernités. » (*Ibid.*, p. 12-14)

5. Toujours d'après Gérard Biard, les décoloniaux « partagent avec l'extrême droite la plus raciste, outre un antisémitisme toujours fédérateur, la même haine de cet universalisme qui s'oppose à leur vision compartimentée et conflictuelle du monde et rend possibles l'émancipation et les idéaux démocratiques », (Gérard Biard, « Le bon temps décolonial », *Charlie Hebdo*, *op. cit.*, p. 13).

6. Daniel Lindenberg, « Le Rappel à l'ordre, suite et pas fin », *La Pensée de midi* 26 (2008), p. 56.

7. Voir sur ce point l'ouvrage du collectif LUCIA, *Les Lumières contre elles-mêmes ? Avatars de la modernité*, Paris, Kimé, 2009.

8. Soit deux modernités clairement séparées selon l'auteur : « La modernité porteuse de valeurs universelles, de la grandeur et de l'autonomie de l'individu, maître de son destin, une modernité qui voit dans la société et dans l'État un instrument aux mains de l'individu parti à la conquête de la liberté et du bonheur ; la modernité communautarienne, historiciste, nationaliste, une modernité pour qui l'individu est déterminé et limité par ses origines ethniques, par l'histoire, par sa langue et par sa culture. » (Zeev Sternhell, *Les anti-Lumières. Du* XVIII*e siècle à la guerre froide*, Paris, Fayard, 2006, p. 17). Sans oublier Didier Masseau (dir.), *Dictionnaire des anti-Lumières et des antiphilosophes (France, 1715-1815)*, Paris, Honoré Champion, 2017.

des Lumières, l'on accuse ces dernières de tous les maux, au point d'en souhaiter la disparition. Mais, plus profondément, il s'agit surtout de saisir le moment où la haine contemporaine des Lumières se mue en haine pure et simple de la raison, cette misologie qui hante la pensée occidentale depuis l'Antiquité et qui s'affirme comme la grande pathologie dont souffre notre monde actuel. « "*C'est la faute à Voltaire, c'est la faute à Rousseau.*" En ces temps de misologie, rappelle Hélène L'Heuillet, souvenons-nous de Victor Hugo. »[9] Car, de façon de plus en plus frappante, on assiste à une rationalisation de la haine des Lumières, tandis que se construit tout un appareil critique qui veut dénoncer les incohérences de cette pensée et des symboles qu'elle défend. Une démarche que l'on serait tenté de ranger sous le nom de *misologie des Lumières*, partagée aussi bien à droite qu'à gauche. Pourtant insiste Antoine Lilti : « Il ne s'agit pas de juger ou de condamner, mais de réfléchir aux ambivalences de la modernité sans fétichiser les Lumières. »[10] Dès lors, tenter de comprendre la haine qui frappe de plein fouet les Lumières et leur discours, c'est tenter, en changeant de perspective, de mieux comprendre les Lumières, leur rôle dans la modernité, leurs ambivalences parfois, afin de protéger leur précieux mais fragile héritage[11].

ÉTEINDRE LES LUMIÈRES

Éteindre les Lumières ; tel est sans doute ce geste né avec les Lumières elles-mêmes, et qui n'a eu de cesse de les menacer. Le geste semble toutefois avoir pris une nouvelle tournure ces dernières années. Dans un article du *Monde* de 2018, Ariane Chemin et Vincent Martigny cherchaient à savoir : « Qui veut éteindre les Lumières ? »[12] Posée en ces simples termes, la question est pertinente. En effet, ce qui importe ici n'est plus tant d'éteindre les Lumières, puisque depuis leur apparition même les Lumières ont été

9. Hélène L'Heuillet, « Islamo-gauchisme : raison garder », *Libération* (25 février 2021).

10. Entretien avec Antoine Lilti, mis en ligne le 21 novembre 2022 au Collège de France : https://www.college-de-france.fr/actualites/tout-effort-des-lumieres-consiste-penser-les-contradictions-et-les-ambivalences-de-la-modernite

11. Un héritage à replacer dans toute sa complexité, comme s'est proposé de le faire Antoine Lilti dans *L'Héritage des Lumières. Ambivalences de notre modernité*, Paris, Seuil, 2019.

12. Ariane Chemin et Vincent Martigny, « Qui veut éteindre les Lumières ? », Cahier du *Monde* 22970 (17 novembre 2018).

menacées d'extinction, mais plutôt par « qui ». Qui, aujourd'hui, veut éteindre les Lumières ? S'agit-il des adversaires historiques des Lumières, cette pensée de droite qualifiée depuis d'anti-Lumières et alimentant une littérature conservatrice, réactionnaire ? S'agit-il d'autres ennemis auxquels on ne s'attendait pas ? Il semble que, dernièrement, les adversaires ont changé de camp, et représentent désormais des groupes de gauche militants, amis historiques des Lumières, et prêts à sacrifier « l'idole fondatrice de [leur] propre tribu de gauche »[13]. La critique acerbe des Lumières ne serait plus exclusive à la droite seule mais aussi à une certaine gauche[14]. Chose nouvelle que tient à rappeler Stéphane François : « Il existe une gauche anti-Lumières, antimoderne et communautariste »[15], au même titre qu'il existe une droite anti-Lumières. Penseur de gauche, socialiste libertaire, Jean-Claude Michéa stipule : « Une fois qu'on a compris que le libéralisme et le capitalisme sont des produits de la modernité et de la philosophie des Lumières, on comprend alors que la notion de progrès est beaucoup plus ambiguë qu'il n'y paraît. » En conséquence de quoi, il invite une gauche régénérée, et non sans une certaine radicalité, à « *penser avec les Lumières contre les Lumières* »[16]. C'est désormais ce qu'on attend de la pensée des Lumières au XXIe siècle : qu'elle s'observe sans complaisance et qu'elle fasse son autocritique.

Cette nouveauté est clairement ressentie par Tzevtan Todorov, responsable en 2006, avec Yann Fauchois, de l'exposition « Lumières ! Un héritage pour demain »[17]. Au moment de s'expliquer sur les raisons qui l'ont poussé à organiser un tel événement à la Bibliothèque nationale de France, Todorov souligne une « intention militante », à une époque marquée par le fanatisme ou l'intégrisme, mais aussi et surtout par ce constat : « Les Lumières sont

13. Marc Fumaroli, « Les Lumières vues par un iconoclaste », *Le Monde* (6 décembre 2006).

14. Comme le détaille Stéphanie Roza dans *La Gauche contre les Lumières ?*, Paris, Fayard, 2020.

15. Stéphane François, *La modernité en procès. Éléments d'un refus du monde moderne*, Valenciennes, Presses universitaires de Valenciennes, 2013, p. 10.

16. Jean-Claude Michéa, *Les mystères de la gauche. De l'idéal des Lumières au triomphe du capitalisme absolu*, Paris, Climats, 2013, p. 40.

17. Régis Debray raillera d'ailleurs le point d'exclamation accolé au mot de *Lumières* dans le plus pur style de notre époque : « Je ne puis m'empêcher de m'interroger sur le sens du point d'exclamation. Cri de détresse ? Rappel à l'ordre ? Convoc ? Reconnaissance de dette ou affiche de mobilisation ? » (Régis Debray, *Aveuglantes Lumières. Journal en clair-obscur*, Paris, Gallimard, 2006, p. 22).

parfois trahies par ceux-là même qui s'en réclament. »[18] Une trahison des Lumières par toute une pensée de gauche semble-t-il et qui prend des formes multiples, comme Stephen Eric Bronner en donne le détail :

> *Interestingly enough, however, a critique of the Enlightenment has now become part of the philosophical and polemical stock in trade of many on the left. It comes in various guises: postmodernists consider the Enlightenment as "essentialist," radical feminists view it as "male," advocates of former colonies often disparage it as "Eurocentric" or white. Even certain followers of the Frankfurt School still view the Enlightenment as the unwitting source of modern totalitarianism*[19].

Lumières totalitaires, Lumières blanches, Lumières mâles, Lumières bourgeoises, et bien d'autres encore. On le voit, la liste est longue des différentes tares dont on accable les Lumières. Ces dernières ne seraient finalement que l'autre nom d'un « nouvel ordre conservateur »[20] qu'il faut obligatoirement renverser. Contre ce courant de pensée de plus en plus consensuel, Bronner tient toutefois à rappeler : « *The value of the Enlightenment spirit lies precisely in its ability to jut beyond its historical context. Its commitment to tolerance and equality, its skepticism of religion and established tradition, reflect more than the interests of a white, male bourgeoisie on the rise.* »[21] Face à la constante redéfinition par la négative de cet événement inaugural de notre modernité que sont les Lumières, il est nécessaire d'en revenir à sa définition première. Raison pour laquelle Bertrand Binoche sent l'urgence de poser une nouvelle fois la question : « Qu'est-ce que les Lumières ? » Pour y répondre ainsi : « Une

18. Tzevtan Todorov, « L'esprit des Lumières a encore beaucoup à faire dans le monde d'aujourd'hui », *Le Monde* (6 mars 2006).

19. Stephen Eric Bronner, « The Great Divide : The Enlightenment and its Critics », *New Politics* 3 (1995), p. 1. (« Cependant, de façon intéressante, une critique des Lumières est devenue désormais l'objet philosophique et polémique à la mode pour beaucoup de gens de gauche. Cela prend différents aspects : les postmodernistes considèrent les Lumières comme "essentialistes", les féministes radicales les perçoivent comme "mâles", les défenseurs des anciennes colonies les dénigrent comme "eurocentriques" ou blanches. Même certains adeptes de l'École de Francfort continuent de voir les Lumières comme la source involontaire des totalitarismes modernes. » Notre traduction.)

20. Ian Buruma et Avishaï Margalith, *L'Occidentalisme. Une histoire de la lutte contre l'Occident*, Castelman-le-Lez, Climats, 2006, p. 42.

21. Stephan Eric Bronner, « The Great Divide : The Enlightenment and its Critics », *art. cit.*, p. 15. (« La valeur de l'esprit des Lumières repose précisément dans sa capacité à dépasser le contexte historique de son apparition. Son engagement pour la tolérance et l'égalité, son scepticisme envers la religion et la tradition, sont les reflets de quelque chose de supérieur aux intérêts d'une bourgeoisie mâle et blanche montante. » Notre traduction.)

nouvelle appréhension de l'activité philosophique tout entière ordonnée à détruire collectivement le "préjugé" et contrainte de ce fait à s'inventer de nouveaux modes d'existence. »[22] Ce n'est pas sans un certain paradoxe que les Lumières se trouvent aujourd'hui soumises au risque de leur destruction par une haine généralisée des préjugés qu'on leur attribue comme des philosophes qui les ont combattus.

L'ENVERS DES LUMIÈRES

Prenons ici le cas emblématique de Diderot. En 1991, la société Diderot a organisé à l'hôtel de Sully un colloque sobrement appelé *Les Ennemis de Diderot*, afin de mieux comprendre les « réactions hostiles à sa pensée, voire à sa personnalité », et mettre en lumière « les raisons des résistances, les arguments des adversaires plus ou moins déclarés »[23]. Au fil des communications, on peut voir s'allonger la liste de nombreux intellectuels, en France ou à l'étranger, qui accusent Diderot de mille maux. Ainsi, dans sa communication intitulée « Diderot tête de Turc après la Terreur », Edouard Guitton propose une analyse des critiques chez trois lecteurs du philosophe, savoir La Harpe, Chateaubriand et Joubert. De Chateaubriand par exemple, on peut lire dans son *Essai sur les révolutions* (1797) ces mots durs sur Diderot et ses amis encyclopédistes : « Quelle fut donc l'esprit de cette secte ? La destruction. » Pour expliquer sa pensée : « Le vrai esprit des Encyclopédistes était une fureur persécutante de systèmes, une intolérance d'opinions, qui voulait détruire dans les autres jusqu'à la liberté de penser ; enfin, une rage contre ce qu'ils appelaient l'*Infâme*, ou la religion chrétienne qu'ils avaient résolu d'exterminer. »[24] La plume, on le voit, est féroce. Gérard Gengembre, lisant cette fois la prose acide de Bonald, y décrit à travers ce dernier un « Diderot, homme de main du gang des Lumières »[25], pour conclure : « Le plus obscur

22. Bertrand Binoche, *« Écrasez l'infâme ! ». Philosopher à l'âge des Lumières*, Paris, La Fabrique éditions, 2018, p. 235.

23. *Les Ennemis de Diderot. Actes du colloque organisé par la Société Diderot, Paris, Hôtel de Sully, 25-26 octobre 1991*, Paris, Klincksieck, 1993, p. 7.

24. Cité dans Edouard Guitton, « Diderot tête de Turc après la Terreur », dans *Les Ennemis de Diderot*, *op. cit.*, p. 175-176.

25. Gérard Gengembre, « Diderot, cible très secondaire de la Contre-révolution doctrinale », dans *Les Ennemis de Diderot*, *op. cit.*, p. 184.

démon d'un siècle noir : Diderot trouve enfin sa monstrueuse consécration dans l'œuvre de Bonald. »[26]

Cette « monstrueuse consécration », Diderot l'a retrouvée récemment en la personne de Xavier Martin. Demeurant dans le sillage d'une critique conventionnelle des Lumières et de l'idéal républicain qui les soutient, Xavier Martin publie en 2020 un petit opuscule au titre polémique de *L'homme rétréci par les Lumières. Anatomie d'une illusion républicaine*. La thèse en est simple, exposée dès la première ligne de l'ouvrage : « Au principe majeur des Lumières françaises, il est une ***vision réductrice de l'homme.*** »[27] Prêt à en découdre, Martin souhaite alors « en sept sobres chapitres, de circoncire et d'illustrer ce penchant décisif des Lumières, et d'en esquisser ***les implications problématiquement désavantageuses quant à l'être humain*** »[28]. Ce qui lui permet de résumer, concernant les philosophes des Lumières dans leur ensemble : « Balayant les essences, – puisqu'il fallait "oser", ce fut la grande audace – ils ont ensuite *osé* encore, ils ont revu et corrigé, en qualité, en quantité, les appartenances à ce qu'on *appelle* l'humanité »[29]. (Toute sa démonstration se construisant, il le répète, autour de cette affirmation tirée de Pierre-André Taguieff : « L'envers du siècle des Lumières, c'est qu'il est aussi le siècle de la construction intellectuelle du "sous-homme", de l'*Untermensch.* »[30])

Éclairant est le traitement réservé, parmi les figures célèbres du XVIIIe siècle, à ce fameux Diderot. Ouvrant « une opportune parenthèse sur Diderot » au chapitre 3, Martin attaque d'entrée : « Diderot, voit-on, a le don sûr de proférer des exorbitances. Sa verve n'a pas de bornes. Elle est impénitente »[31]. Il continue, en s'interrogeant : « Se prend-il au sérieux ? Est-il

26. *Ibid.*, p. 189.

27. Xavier Martin, *L'homme rétréci par les Lumières. Anatomie d'une illusion républicaine*, Poitiers, DMM, 2020, p. 9. Cet ouvrage est le prolongement d'une étude plus longue et tout autant accusatrice, intitulée *Naissance du sous-homme au cœur des Lumières (les races, les femmes, le peuple)*, « étude prenant en compte la propension puissante et peu vulgarisée à sous-humaniser, côté "philosophie" du siècle des Lumières, les ethnies exotiques, le sexe féminin, le peuple en général ». Xavier Martin, *Naissance du sous-homme au cœur des Lumières (les races, les femmes, le peuple)*, Poitiers, DMM, 2014, p. 11. C'est l'auteur lui-même qui met le texte en gras.

28. *Ibid.*, p. 15.

29. *Ibid.*, p. 96.

30. Pierre-André Taguieff, *Les Fins de l'antiracisme*, Paris, Éditions Michalon, 1995, p. 166.

31. Xavier Martin, *L'homme rétréci par les Lumières*, *op. cit.*, p. 38.

légitime de *le prendre au mot* en déduisant de ses saillies, sur le plan de l'histoire des idées, de certaines conséquences qui somme toute outreraient ses convictions réelles ? »[32] Martin accuse alors, toujours de la part de l'écrivain Diderot, les « manifestes facéties », « les outrances verbales », « le grossissement du trait », ou bien encore « les folies superficielles de l'expression »[33]. Ce qui le pousse à conclure son réquisitoire par cette déclaration : « Sous des dehors d'incorrigible facétieux, le surdoué du progressisme militant, très subtilement, pousse ses audaces. »[34] Cette trop longue parenthèse de Martin sur un Diderot prétendument démasqué n'aura eu donc d'autres vœux que de dénoncer, toujours selon l'auteur, « les sortilèges très ruminés de ce *fantasque de parade par manigance* »[35]. Face à tant d'acrimonie, on citera cette remarque pleine de finesse de Diderot à Falconet : « Si l'histoire des lettres m'accorde une ligne, ce n'est pas au mérite de mes ouvrages, c'est à la fureur de mes ennemis que je la devrai. »[36]

CLAIR-OBSCUR

On le voit, un des traits caractéristiques de la haine pour les Lumières comme de ses meilleurs représentants est précisément le travail de déconstruction du sens accordé à ce terme. Avec la philosophie des Lumières, on assiste curieusement à « la manipulation, quasi orwellienne, du sens des mots qui peut aboutir à leur faire dire le contraire de ce qu'ils sont censés exprimer »[37]. C'est ce que Riss constate : « Pour préparer les esprits à des changements considérables, il faut d'abord les faire douter du sens des mots. » Filant la métaphore informatique, il s'agit alors, selon lui, de « vider le cerveau de chaque citoyen de son ancien disque dur » et d'y installer un « nouveau logiciel ». Ce nouveau logiciel, que propose-t-il ? « Lumières = ténèbres. Démocratie = dictature. Conviction = fanatisme. Liberté = soumission.

32. *Ibid.*, p. 39.
33. *Ibid.*
34. *Ibid.*, p. 40.
35. *Ibid.*, p. 41.
36. Denis Diderot, lettre à Falconet de février 1766, DPV, XV, p. 61.
37. Daniel Lindenberg, *Le procès des Lumières. Essai sur la mondialisation des idées*, Paris, Seuil, 2009, p. 249.

Laïcité = religion »[38]. Avec les anti-Lumières contemporaines, nous voyons se mettre en place une sorte de novlangue façon *1984*, comme le précise Yann Diener, toujours dans *Charlie Hebdo* : « Inverser ainsi le sens premier de la philosophie des Lumières pour en faire un obscurantisme est un bon exemple des possibilités de la perversion du langage. »[39]

Cette perversion, cet « abus des mots »[40] pour reprendre ici une formule propre au XVIIIe siècle, on peut la repérer à l'œuvre dans différents discours actuels. Prenons, par exemple, Michel Houellebecq qui observait lors de la sortie de *Soumission* en 2015 : « Il y a une destruction de la philosophie issue du siècle des Lumières, qui n'a plus de sens pour personne ou pour très peu de gens. » Il poursuivait ainsi son analyse : « En elle-même, elle ne peut rien produire, que du néant et du malheur. Donc, oui, je suis hostile à cette philosophie issue des Lumières, il faut le dire clairement, nettement. »[41] Au procès en islamophobie dont il a été accusé avec ce roman d'une France bientôt islamisée, on pourrait y ajouter sa phobie des Lumières tout autant conjoncturelle. Toujours en 2018, l'éditeur Jean-François Colosimo se confiait dans un entretien accordé au journal *La Croix*, pour la parution de son ouvrage *Aveuglements*[42]. On peut y lire notamment : « Nous sommes aveuglés par la part obscure des Lumières. Le mythe du progrès n'en finit plus de mourir sous nos yeux. C'est un astre noir qui continue d'irradier mais, quand on l'observe au télescope, il nous bouche la vue. » Les Lumières, astre noir d'une mélancolie inconsolable… Ce n'est pas tout : « Ces mêmes Lumières produisent à leur tour des religions séculières – avec leur clergé, leurs rites, leur doctrine, et leurs sacrifices – dont les excès seront sans commune mesure avec les religions catholiques. »[43] Historien des religions, Colosimo propose une

38. Riss, « Vous êtes encore là ? », *art. cit.*, p. 2.

39. Yann Diener, « Lumières sur la novlangue », *Charlie Hebdo*, *op. cit.*, p. 6.

40. Sur l'importance de cette question au XVIIIe siècle, voir notamment l'entrée d'Ulrich Ricken, « Abus des mots », dans Michel Delon (dir.), *Dictionnaire européen des Lumières*, Paris, PUF, 2007, p. 1-4.

41. Propos recueillis par Sylvain Bourmeau, « Un suicide littéraire français », *Médiapart* (2 janvier 2015).

42. Jean-François Colosimo, *Aveuglements. Religions, guerres, civilisations*, Paris, Les éditions du Cerf, 2018.

43. Jean-François Colosimo, « Nous sommes aveuglés par la part obscure des Lumières », *La Croix* (15 février 2018).

lecture pour le moins déroutante des Lumières, coupables d'être la religion sans Dieu d'une nouvelle inhumanité.

Revenons toutefois à cette question de l'aveuglement. D'une toute autre sensibilité politique, Régis Debray publie en 2006 *Aveuglantes Lumières*, à la manière d'un journal « en clair-obscur » nous dit l'auteur, où il tente de mettre à mal « cette assurance que les Lumières sont un idéal achevé de la Raison »[44]. Il précise son point de vue : « Les Lumières, en dépit de notre triomphalisme et de notre ethnocentrisme glorieux, ont des zones d'ombre capitales : le religieux, l'imaginaire, le sentiment du collectif, notre rapport à la mort, à l'animalité... »[45] Pis : « Il y a aussi un fanatisme des Lumières, qui a produit par bien des côtés l'oppression coloniale... »[46] Intégrisme pour les uns, fanatisme pour les autres ; les Lumières ont tous les défauts. Aussi Debray suggère-t-il : « La meilleure façon d'éviter qu'on ne brûle demain l'archétype républicain qu'on a adoré hier me semble être la remise à plat circonstancié de son credo d'accompagnement. »[47] Autrement dit : « Pour sauver l'idéal républicain qui est le mien, il faut un peu desserrer l'étau du credo hérité des Lumières : d'un côté la vertu, la science et la liberté, de l'autre les sorciers du bocage et les obscurantistes ! Trop facile ! »[48] Face à cette présupposée insuffisance des Lumières à saisir la complexité de notre monde, Debray est certain « qu'il faut inventer un nouveau rationalisme qui permette de penser l'irrationnel, qui donne raison de la déraison... »[49]. Il s'agirait donc aujourd'hui de redonner à la déraison une place que les Lumières lui ont trop vite retiré. Notre XXIe siècle se laisse de plus en plus tenter par une apologie de la déraison, au risque d'attiser une misologie qui plane au-dessus d'elle.

MISOLOGIE, USAGE D'UN MOT

Qu'est-ce que la misologie ? Qu'est-ce donc qu'un misologue ? En quoi ces termes peuvent-ils rendre compte de l'attitude contemporaine négative

44. Rencontre avec Régis Debray, à l'occasion de la parution d'*Aveuglantes Lumières* (2006) : http://www.gallimard.fr/catalog/Entretiens/01059858.HTM
45. *Ibid.*
46. *Ibid.*
47. Régis Debray, *Aveuglantes Lumières*, *op. cit.*, p. 8.
48. Rencontre avec Régis Debray, *art. cit.*
49. *Ibid.*

vis-à-vis du projet initial des Lumières axé sur un usage permanent de la raison ?

La misologie vient du grec *misein*, « haïr », et *logos*, « parole, discours ». Dans le dictionnaire du CNRTL, on peut y lire cette définition simple : « Aversion pour le raisonnement, pour la discussion, pour l'argumentation logique. »[50] Autant de qualités mises en avant par les Lumières et qui lui sont depuis toujours reprochées. Kant, dans sa *Logique*, en propose lui cette explication : « Celui qui hait la science mais qui aime d'autant plus la sagesse s'appelle un *misologue*. La misologie naît ordinairement d'un manque de connaissance scientifique à laquelle se mêle une certaine sorte de vanité ». Le philosophe allemand poursuit son argument : « Il arrive cependant parfois que certains tombent dans l'erreur de la misologie, qui ont commencé par pratiquer la science avec beaucoup d'ardeur et de succès mais qui n'ont finalement trouvé dans leur savoir aucun contentement. »[51] Ce problème majeur de l'absence de contentement associée à l'activité intellectuelle, propre à engendrer la misologie, Kant l'avait déjà identifié dans ses *Fondements de la métaphysique des mœurs* :

> Plus une raison cultivée s'occupe de poursuivre la jouissance de la vie et du bonheur, plus l'homme s'éloigne du vrai contentement. Voilà pourquoi chez beaucoup, et chez ceux-là mêmes qui ont fait de l'usage de la raison la plus grande expérience, il se produit, pourvu qu'ils soient sincères pour l'avouer, un certain degré de *misologie*, c'est-à-dire de haine de la raison[52].

La misologie, telle que la conçoit Kant, naît donc chez l'intellectuel d'une insatisfaction liée à la pratique scientifique incapable de procurer le moindre contentement. C'est d'ailleurs un des principaux reproches fait à la philosophie des Lumières, celui de ne pas avoir su réaliser le bonheur ici-bas, mais plutôt d'avoir occasionné violence extrême et extermination de masse. Quel remède espérer à cette absence de bonheur ? Kant pense que « la philosophie

50. Sylvia Giocanti en donne une définition autrement plus complète et personnelle : « J'appelle "misologie" l'attitude intellectuelle adoptée à l'égard de l'irrésolution humaine, attitude dépréciative qui s'exprime dans un discours qui incrimine la raison et le discours. » Elle en conclut : « Le discours misologue est donc celui qui cloue au pilori l'impuissance de la raison et du discours, en la rendant responsable de l'inconstance de nos opinions et volitions. » Sylvia Giocanti, *Penser l'irrésolution. Montaigne, Pascal, La Mothe Le Vayer. Trois itinéraires sceptiques*, Paris, Honoré Champion, 2001, p. 77.

51. Emmanuel Kant, *Logique*, Paris, Vrin, 1966, p. 26.

52. Emmanuel Kant, *Fondements de la métaphysique des mœurs*, Paris, Vrin, 2002, p. 54.

est l'unique science qui sache nous procurer cette satisfaction intime, car elle renferme, pour ainsi dire, le cercle scientifique et procure enfin aux sciences ordre et organisation »[53]. Mieux encore, comme le note Michel Deguy : « La philosophie est (était) une philologie », dont l'opposition stricte se trouve bien être la misologie, cette « passion qui ne nomme pas tant la haine des beaux et vains discours, ou des artifices rhétoriques [...] ; mais la haine du *logos*, la phobie du *legeïn* en tant que parler en langues(s), élément vernaculaire de la pensée »[54]. La philologie, amour du *logos*, contre la misologie, haine du *logos*. Soit deux attitudes, deux positionnements face au discours, face au raisonnement. Tout comme, en société, on trouve la philanthropie, amour des hommes, et son opposé la misanthropie, haine des hommes. Quelque chose d'important se noue ici, de dangereux aussi, sur lequel il faut s'arrêter.

MISOLOGIE ET MISANTHROPIE

Le rapprochement de la misologie et de la misanthropie n'est aucunement innocent. En effet, il se trouve chez Platon un long dialogue entre Socrate et le jeune Phédon d'Élis sur la misologie et ses multiples ramifications que nous reproduisons ici en partie :

> – Mais avant tout mettons-nous en garde contre un danger.
> – Lequel ? dis-je.
> – C'est, dit-il, de devenir misologue, comme on devient misanthrope ; car il ne peut rien arriver de pire à un homme que de prendre en haine les raisonnements[55].

Ainsi débute un passage-clé du *Phédon* de Platon et dont Pascal Quignard propose, dans l'un de ses petits traités intitulé « Le Misologue », une traduction légèrement différente : « Protégeons-nous d'une souffrance dont nous pourrions souffrir. Prenons garde de devenir des misologues, comme d'autres deviennent des misanthropes. Car, ajouta-t-il, il ne peut arriver à personne pire malheur que de prendre en haine les logoi. »[56] L'ambition de Socrate

53. Emmanuel Kant, *Logique*, *op. cit.*, p. 26.
54. Michel Deguy, « Le dialogue des sourds, ou de la misologie à la sortie du logos », *Revue critique de fixxion française contemporaine* 2 (2011), p. 9.
55. Platon, *Phédon*, Paris, Garnier-Flammarion, 1965, p. 130.
56. Pascal Quignard, « Le Misologue », dans *Petits traités*, Maeght Éditeur, 1990, t. I, p. 56. Quignard ajoute quelques pages plus loin, dans une attitude misologique qui lui est

est donc, dans cet ultime dialogue, alors qu'il est condamné à boire la ciguë, de mettre en garde ses proches contre cette « haine des *logoi* », cette haine des raisonnements qui menace celui qui a fait de l'usage de la raison la qualité humaine essentielle. Parole en tout point testamentaire.

Néanmoins, le plus intéressant ici est le rapprochement opéré par Socrate entre la misologie d'une part et la misanthropie d'autre part. Cette similarité entre ces deux haines, Socrate la détaille ainsi à Phédon :

> Et la misologie vient de la même source que la misanthropie. Or la misanthropie se glisse dans l'âme quand, faute de connaissance, on a mis une confiance excessive en quelqu'un que l'on croyait vrai, sain et digne de foi, et que, peu de temps après, on découvre qu'il est méchant et faux, et qu'on fait ensuite la même expérience chez un autre. Quand cette expérience s'est renouvelée souvent, en particulier sur ceux qu'on regardait comme ses plus intimes amis et ses meilleurs camarades, on finit, à force d'être choqué, par prendre tout le monde en aversion et par croire qu'il n'y a absolument rien de sain chez personne[57].

Misologie et misanthropie, haines irréductibles et mortelles qui traversent la société des hommes, partagent la même origine. Elles sont l'une comme l'autre le résultat d'une déception liée à une confiance excessive accordée soit au raisonnement, soit à l'individu. « La perspective du *Phédon* est donc à la fois ontologique et épistémologique : la fracture génératrice de misologie se situe entre le discours et son objet »[58], note Louis-André Dorion à propos de la misologie platonicienne. La misologie est cette fracture, cette cassure entre le discours d'une part et l'objet auquel il se réfère d'autre part.

L'association opérée par Socrate entre misologie et misanthropie n'est pas fortuite ; elle est essentielle. Sylvie Ballestra-Puech insiste encore une fois : « Le lien instauré entre la "misologie" et la misanthropie va bien au-delà de la simple analogie : non seulement on devient "misologue" comme on devient misanthrope mais misanthropie et "misologie" vont de pair. »[59] Le lien

propre : « Il ne peut arriver *meilleur malheur* que de prendre en haine les logoi. » (*Ibid.*, p. 60) Ce qui permet à Michel Deguy de dire de Quignard qu'il est « identiquement philologue et misologue ».

57. Platon, *Phédon*, *op. cit.*, p. 130-131.

58. Louis-André Dorion, « La misologie chez Platon », *Revue des études grecques* 106 (juillet-décembre 1993), p. 611.

59. Sylvie Ballestra-Puech, « Misanthropie et "misologie" : de l'analogie philosophique à la rencontre dramaturgique », *Loxias* 19 (mis en ligne le 30 novembre 2007, URL : http://revel.unice.fr/loxias/index.html?id=1975).

tissé ici entre misologie et misanthropie est important en ce qu'il explique la violence sous-jacente de toute entreprise misologique. Simplement dit, la misologie est, dans sa forme sociale, une misanthropie. Geste que, au cœur même des Lumières, Diderot et d'autres impute à Rousseau, misologue et misanthrope selon la tradition[60]. À la croisée des différentes œuvres du Genevois, Jan Miernowski résume ainsi la pensée de Rousseau : « Cette forte condamnation misologique se double de l'exaltation de la misanthropie qui devient un idéal éthique et artistique. »[61] De fait, le critique s'interroge : « La misologie littéraire de Rousseau est-elle une crise colérique exceptionnellement longue, ou bien une haine particulièrement atrabilaire ? »[62]

L'Anglais Shaftesbury, dont Diderot traduit justement l'*Essai sur le mérite et la vertu* en 1745, nous rappelle en effet que la misanthropie est une « espèce d'aversion qui a dominé dans quelques personnes ». Il ajoute : « Le genre humain est à charge de ces atrabilaires ; la haine est toujours leur premier mouvement. On peut la regarder comme le revers de cette affection généreuse, exercée et connue chez les Anciens sous le nom d'hospitalité. »[63] Diderot, qui poursuit cette réflexion ouverte sur la misanthropie dans l'article HAINE de l'*Encyclopédie* qu'il rédige, annonce : « Un homme mortel ne doit point nourrir de *haines* immortelles. » Pour ensuite prévenir : « Hommes malheureusement nés, en qui les *haines* sont vivantes, que je vous plains, même dans votre sommeil ! vous portez en vous une furie qui ne dort jamais. » Furie qui, on le sait, peut conduire jusqu'à donner la mort. Diderot ajoute : « Si on consulte les faits, on trouvera l'homme plus violent encore et plus terrible dans ses *haines*, que dans aucune de ses passions. » La haine de la pensée a pour conclusion la haine de l'humanité elle-même. Elle

60. Une accusation de misanthropie dont Rousseau se défendra dans ses *Confessions* : « Cependant malgré la réputation de misanthropie que mon extérieur et quelques mots heureux me donnèrent dans le monde, il est certain que dans le particulier je soutins toujours mal mon personnage, que mes amis et mes connaissances menaient cet ours si farouche comme un agneau, et que, bornant mes sarcasmes à des vérités dures, mais générales, je n'ai jamais su dire un mot désobligeant à qui que ce fût. » (Jean-Jacques Rousseau, *OC*, I, p. 368-369).

61. Jan Miernowski, *La beauté de la haine*, *op. cit.*, p. 19. Au point, toujours pour Miernowski, de déclarer concernant Rousseau : « La haine – la haine redoutée, la haine déniée, la haine mise en représentation – apparaît comme la pierre angulaire de son esthétique. » (p. 134)

62. *Ibid.*, p. 142.

63. Denis Diderot, *Principes de la philosophie morale ; ou essai de M. Shaftesbury sur le mérite et la vertu. Avec réflexions*, DPV, I, p. 278-279.

est même, à un degré ultime, « anthropocide » nous assure Camille Loty Malebranche, qui n'est autre qu'une « mise à mort de la faculté de penser par soi-même »[64]. Soit une mise à mort des Lumières, une mise à mort du *Sapere Aude !* kantien, cet impératif d'user avec courage de son propre entendement face à toute autre autorité que la sienne. Alors, haïr la raison, ce serait tout simplement haïr l'homme, au point de n'envisager d'autre issue que celle de sa disparition.

LES LUMIÈRES COMME CRISE

Tentant d'analyser les raisons qui poussent des individus à nourrir une haine de la démocratie, Jacques Rancière s'interroge : « Comment comprendre que, au sein de ces "démocraties", une intelligentsia dominante, dont la situation n'est pas évidemment désespérée et qui n'aspire guère à vivre sous d'autres lois, accuse, jour après jour, de tous les malheurs humains un seul mal, appelé démocratie ? »[65] Question essentielle du champ politique moderne, on l'a compris, et qui n'est pas sans faire écho à notre interrogation initiale : comment comprendre que, dans une société issue des valeurs des Lumières, l'on accuse ces dernières de tous les maux, au point d'en attendre la disparition ? Qu'est-ce qui motive cette haine des Lumières dans notre société, d'une intensité parfois égale à la haine de la démocratie, son affirmation politique ? Rancière propose cette explication à cette situation tout à fait paradoxale qui affecte la démocratie : « La nouvelle haine de la démocratie n'est donc, en un sens, qu'une des formes de confusion qui affecte ce terme. »[66] Confusion entre le mot de démocratie et sa réalité objectivée, qui rappelle la misologie comme résultat d'une fracture entre le discours et son objet. Rancière précise pourtant : « Mais la confusion n'est pas seulement un usage illégitime de mots qu'il suffirait de rectifier. Si les mots servent à brouiller les choses, c'est parce que la bataille sur les mots est indissociable de la bataille sur les choses. »[67] Il en conclut : « Entendre ce que démocratie veut

64. Camille Loty Malebranche, « Misologie politique et zombification "démocratique" », Blog INTELLECTION (20 novembre 2022).

65. Jacques Rancière, *La haine de la démocratie*, Paris, La Fabrique éditions, 2005, p. 79.

66. *Ibid.*, p. 101.

67. *Ibid.*

dire, c'est entendre la bataille qui se joue dans ce mot : non pas seulement les tonalités de colère ou de mépris dont on peut l'affecter, mais, plus profondément, les glissements et retournements de sens qu'il autorise ou que l'on peut s'autoriser à son égard. »[68] La réflexion proposée par Rancière sur la haine de la démocratie, autre symptôme fréquent de notre modernité, enrichit notre réflexion sur la haine des Lumières puisqu'elle semble suivre les mêmes modalités. On voit bien que pour le discours des anti-Lumières actuel, tout tourne pareillement autour de cette « bataille qui se joue » dans le mot de Lumières, sur « les glissements et retournements de sens » que ce mot autorise ou non. On se demande alors, avec légitimité : de quoi les Lumières sont-elles le nom ? Émancipation pour les uns, domination pour les autres. Intégrisme pour les uns, liberté pour les autres. Progrès pour les uns, décadence pour les autres. Et ainsi de suite, dans ce jeu des contraires, au point d'en oublier le sens véritable. Il y a depuis l'origine, en effet, bataille dans ce mot de Lumières qui fascine et repousse à la fois. « Champ de bataille »[69], nous dit Citton, et même « crise », comme les Lumières se sont elles-mêmes présentées dès leur origine :

> Les Lumières n'ont pas cette naïveté confiante ou victorieuse qu'on leur prête souvent et qui les vouerait par la suite à des crises par lesquelles elles tuent ou meurent : avec les anti-Lumières dont elles ne sont jamais absolument séparées et qui ne se défont jamais véritablement d'elles, elles constituent essentiellement une crise : la crise que sont les Lumières[70].

Les Lumières sont donc avant tout une *crise*, crise de la pensée, crise de la raison, crise de l'individu en quête d'autonomie. Elles sont, globalement, cette crise de la conscience européenne qui débute dès la fin du XVIIe siècle, pour atteindre leur apogée au cours du XVIIIe siècle, dans une dimension européenne[71].

68. *Ibid.*, p. 102.

69. « Les Lumières sont un champ de bataille. Elles l'ont toujours été, entre les Philosophes et leurs ennemis, entre les Philosophes eux-mêmes, entre Girondins et Enragés, entre marxistes et antitotalitaires. » Yves Citton, *Altermodernités des Lumières*, *op. cit.* p. 11.

70. « La crise des Lumières », *Revue germanique internationale* 3 (1995).

71. Voir Paul Hazard, *La crise de la conscience européenne (1680-1715)*, Paris, Fayard, 1989. Rappelons que, selon la définition médicale, la crise est « l'ensemble des phénomènes pathologiques se manifestant de façon brusque et intense, mais pendant une période limitée, et laissant prévoir un changement généralement décisif en bien ou en mal, dans l'évolution d'une maladie ».

LA TRAHISON DES LUMIÈRES

Toute la difficulté, quand il s'agit des Lumières, réside non dans ce qu'elles sont, mais dans ce qu'on pense qu'elles sont. De ce qui se cache réellement derrière ce mot proprement magique, talismanique même, de *Lumières*[72]. Pour Jean-Claude Guillebaud, le problème se pose en ces termes simples : « Si la modernité est récusée, si elle est vécue comme une souffrance, ce n'est point parce qu'elle incarne les Lumières mais parce qu'elle les trahit ». Le problème avec la détestation des Lumières ne tiendrait donc pas d'un problème d'incarnation mais de trahison. « En clair, ce qui nous est reproché, c'est moins la prétention universaliste de nos valeurs que notre infidélité aux Lumières. Ce n'est pas la force de nos principes qui est en question, c'est leur *trahison.* »[73] Il y aurait donc, depuis longtemps maintenant, trahison des valeurs de notre fait et non du fait des Lumières elles-mêmes. Relisons ici le Socrate du *Phédon*, qui offre un autre éclairage au problème qui se pose à nous :

> [...] s'il est vrai qu'il y ait des raisonnements vrais, solides et susceptibles d'être compris, ne serait-ce pas une triste chose de voir un homme qui, pour avoir entendu des raisonnements qui, tout en restant les mêmes, paraissent tantôt vrais, tantôt faux, au lieu de s'accuser lui-même et son incapacité, en viendrait par dépit à rejeter la faute sur les raisonnements, au lieu de s'en prendre à lui-même, et dès lors continuerait toute sa vie à haïr et ravaler les raisonnements et serait ainsi privé de la vérité et de la connaissance de la réalité ?[74]

Socrate pointe donc la responsabilité, non sur les raisonnements en eux-mêmes, mais sur l'individu et son manque de fiabilité dans l'acte de réflexion. La faute en revient à l'homme qui refuse de s'accuser lui-même de son incapacité à faire un usage correct de sa raison et préfère accuser la raison elle-même. Jean-Pierre Schandeler le dit d'une autre manière, alors qu'il associe les Lumières à une pensée magique qui aurait « le pouvoir d'infléchir le cours des événements » en temps de crises aiguës : « Il ne s'agit donc pas tant d'estimer la nécessité de recourir aux Lumières que d'évaluer la difficulté de

72. Voir Jacques Roger, « La lumière et les Lumières », *Cahiers de l'Association internationale des études françaises* 20 (1968).

73. Jean-Claude Guillebaud, *La Trahison des Lumières. Enquête sur le désarroi contemporain*, Paris, Seuil, 1995, p. 35.

74. Platon, *Phédon*, *op. cit.*, p. 133.

s'y référer. »[75] Face à cet état de fait, Socrate ne peut qu'offrir cette leçon de sagesse à Phédon, leçon qui conserve toute sa pertinence face à la crise que traverse notre époque : « Ne laissons pas entrer dans notre âme cette idée qu'il pourrait n'y avoir rien de sain dans les raisonnements ; persuadons-nous bien plutôt que c'est nous qui ne sommes pas encore sains et qu'il faut nous appliquer virilement à le devenir [...] »[76]. Les Lumières ne sont pas chose acquise. Elles nécessitent un travail constant sur soi-même, afin de réaliser la société raisonnable imaginée il y a plus de deux siècles maintenant, une société où la misologie n'a pas sa place.

Au moment de conclure notre propos, une interrogation demeure : est-ce bien sur ce terrain, celui multiséculaire des Lumières contre les anti-Lumières, que doit se situer le combat actuel ? Ce n'est pas ce que croit Yves Citton, qui explique la nécessité de créer une alternative à la raison des Lumières qui ne soit pas, de façon réductrice, antimoderne et irrationnelle. Cette troisième voie prendra alors le nom neuf d'*altermodernité*, but annoncé de son essai : « C'est également pour casser cette opposition binaire entre Lumières modernisatrices et anti-Lumières passéistes que cet ouvrage proposera un voyage d'exploration en terres d'altermodernités. »[77] Ce n'est pas non plus ce que croit Dan Hind, qui tient lui à nous prévenir : « *For the defining struggle of our times is not between light and darkness. It is the struggle between the use of rational methods to enlarge the province of human understanding, and the use of those methods to manipulate and confuse in the service of unaccountable power.* »[78] La menace externe contre la raison, qui prend le visage d'une misologie excitant la misanthropie, est autant à craindre que la menace interne d'une raison manipulée et détournée de ses propres impératifs par ses meilleurs utilisateurs. À l'heure où pullulent dans les médias *fake news*, désinformation et autres contrevérités, nécessitant un *fact-checking* de tous les

75. Jean-Pierre Schandeler, « Crises aiguës, pensée magique, Lumières actives », *Dix-Huitième Siècle* 48 (2016), p. 358.

76. Platon, *Phédon*, *op. cit.*, p. 133.

77. Yves Citton, *Altermodernités des Lumières*, *op. cit.*, p. 12-14.

78. Dan Hind, « Why Enlightenment values have been hijacked to manipulate and confuse », *RSA Journal* 5532 (2007), p. 49. (« Car le combat principal de notre époque ne se trouve pas entre la lumière et les ténèbres. Il s'agit du combat entre l'utilisation de méthodes rationnelles pour développer la province de l'entendement humain et l'utilisation de ces mêmes méthodes dans le but de manipuler et de semer le doute pour le bénéfice d'une puissance inconnue. » Notre traduction.)

instants, on peut légitiment s'en inquiéter. Pourtant, précise Antoine Lilti, depuis sa chaire au Collège de France consacrée à l'actualité des Lumières : « La lutte contre le complotisme est souvent menée au nom des Lumières, pour rétablir les droits de la raison et de la science contre la rumeur et les *fake news.* »[79] Une chose est certaine, il est plus que temps de redonner aux Lumières leur pouvoir de guérison des nombreux maux dont souffre la raison.

Ronan Chalmin
Auburn University
ryc0003@auburn.edu

79. Entretien avec Antoine Lilti, mis en ligne le 21 novembre 2022 au Collège de France : https://www.college-de-france.fr/actualites/tout-effort-des-lumieres-consiste-penser-les-contradictions-et-les-ambivalences-de-la-modernite

INDEX NOMINUM

Cette bibliographie chronologique, qui court de 1680 à 1789, est forte de plus de 200 000 titres. Elle avait été imprimée en trente-huit volumes pendant quarante ans, quasi un volume par an, et comprenait près de 20 000 pages. Il s'agit d'une bibliographie monumentale qui répertorie toutes les premières éditions d'un dix-huitième siècle qui commence en 1680 et s'achève avec la première année de la Révolution française. Pierre Conlon a recensé tous les titres français qui ont été publiés en France, mais également en dehors du royaume, se rattachant à des domaines aussi variés que la philosophie, la religion, les sciences ou l'histoire. Il a inclus les textes édités dans les différentes langues et parlers régionaux, ainsi que les traductions en français. Les réimpressions et rééditions ne sont pas intégrées, de même que les documents purement administratifs, les lois et les statuts, ainsi que les factums pour lesquels il existe, en partie du moins, des répertoires publiés.
Des localisations sont ajoutées à chaque titre (au plus cinq) dans 225 bibliothèques répertoriées, françaises et étrangères. Cette base de données exceptionnelle permet d'interroger par auteur, par titre, mais encore par traducteur (si connu), imprimeur, ville, année, format, localisation, croisant un ou plusieurs de ces champs. On trouve ici tout Pierre Bayle, tout Voltaire, tout Rousseau, tout Diderot, etc., mais encore la réception des grands textes de ce long siècle, *L'Esprit des lois* (1748) ou *Des délits et des peines* de Beccaria (1766). On se perd à ravir dans cet ensemble prodigieux.

Pierre M. Conlon (1924-2014), de nationalité néo-zélandaise (master à Auckland), soutint une thèse sur Voltaire (*Voltaire's literary career from 1728 to 1750*) à Genève, en 1961, publiée à l'Institut et Musée Voltaire. Il émigra au Canada et devint professeur de français à l'Université McMaster à Hamilton, dans l'Ontario. Il publia sa bibliographie de 1970 à 2009.

PRÉLUDE & SIÈCLE

FONCTIONNALITÉS UTILISATEUR

---

01 **Affichage/obfuscation des références**
(n° de ligne, de vers, référence aux témoins, n° de page de l'édition papier...).

02 **Recherches fines**
voir le détail ici : https://hicl.droz.org/page/help : termes, jokers (*, ?), expressions entre guillemets («Analogi* fid*»), co-locations («(paradis terrestre) femme»~2), négation (-)...

03 **Panier de références bibliographiques et citations**
À l'identique du papier et dans différents styles académiques.

04 **Zotero**
Compatibilité complète avec le logiciel de références bibliographiques libre Zotero.

ÉDITION NUMÉRIQUE

Texte intégral en ligne

Les nouveautés, de même que les textes de notre fonds, sont numérisées à l'identique de leur édition papier. Tous les livres online peuvent donc être cités exactement de la même façon, à la note et à la page près.

Numéros de page

Les numéros de page de l'édition papier ont délibérément été conservés à cette fin. Ils apparaissent en marge droite du texte sous la forme {p. aaa}.

Notes & appels

Les notes et appels de notes portent les mêmes chiffres que l'édition papier.

Références, témoins

Les références aux éditions témoin se trouvent entre crochets [ ] en marge de gauche.

NOUS CONTACTER

La **Librairie Droz** reste à votre disposition pour toute information supplémentaire (spécificités techniques, conditions d'abonnement, grilles tarifaires, contrats...).

numerique@droz.org
https://portails.droz.org/